陕西专利数据分析
2022

陕西省科学技术情报研究院◎编

科学技术文献出版社
SCIENTIFIC AND TECHNICAL DOCUMENTATION PRESS
·北京·

图书在版编目（CIP）数据

陕西专利数据分析. 2022 / 陕西省科学技术情报研究院编. —北京：科学技术文献出版社，
2023.10
ISBN 978-7-5235-0473-4

Ⅰ. ①陕⋯ Ⅱ. ①陕⋯ Ⅲ. ①专利—分析—数据处理—陕西—2022 Ⅳ. ① G306.72

中国国家版本馆 CIP 数据核字（2023）第 129276 号

陕西专利数据分析2022

策划编辑：郝迎聪　责任编辑：张　丹　邱晓春　责任校对：张永霞　责任出版：张志平

出　版　者　科学技术文献出版社
地　　　址　北京市复兴路15号　邮编 100038
编　务　部　(010) 58882938，58882087（传真）
发　行　部　(010) 58882868，58882870（传真）
邮　购　部　(010) 58882873
官 方 网 址　www.stdp.com.cn
发　行　者　科学技术文献出版社发行　全国各地新华书店经销
印　刷　者　北京时尚印佳彩色印刷有限公司
版　　　次　2023 年 10 月第 1 版　2023 年 10 月第 1 次印刷
开　　　本　889×1194　1/16
字　　　数　257千
印　　　张　13
审　图　号　陕S（2023）022号
书　　　号　ISBN 978-7-5235-0473-4
定　　　价　98.00元

编写组

主　　编：张　薇

副 主 编：张秀妮

编写人员：（按姓名拼音排序）

高　尧　龚　娟　胡启萌　李　鹤

李　娟　李　鹏　李　越　刘　璞

钱　虹　任佳妮　武　茜　周立秋

前　言

专利作为技术创新成果的要素之一，可以从一个侧面反映一个组织或地区的创新能力。《陕西专利数据分析 2022》对 2022 年陕西的国内外专利公开数据进行多维度分析，展示陕西省专利的全貌及特征，揭示陕西省在几个主要技术领域技术创新的优势和不足。

本书以 incoPat 专利数据库、德温特专利数据库，以及中国、美国、日本、韩国，世界知识产权组织、欧洲专利局"四国两组织"的专利官网数据为数据源，从专利公开量、授权量、有效发明专利、主要申请主体、技术分类 5 个维度对 2022 年陕西省全省及 11 个市（区）的专利数据进行分析；并遴选了陕西有比较优势的 17 个产业领域技术方向进行了重点分析。聚焦陕西高价值专利申请地市及县区，从专利数量和质量两大方面构建高价值专利评价指标，以 2022 年公开的专利数据为基础对各县区的高价值专利竞争力水平进行评价。

专利数据整理分析涉及数据采集、清洗、分类、核准等繁杂而细致的工作，在每年度分析中会对上一年度的检索路径和方法进行优化。由于受数据源多样性及数据分析人员专业知识所限，书中疏漏在所难免，真诚希望读者给予理解和指导，将发现的错误及改进意见反馈给我们，以便今后不断完善。

专利情报分析研究组

2023 年 6 月

目　录

第一章

陕西专利数据总览

一、陕西"国内专利"概况

2022 年，陕西取得的"国内专利"许可公开量、专利授权量和有效发明专利等指标数据如表 1–1 所示。

表 1–1　2022 年陕西"国内专利"主要指标数据[①]

序号	指标名称	数据	同比增长	全国排名
1	"国内专利"许可公开量/件	117 022	−9.18%	14
	其中，发明专利许可公开量/件	56 615	−2.54%	11
2	专利授权量/件	79 366	−8.00%	14
	其中，发明专利授权量/件	18 959	22.19%	11
3	发明专利经济效率/（件/亿元 GDP）	0.63	6.78%	7
4	有效发明专利/件	92 011	36.55%	10
5	有效发明专利密度/（件/万人）[②]	23.27	36.56%	7

（1）有效发明专利密度

陕西每万人拥有有效发明专利 23.27 件，排名第七，低于全国 30.94 件/万人的平均水平。

（2）申请主体

2022 年公开的陕西"国内专利"中，高校和企业是主要申请主体，专利许可公开量约占全部公开量的 87%，其中，发明专利授权量的比例近 95%；TOP 10 机构中有 9 家高校、1 家企业。

---

① 书中涉及的专利数据采用 incoPat 专利平台的实时检索数据，与国家知识产权局最终公布数据可能会略有差异。

② 本书中采用 2021 年年底各地区常住人口数据得出专利密度。

（3）技术分类

2022 年公开的陕西"国内专利"中，其 IPC 分类号中 G06F（电数字数据处理）和 G01N（借助于测定材料的化学或物理性质来测试或分析材料）两类居前列，均超过 5000 件。

（4）专利转让

2022 年陕西的"国内专利"转让数量达到 7232 件，其中，转让的发明专利 3991 件，约占 55%。转让技术涉及最多的是分离技术，其次是电数字数据处理和借助于测定材料的化学或物理性质来测试或分析材料技术方面。

（5）地域特征

按专利申请地址进行归类统计，西安的发明专利许可公开量、发明专利授权量、有效发明专利占比等指标均处于绝对优势。

二、陕西"国外专利"概况

（1）国外专利总量

陕西"国外专利"，仅指陕西取得的 PCT 国际专利、欧洲专利和美、日、韩 3 国专利。2022 年公开的陕西"国外专利"共计 1287 件。其中，PCT 国际专利 533 件，比上年增长 5.54%；陕西申请的美、欧、日、韩专利中，美国专利 543 件，比上年增长 36.78%，居首位。

（2）主要申请主体

2022 年公开的陕西"国外专利"中，西安交通大学申请的"国外专利"数量为 119 件，居全省首位。其中，申请 PCT 国际专利 39 件，美国专利 76 件，欧洲专利 2 件，日本专利 1 件，韩国专利 1 件。

（3）技术领域优势

2022 年公开的陕西"国外专利"中，半导体器件、电数字数据处理和杂环化合物 3 个技术领域的数量位居前列。

三、部分技术领域专利概况

本书选择陕西有比较优势的 17 个产业技术领域进行重点关注。截至 2022 年年底，陕西在新一代信息技术（新型显示、量子信息、集成电路、传感器）、高端装备制造（增材制造、数控机床、输变电装备）、新材料（钛、钼、石墨烯、陶瓷基复合材料）、新能源化工〔氢能、太阳能光伏、煤制烯烃（芳烃）深加工〕、航空航天、民用无人机和生物医药这 17 个技术领域方向的发明专利数据详见附录一。

1. 新一代信息技术

在新一代信息技术产业领域中选取新型显示、量子信息、集成电路和传感器 4 个方向进行重点分析。

（1）新型显示

截至 2022 年年底，在新型显示技术领域，陕西的国内发明专利许可公开量和授权量均位居全国[①]第十一。2022 年，陕西在该技术领域申请的国外专利的公开量为 120 件，合计 99 个同族专利。其中，PCT 国际专利 52 件，美国专利 35 件，韩国专利 22 件，欧洲专利 7 件，日本专利 4 件。

陕西莱特光电材料股份有限公司在新型显示技术领域表现卓越，在无环或碳环化合物、杂环化合物等方向的国内发明专利授权量居全国前五。

（2）量子信息

截至 2022 年年底，在量子信息技术领域，陕西的国内发明专利授权量位居全国第七。2022 年当年的国内发明专利授权量在全国排名第九。

西安电子科技大学在密码编译、无线电定向导航测量和图像数据处理方向表现突出，获得的国内发明专利授权量居全国前五。

（3）集成电路

截至 2022 年年底，在集成电路技术领域，陕西的国内发明专利授权量在全国排名第八。2022 年当年的国内发明专利授权量在全国排名第十一。

西安电子科技大学在该技术领域的国内发明专利许可公开和授权总量、2022 年当年国内发明专利许可公开量和授权量均位居第一。国外机构在该技术领域的专利活动非常活跃，在多个主要技术方向上申请的国内发明专利授权量居全国前五。

（4）传感器

截至 2022 年年底，在传感器技术领域，陕西的国内发明专利授权量在全国排名第七。2022 年当年的国内发明专利授权量在全国排名第八。

西安交通大学在测量（力、应力、转矩、功、机械功率、温度、热度等）技术方向表现突出，国内发明专利授权量居全国首位。

2. 高端装备制造

在高端装备制造产业中选取增材制造、数控机床和输变电装备 3 个方向进行重点分析。

---

① 本书提及的全国排名均不含港、澳、台地区。

（1）增材制造

截至 2022 年年底，在增材制造技术领域，陕西的国内发明专利许可公开量位居全国第六，国内发明专利授权量位居全国第五。2022 年，陕西在增材制造技术领域有 20 件国外专利，其中 7 件的申请主体是西安交通大学及其产业化实体西安增材制造国家研究院有限公司。

西安交通大学在增材制造技术领域的 8 个技术方向的国内发明专利授权量进入全国 TOP 5 之列，5 个技术方向居全国首位。

（2）数控机床

截至 2022 年年底，在数控机床技术领域，陕西的国内发明专利许可公开量和授权量均居全国第十。在该技术领域，2022 年陕西仅有 6 件国外专利公开。

西安交通大学和西北工业大学分别在铣削，电数字数据处理，尺寸、角度和面积计量，金属处理 4 个技术方向上进入全国主要申请机构行列，具有一定优势。

（3）输变电装备

截至 2022 年年底，在输变电装备技术领域，陕西的国内发明专利许可公开量位居全国第十一，国内发明专利授权量位居全国第九。在该技术领域，2022 年陕西有 26 件国外专利公开，其中，PTC 国际专利 15 件，美国专利 5 件，欧洲专利 4 件，日本和韩国专利各 1 件。

中国西电电气股份有限公司在电变量磁变量测量，磁体、电感变压器和磁性材料的选择，电开关、继电器、紧急保护开关，电容器、光电敏器件等 4 个技术方向上的国内发明专利授权量位居全国申请主体前列。

3. 新材料

在新材料产业领域中选取钛、钼、石墨烯和陶瓷基复合材料 4 种材料进行重点分析。

（1）钛材料

截至 2022 年年底，在钛材料技术领域，陕西的国内发明专利许可公开量居全国首位，国内发明专利授权量位居全国第二，仅次于北京。

西北有色金属研究院在全国钛材料的多个技术分支中表现突出，国内发明专利授权量处于全国领先地位，在锻造、金属半成品及辅助加工 2 个技术方向上的国内发明专利授权量居全国首位。

（2）钼材料

截至 2022 年年底，在钼材料技术领域，陕西的国内发明专利许可公开量和授权量均居全国首位。

金堆城钼业股份有限公司在钼材料技术领域的 10 个技术方向上国内发明专利授权量进入全国 TOP 5 之列，6 个技术方向上居全国首位。

（3）石墨烯

截至 2022 年年底，在石墨烯材料技术领域，陕西的国内发明专利授权量位居全国第八。2022 年当年的国内发明专利授权量在全国排名第六。

西安电子科技大学在半导体器件技术方向上的国内发明专利授权量位居全国第二。西安稀有金属材料研究院有限公司在金属制造制品及装置和合金这两个技术方向上的国内发明专利授权量位居全国 TOP 5 之列。

（4）陶瓷基复合材料

截至 2022 年年底，在陶瓷基复合材料技术领域，陕西的国内发明专利授权量位居全国第三，落后于北京、江苏。2022 年当年的国内发明专利授权量在全国排名第四。

西安交通大学、西北工业大学在该技术领域多个技术方向的国内发明专利授权量进入全国 TOP 5 之列。其中，西安交通大学在 3 个技术方向的国内发明专利授权量居全国首位；西北工业大学在 2 个技术方向的国内发明专利授权量居全国首位。

4. 新能源化工

在新能源化工产业领域中选取太阳能光伏、氢能和煤制烯烃（芳烃）深加工 3 个方向进行重点分析。

（1）太阳能光伏

截至 2022 年年底，在太阳能光伏技术领域，陕西的国内发明专利许可公开量和授权量均居全国第八。2022 年，陕西在该技术领域申请的国外专利的公开量为 83 件，合计 79 个同族专利。其中，PCT 国际专利 57 件，美国专利 15 件，欧洲专利 6 件，韩国专利 4 件，日本专利 1 件。

太阳能技术领域的国内授权发明专利中，咸阳中电彩虹集团控股有限公司在电容器、整流器、检波器、开关器件、光敏热敏器件技术方向；西安工程大学在空气调节、增湿和通风技术方向；西安交通大学在弹力、重力、惯性或类似的发动机相关技术方向上的国内发明专利授权量居全国领先地位。

（2）氢能

截至 2022 年年底，在氢能技术领域，陕西申请的国内发明专利许可公开量和授权量均居全国第 10 位。

西安交通大学在氢能技术领域的表现相对突出，其国内发明专利授权量在陕西位居第一，远超其余机构，且在非金属元素、生产化合物或非金属的电解工艺、电泳工艺 2 个技术方向上的国内发明专利授权量位居全国 TOP 5 之列。

（3）煤制烯烃（芳烃）深加工

截至 2022 年年底，在煤制烯烃（芳烃）深加工技术领域，陕西的国内发明专利许可公开量和授权量均居全国第五。

陕西机构在该技术领域的表现一般，申请机构的发明专利授权量均未进入全国 TOP 5 之列。2022 年，陕西在该技术领域仅有 1 件国外专利公开。

5. 航空航天

选取陕西具有比较优势的航空航天产业领域进行重点分析。

截至 2022 年年底，在航空航天领域，陕西的国内发明专利授权量在全国排名第二，仅次于北京。2022 年申请的国外专利公开量为 10 件，比 2021 年增加 2 件。

西北工业大学、西安电子科技大学、西安空间无线电技术研究所、中国飞机强度研究所、中国航空工业集团公司西安飞机设计研究所、中国航空工业集团公司西安航空计算技术研究所在该领域的多个技术分支中表现突出，国内发明专利授权量处于全国领先地位。

6. 民用无人机

选取民用无人机产业领域进行重点分析。

截至 2022 年年底，在民用无人机领域，陕西的国内发明专利授权总量和 2022 年当年国内发明专利授权量均位居全国第四，落后于北京、广东、江苏。

西北工业大学、西安电子科技大学多个技术方向的授权发明专利数量位居全国 TOP 5 之列。民营企业西安爱生技术集团有限公司在 7 个技术方向的国内发明专利授权量位居陕西 TOP 5 之列。

7. 生物医药

选取生物医药产业领域进行重点分析。

截至 2022 年年底，在生物医药领域，陕西的国内发明专利许可公开量和授权量分别居全国第 12 位和第 13 位。2022 年，陕西在该技术领域申请的国外专利的公开量为 181 件，较 2021 年有所增加。其中，美国专利 75 件，PCT 国际专利 61 件，欧洲专利 27 件，日本专利 14 件，韩国专利 4 件。

西安交通大学在生物医药领域的国内发明专利授权量高居榜首，突显了其在省内该领域的"领头羊"地位，在医用配制品、药物的特定治疗活性和诊疗等技术方向处于领先地位。西安大医集团有限公司的 2022 年国外专利公开量居陕西首位，达 56 件，表现优异。

（整理编写：龚娟）

第二章

陕西"国内专利"数据

一、专利总量数据

2022 年，陕西"国内专利"许可公开量为 117 022 件，同比降低 9.18%。其中，发明专利许可公开量 56 615 件，占陕西当年"国内专利"许可公开总量的 48.38%。陕西"国内专利"授权量 79 366 件，同比降低 8.00%。其中，发明专利授权量 18 959 件，全国排名第 11 位，占陕西当年"国内专利"授权总量的 23.89%（图 2-1）；增长率排名第 17 位，较上年上升了 7 位（图 2-2）。

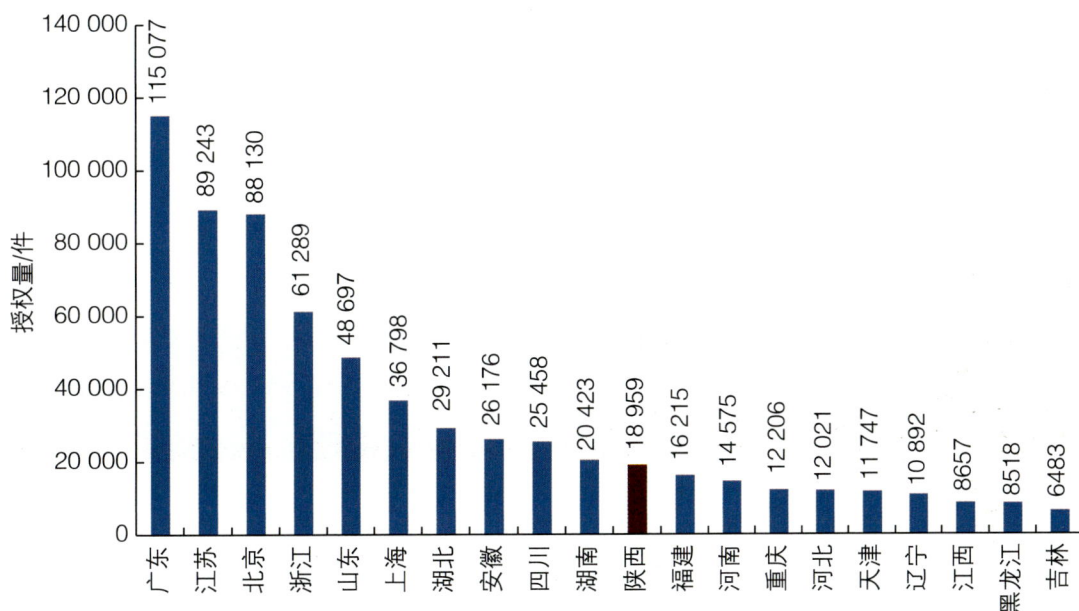

图 2-1　2022 年部分省（自治区、直辖市）发明专利授权量

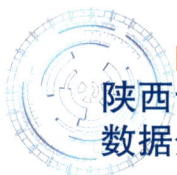

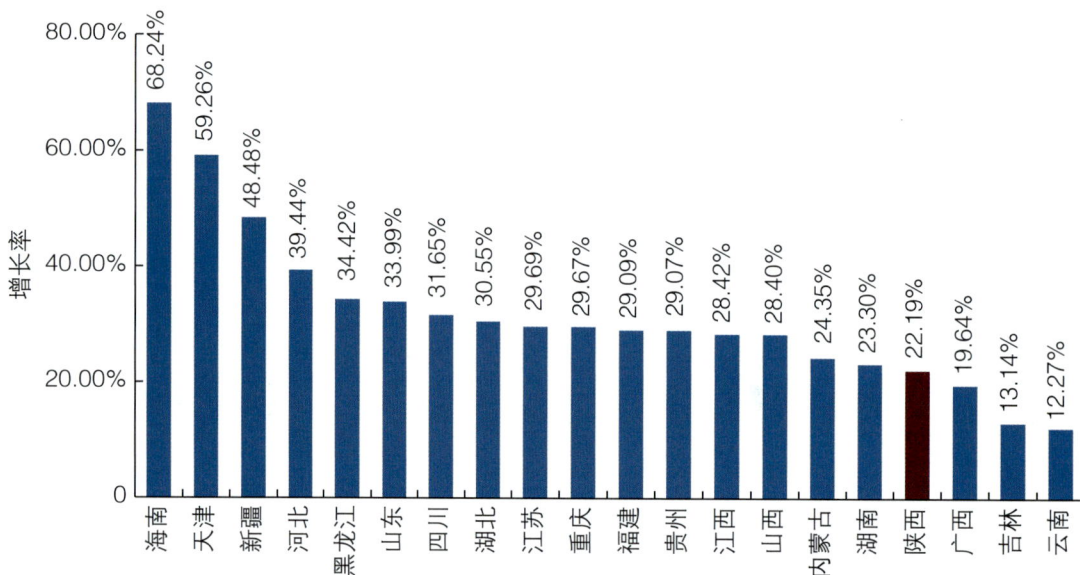

图 2-2　2022 年部分省（自治区、直辖市）发明专利授权量增长率

二、专利经济效率

2022 年部分省（自治区、直辖市）每亿元 GDP 产出的专利授权量情况如图 2-3 所示。

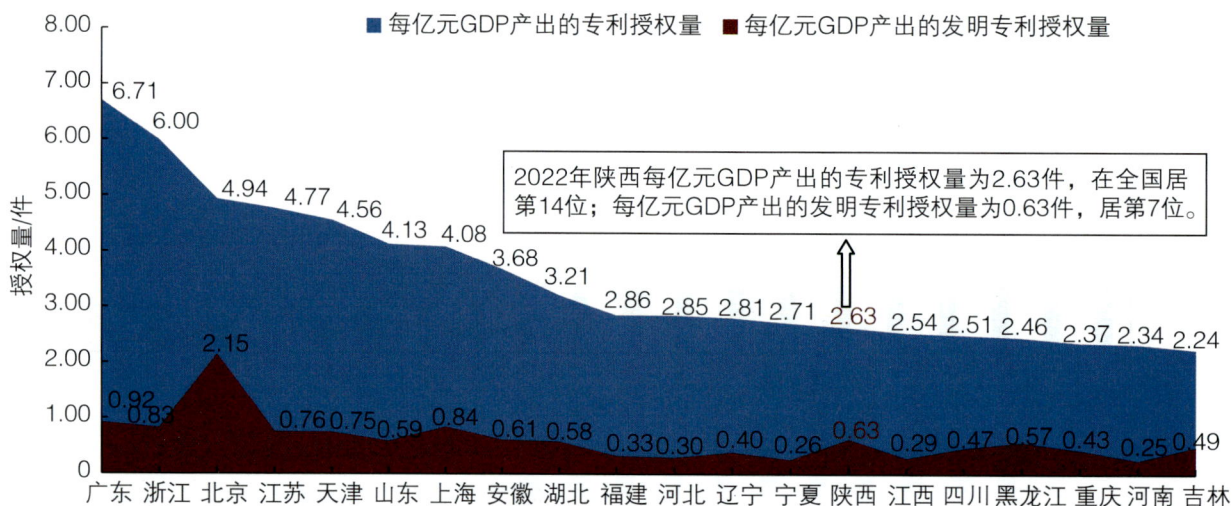

2022年陕西每亿元GDP产出的专利授权量为2.63件，在全国居第14位；每亿元GDP产出的发明专利授权量为0.63件，居第7位。

图 2-3　2022 年部分省（自治区、直辖市）每亿元 GDP 产出的专利授权量

三、专利密度数据

图 2-4 反映的是 2022 年部分省（自治区、直辖市）每万人拥有的专利授权量和发明专利授权量数据。

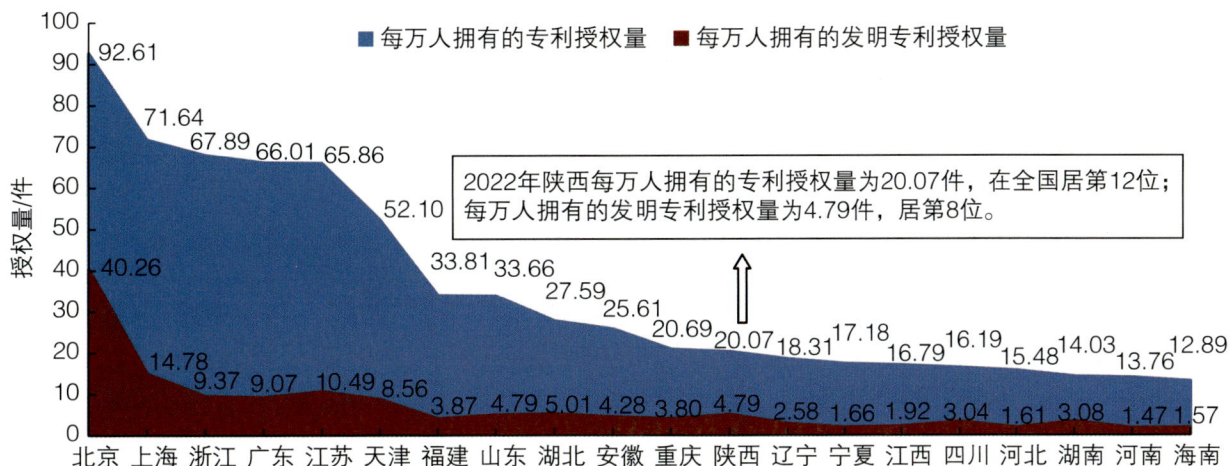

图 2-4 2022 年部分省（自治区、直辖市）每万人拥有的专利授权量

截至 2022 年年底，部分省（自治区、直辖市）的有效发明专利拥有量[①]和有效发明专利密度如图 2-5 所示。陕西的有效发明专利密度为 23.27 件/万人，排名第七，低于全国平均水平（30.94 件/万人）。

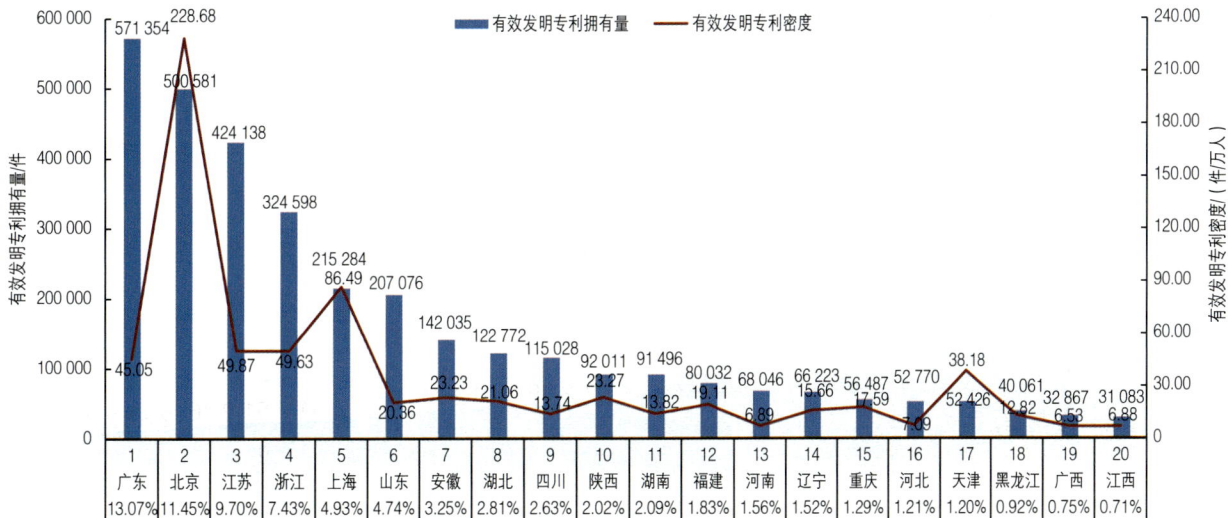

图 2-5 部分省（自治区、直辖市）有效发明专利拥有量及密度

注：图中按照有效发明专利拥有量进行排名；采用 2021 年年底各地区常住人口数据得出专利密度；各省（自治区、直辖市）下方数字为该省（自治区、直辖市）有效发明专利拥有量占全国有效发明专利拥有量的百分比。

———————————

[①] 书中涉及的有效发明专利数据采用 incoPat 专利平台的检索数据，检索日期：2023 年 4 月 11 日。

四、专利申请主体

1. 申请主体 TOP 10

（1）专利许可公开量 TOP 10

2022 年公开的陕西国内专利中，前 100 名机构的总量为 50 958 件，约占全省专利许可公开总量的 43.55%。2022 年公开的陕西国内专利申请机构、非高校申请机构和申请企业 TOP 10 如图 2-6 至图 2-8 所示。2022 年公开的陕西专利申请 TOP 10 机构以高校为主，其中高校 9 家、企业 1 家。其中，西安交通大学的专利许可公开量和专利授权量在全国的排名较为靠前，分别为全国第 13 位和第 23 位。

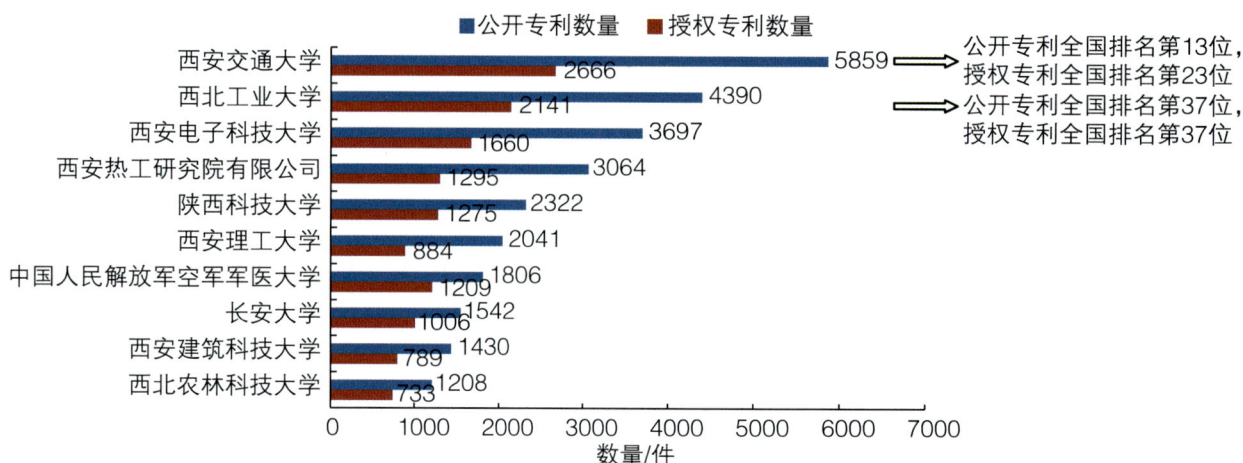

图 2-6　2022 年公开的陕西专利申请机构 TOP 10（以公开量排名为准）

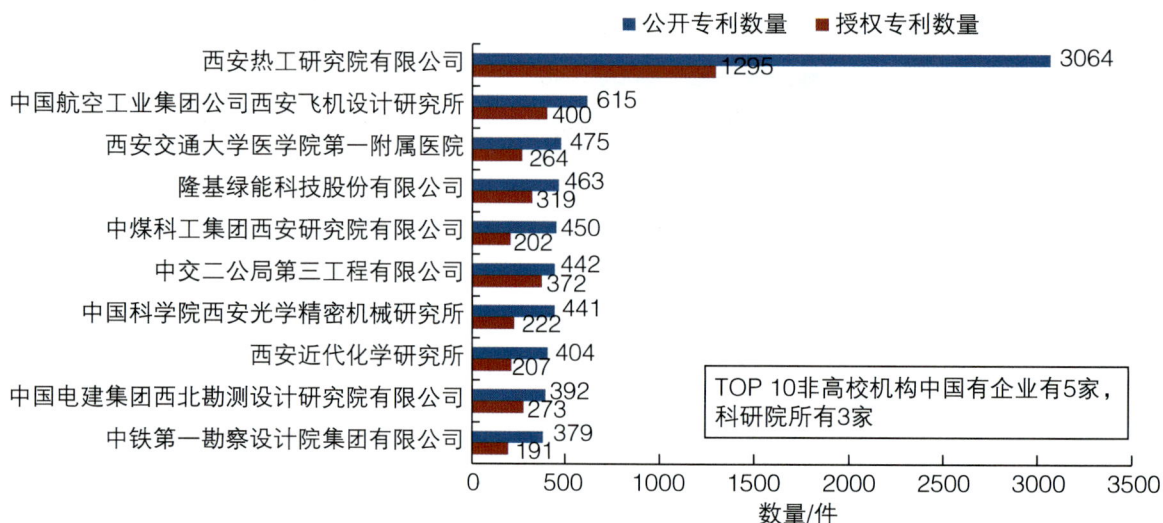

图 2-7　2022 年公开的陕西专利非高校申请机构 TOP 10（以公开量排名为准）

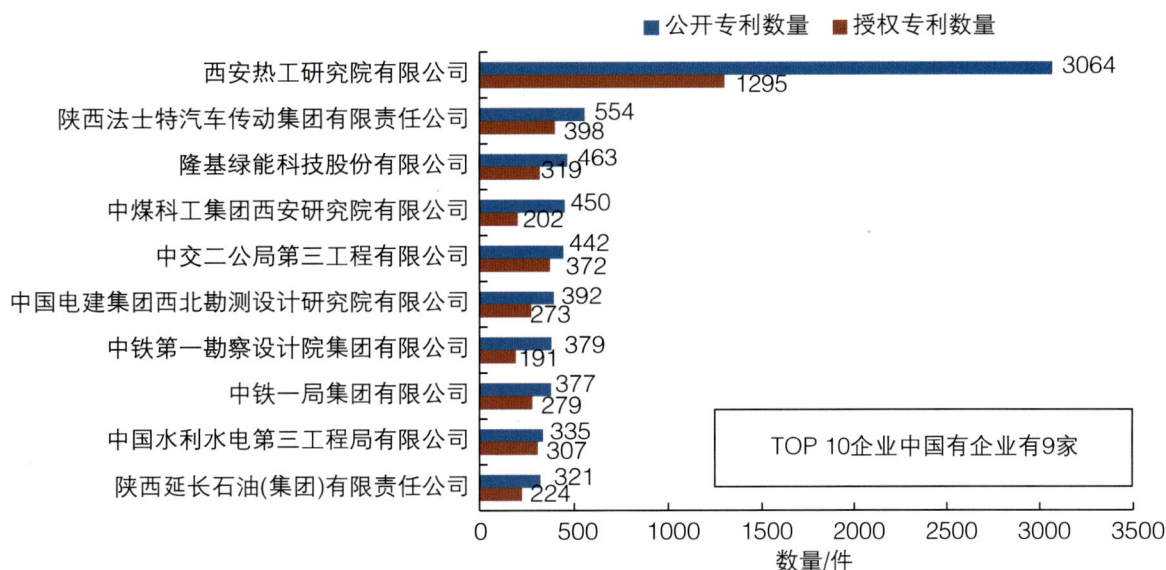

图 2-8 2022 年公开的陕西专利申请企业 TOP 10（以公开量排名为准）

（2）发明专利 TOP 10

2022 年陕西授权发明专利的申请主体中，高校占主导地位，图 2-9 为申请机构 TOP 10，其中高校 9 家、企业 1 家；图 2-10 为非高校申请机构 TOP 10，其中科研院所 7 家、国有企业 2 家；图 2-11 为申请企业 TOP 10，其中国有企业 6 家、民营企业 4 家。

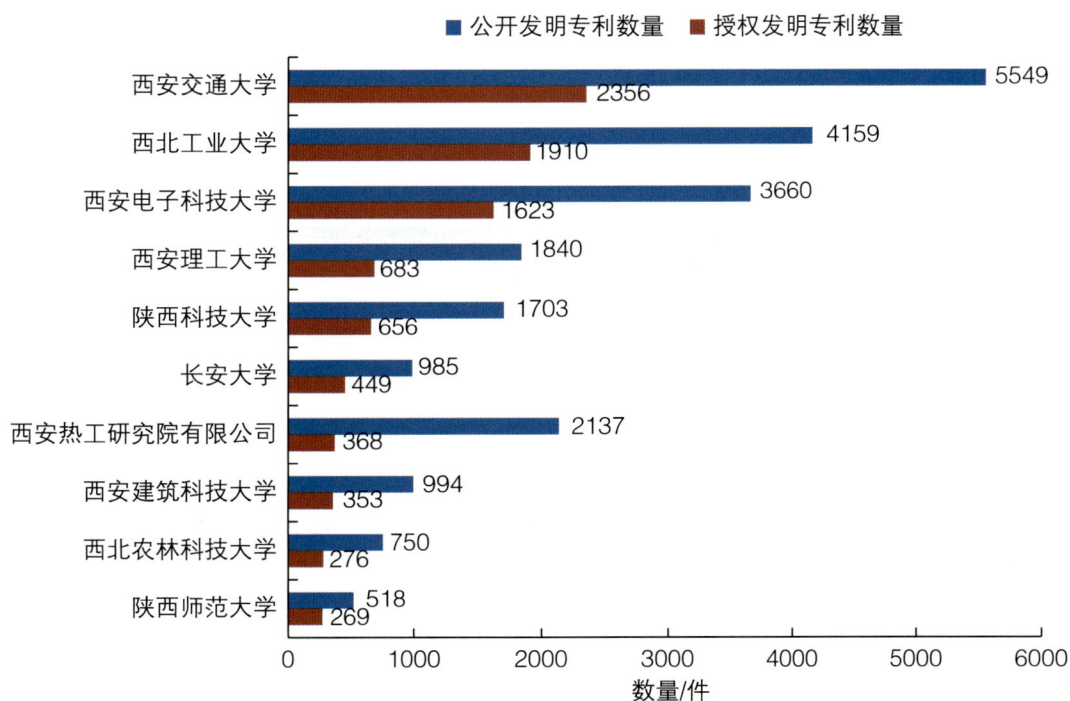

图 2-9 2022 年陕西发明专利申请机构 TOP 10（以授权量排名为准）

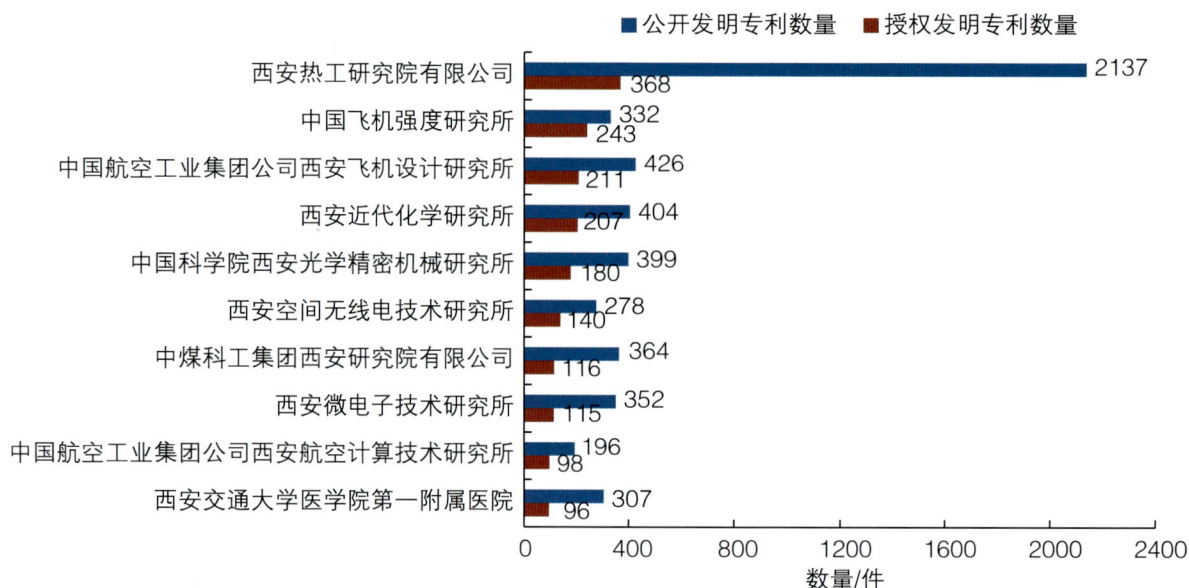

图 2-10　2022 年陕西发明专利非高校申请机构 TOP 10（以授权量排名为准）

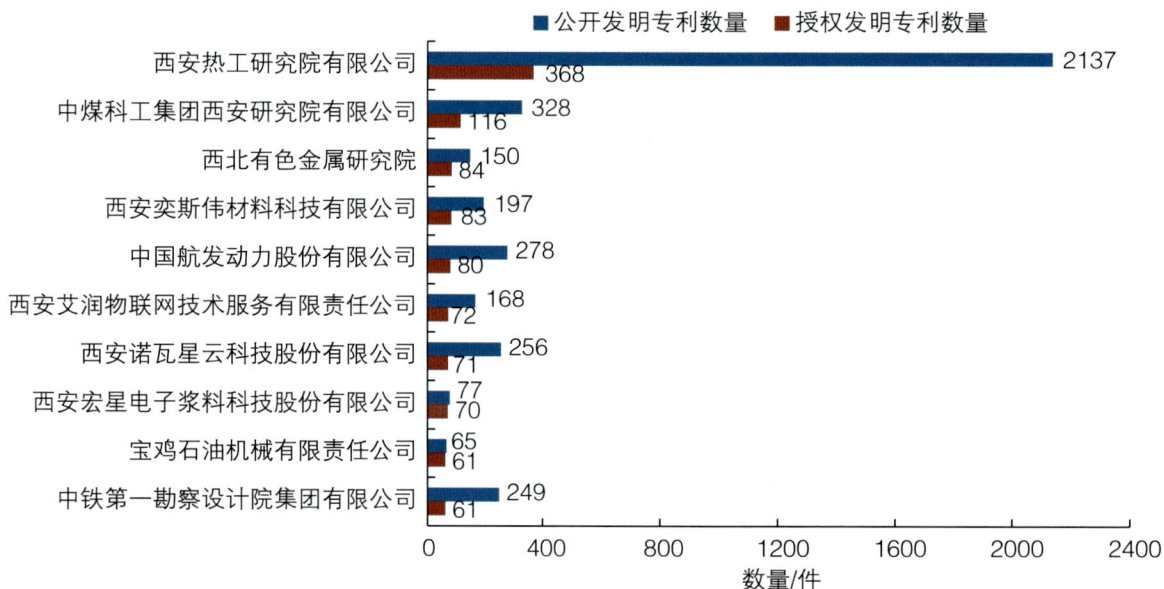

图 2-11　2022 年陕西发明专利申请企业 TOP 10（以授权量排名为准）

（3）有效发明专利 TOP 10

截至 2022 年年底，陕西国内有效发明专利的申请主体排名前十的机构均为高校（图 2-12），排前十的机构的有效发明专利总量为 40 836 件，占全省有效发明专利总量的近一半（46%）。

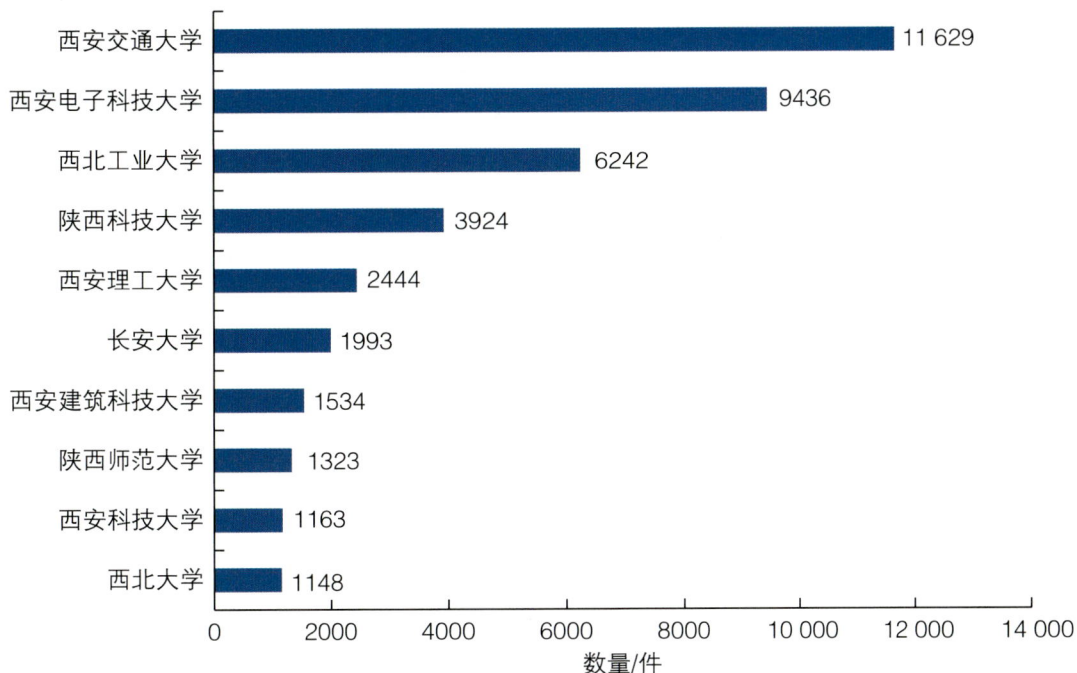

图 2-12　截至 2022 年年底陕西有效发明专利申请机构 TOP 10

如图 2-13 所示，截至 2022 年年底，陕西有效发明专利非高校申请机构 TOP 10 基本是大型研究院所和国有企业，特别是央属院所，但总数量与高校相差悬殊，从某一方面反映出陕西的省属企业和院所技术创新能力表现欠佳。图 2-14 所示的陕西有效发明专利申请企业 TOP 10 中，仅有 1 家民营企业。

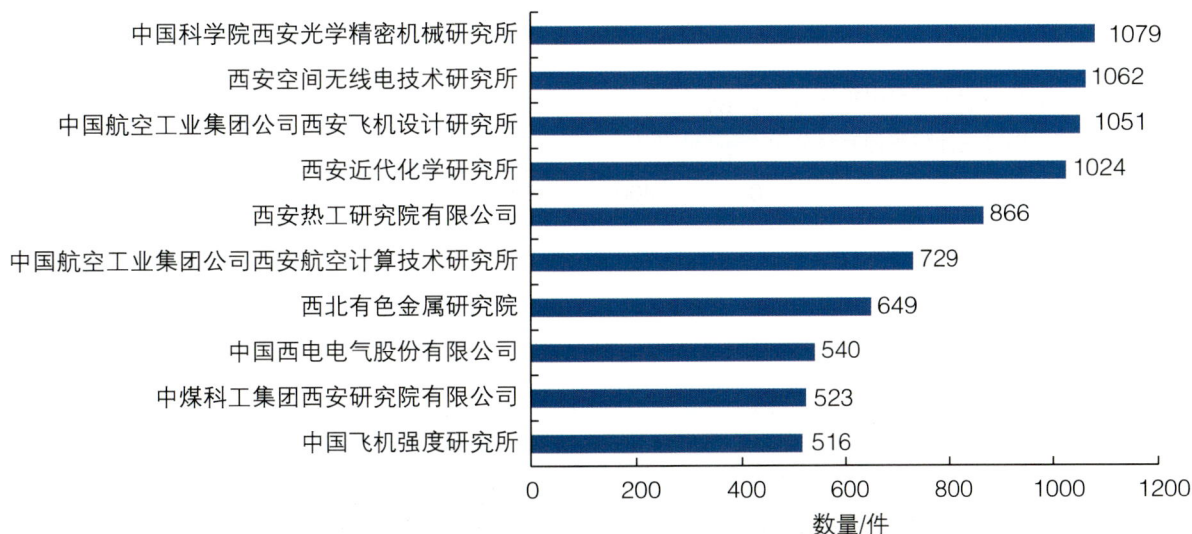

图 2-13　截至 2022 年年底陕西有效发明专利非高校申请机构 TOP 10

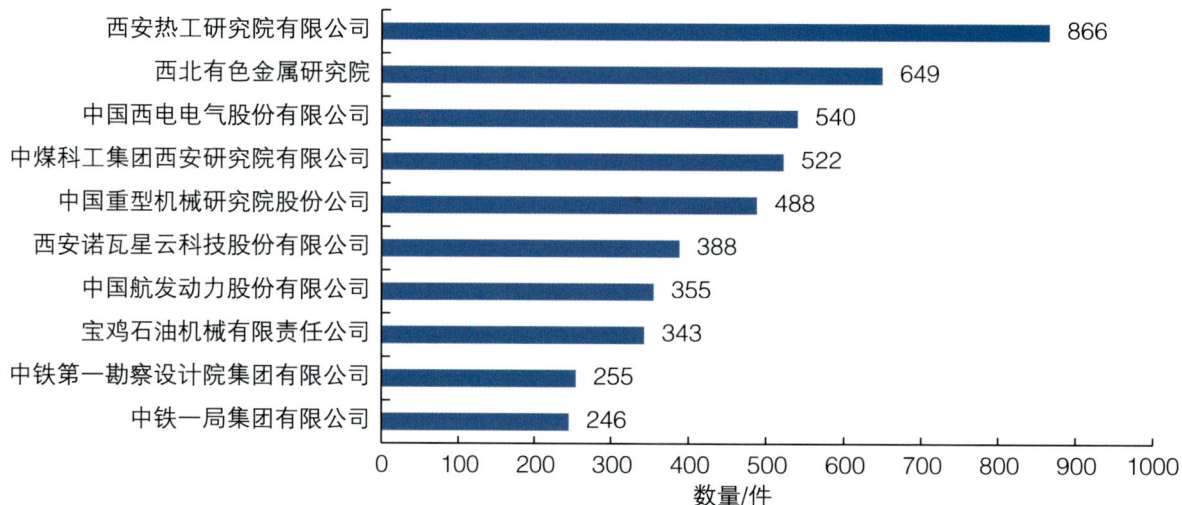

西安热工研究院有限公司 866
西北有色金属研究院 649
中国西电电气股份有限公司 540
中煤科工集团西安研究院有限公司 522
中国重型机械研究院股份公司 488
西安诺瓦星云科技股份有限公司 388
中国航发动力股份有限公司 355
宝鸡石油机械有限责任公司 343
中铁第一勘察设计院集团有限公司 255
中铁一局集团有限公司 246

图 2-14　截至 2022 年年底陕西有效发明专利申请企业 TOP 10

2. 申请主体类型

2022 年，陕西许可公开的国内专利的申请主体分布情况如图 2-15 所示，陕西高校和企业两类主体取得的专利约占"国内专利"许可公开总量的 85%。

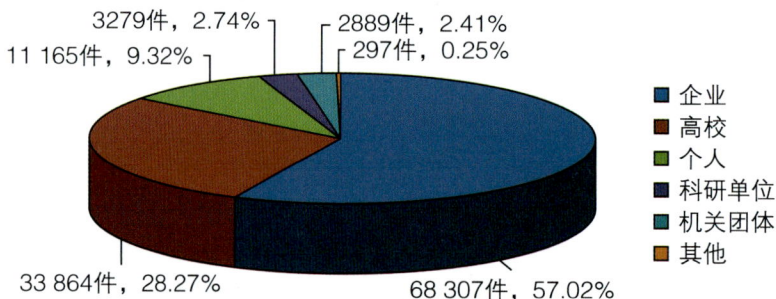

3279件，2.74%　2889件，2.41%
11 165件，9.32%　297件，0.25%

企业
高校
个人
科研单位
机关团体
其他

33 864件，28.27%　68 307件，57.02%

图 2-15　2022 年陕西许可公开的国内专利的申请主体分布情况

2022 年，陕西取得授权的"国内发明专利"中，高校占 54.40%，高校和企业的合计占比高达 91.1%（图 2-16）。企业的申请主体主要集中在国有企业，民营企业实力较弱。

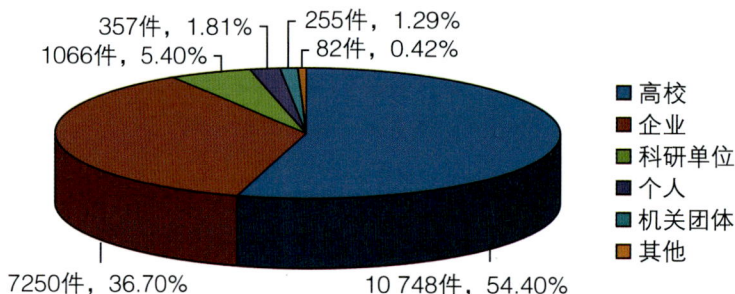

357件，1.81%　255件，1.29%
1066件，5.40%　82件，0.42%

高校
企业
科研单位
个人
机关团体
其他

7250件，36.70%　10 748件，54.40%

图 2-16　2022 年陕西取得授权的国内发明专利的申请主体分布情况

3. 申请主体技术优势

选取 2022 年公开的陕西专利申请主体 TOP 10 的机构，展示其优势技术领域的专利公开数据，如表 2-1 所示。TOP 10 主体以高校为主，其中高校 9 家、企业 1 家。西安交通大学居首位，而且在技术方向上覆盖范围较广；其他机构的优势技术方向特色较明显。

表 2-1　专利申请主体 TOP 10 机构的主要技术优势

申请主体	涉及的主要IPC 分类号	含义	专利数量/件
西安交通大学	G06F	电数字数据处理	862
	G06N	基于特定计算模型的计算机系统	583
西北工业大学	G06F	电数字数据处理	841
	G06N	基于特定计算模型的计算机系统	449
西安电子科技大学	G06N	基于特定计算模型的计算机系统	702
	G06F	电数字数据处理	669
西安热工研究院有限公司	G01N	借助于测定材料的化学或物理性质来测试或分析材料	377
	F01D	非变容式机器或发动机，如汽轮机	346
陕西科技大学	C08L	高分子化合物的组合物	193
	C08J	加工；配料的一般工艺过程	181
西安理工大学	G06F	电数字数据处理	292
	G06N	基于特定计算模型的计算机系统	223
中国人民解放军空军军医大学	A61B	诊断；外科；鉴定	419
	A61M	将介质输入人体内或输到人体上的器械	285
长安大学	G01N	借助于测定材料的化学或物理性质来测试或分析材料	219
	G06F	电数字数据处理	156
西安建筑科技大学	E04B	一般建筑物构造；墙，如间壁墙；屋顶；楼板；顶棚；建筑物的隔绝或其他防护	189
	C02F	水、废水、污水或污泥的处理	132
西北农林科技大学	C12N	微生物或酶；其组合物	197
	A01G	园艺；蔬菜、花卉、稻、果树、葡萄、啤酒花或海菜的栽培；林业；浇水	147

五、专利技术领域

1. 技术方向

表 2-2 列示的是 2022 年许可公开的陕西专利中技术方向排名前 10 位的专利数据。其中，G06F（电数字数据处理）和 G01N（借助于测定材料的化学或物理性质来测试或分析材料）2 个技术方向的专利许可公开量均超过 5500 件，是陕西具有优势的专利技术方向。西安交通大学、西北工业大学、西安电子科技大学及西安热工研究院有限公司分别在 G06F（电数字数据处理）、G01N（借助于测定材料的化学或物理性质来测试或分析材料）、B01D（分离）、G06N（基于特定计算模型的计算机系统）等多个技术方向表现出色。

表 2-2　2022 年陕西许可公开专利技术方向 TOP 10 的数量分布

IPC 分类号	含义	专利数量/件	代表机构
G06F	电数字数据处理	6870	西安交通大学（862） 西北工业大学（841）
G01N	借助于测定材料的化学或物理性质来测试或分析材料	5532	西安交通大学（380） 西安热工研究院有限公司（377）
B01D	分离	4165	西安热工研究院有限公司（208） 西安交通大学（120）
G06N	基于特定计算模型的计算机系统	3229	西安电子科技大学（702） 西安交通大学（583）
B08B	一般清洁；一般污垢的防除	2459	西安热工研究院有限公司（46） 长安大学（31）
E21B	土层或岩石的钻进	2332	中煤科工集团西安研究院有限公司（214） 西安石油大学（187）
G06K	数据识别；数据表示；记录载体；记录载体的处理	2169	西安电子科技大学（392） 西安交通大学（340）
G06V	图像或视频识别或理解	2148	西安电子科技大学（430） 西北工业大学（265）
G06T	一般的图像数据处理或产生	2127	西安电子科技大学（327） 西安交通大学（255）
A61B	诊断；外科；鉴定	2106	中国人民解放军空军军医大学（419） 西安交通大学医学院第一附属医院（137）

2. 地市专利技术特色

2022 年，陕西各个地市的许可公开专利数量中，IPC 分类排前 2 位的技术方向如图 2-17 所示。西安市的许可公开专利量远超其他地市，数量超过 4500 件。各个地市的许可公开专利中技术优势各具特色，反映出与各地区的优势特色产业有一定的对应性。

图 2-17　2022 年陕西各地市许可公开专利技术方向特色分布示意

3. 行业专利数据

2022 年许可公开的陕西专利中，排名前十的国民经济行业主要分布在制造业的各个分支行业（图 2-18），仪器仪表制造业和金属制品、机械和设备修理业和专用设备制造业的许可公开专利量均超过 4 万件，反映出陕西在制造业方面有着丰厚成体系的技术基础优势；另外，通用设备制造业，机动车、电子产品和日用产品修理业也表现出色。

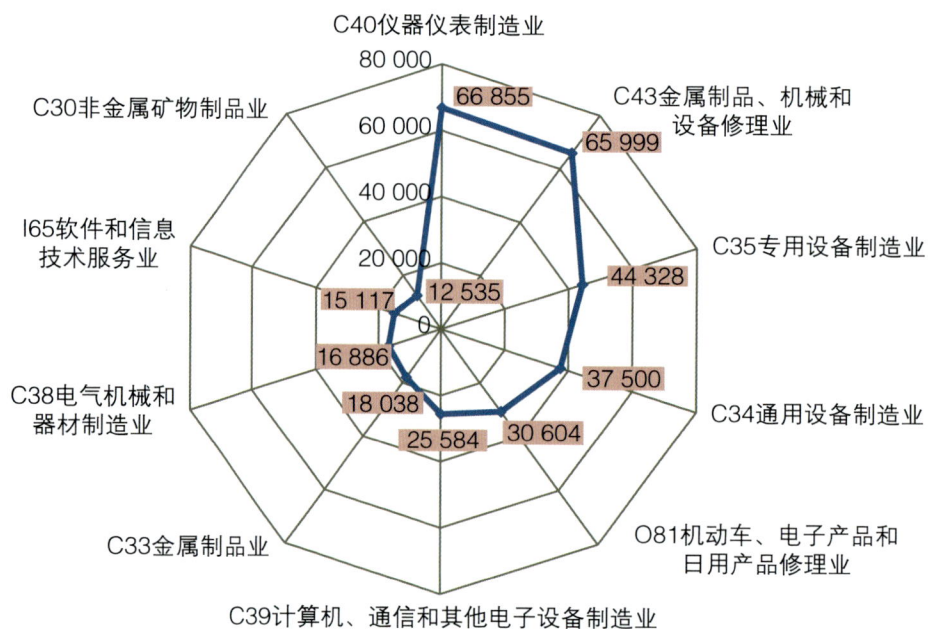

图 2-18　主要国民经济行业分类构成

4. 产业专利数据

2022 年许可公开的陕西专利分布在 9 个战略性新兴产业分类中，其中新一代信息技术产业的许可公开专利数量最多，接近 2 万件（图 2-19），彰显了陕西在该产业领域的技术创新优势；另外，新材料、高端装备制造、节能环保、生物产业和新能源产业也表现出色。

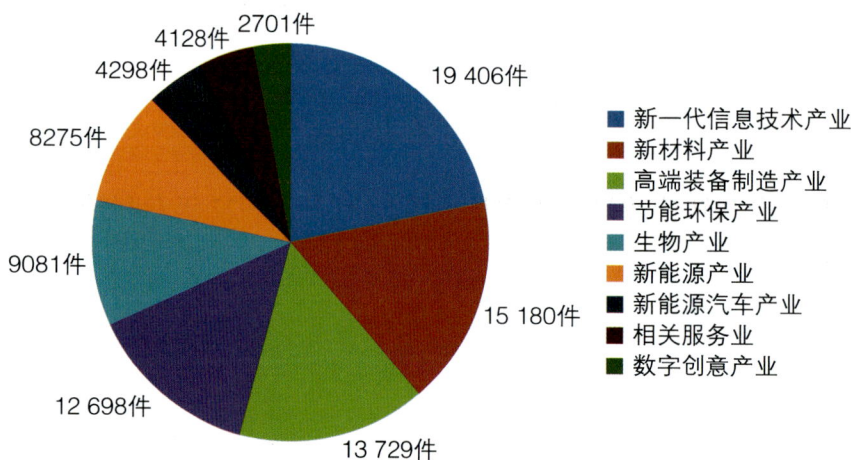

图 2-19　新兴产业分类构成 ①

① 战略性新兴产业根据国家知识产权局《战略性新兴产业分类与国际专利分类参照关系表（2021）（试行）》进行分类。

六、专利状态数据

1. 专利状态结构

图 2-20 是 2022 年许可公开的陕西国内专利处于有效、无效和审中 3 种专利权法律状态[1]的结构分布。其中，无效专利包括"撤回"、"未缴年费"、"驳回"、"放弃"和"全部无效"专利，在图中合并显示。

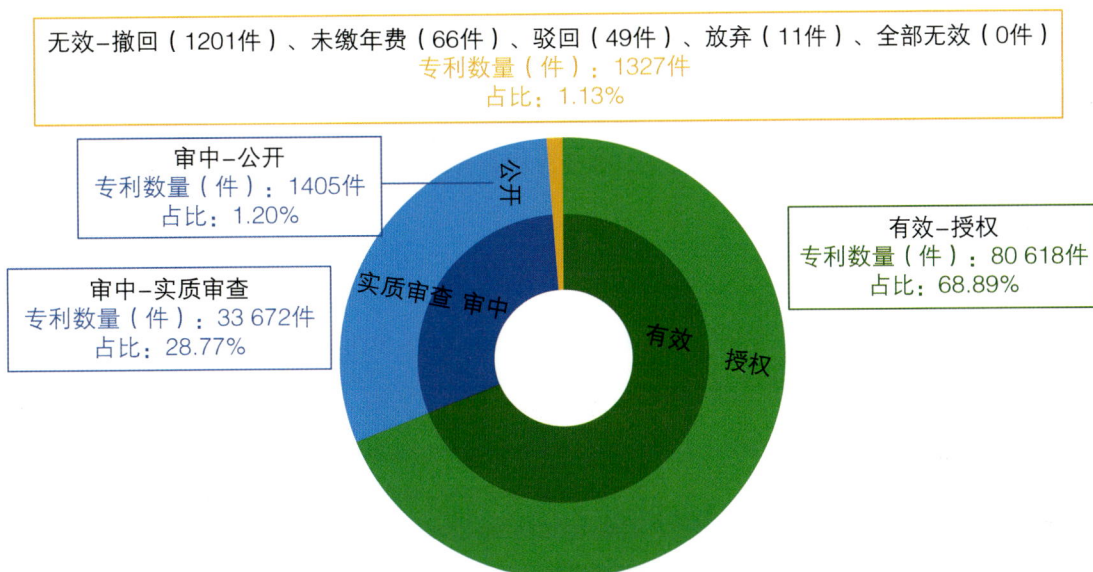

无效-撤回（1201件）、未缴年费（66件）、驳回（49件）、放弃（11件）、全部无效（0件）
专利数量（件）：1327件
占比：1.13%

审中-公开
专利数量（件）：1405件
占比：1.20%

审中-实质审查
专利数量（件）：33 672件
占比：28.77%

有效-授权
专利数量（件）：80 618件
占比：68.89%

图 2-20　2022 年许可公开的陕西专利的状态结构分布

2. 专利转让总数

近几年，陕西省专利转让数量逐年增长（图 2-21），2022 年专利转让数量为 7232 件，较上一年减少 378 件。其中，转让的发明专利为 3991 件，约占 2022 年转让专利数量的一半以上。

---

① 当前法律状态所指检索时间是 2023 年 4 月 12 日。

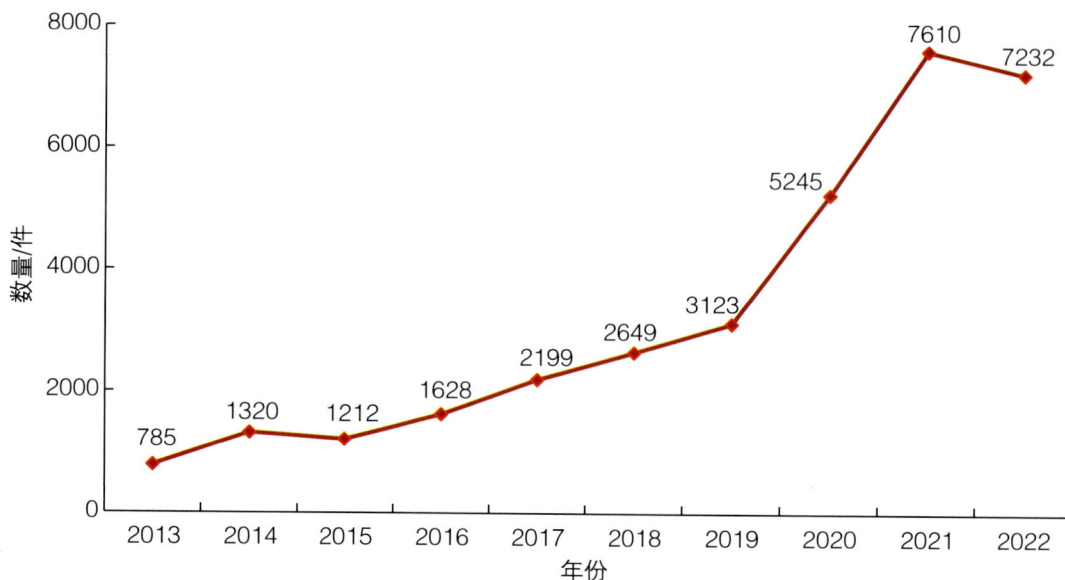

图 2-21　2013-2022 年陕西专利转让数据 [①]

3. 转让人 TOP 10

2022 年发生转让的陕西专利转让人 TOP 10 如图 2-22 所示。

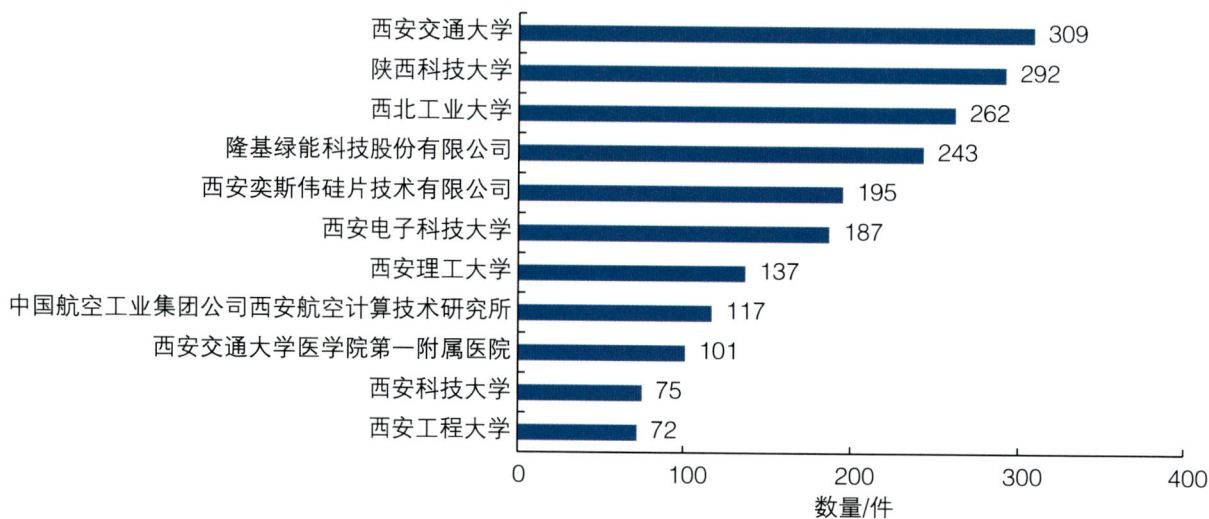

图 2-22　2022 年陕西专利转让人 TOP 10

---

① 因转让数据信息的滞后性，2023 年检索出的数据与 2022 年的数据有所差异。

4. 受让人 TOP 10

2022 年发生转让的陕西专利受让人 TOP 10 如图 2-23 所示。排名第一的受让人为隆基绿能科技股份有限公司；排名第二的西安翔腾微电子科技有限公司的专利全部由中国航空工业集团公司西安航空计算技术研究所转让而来；排名第三的受让人西安奕斯伟材料科技有限公司主要存在与其控股公司西安奕斯伟硅片技术有限公司之间的转让。

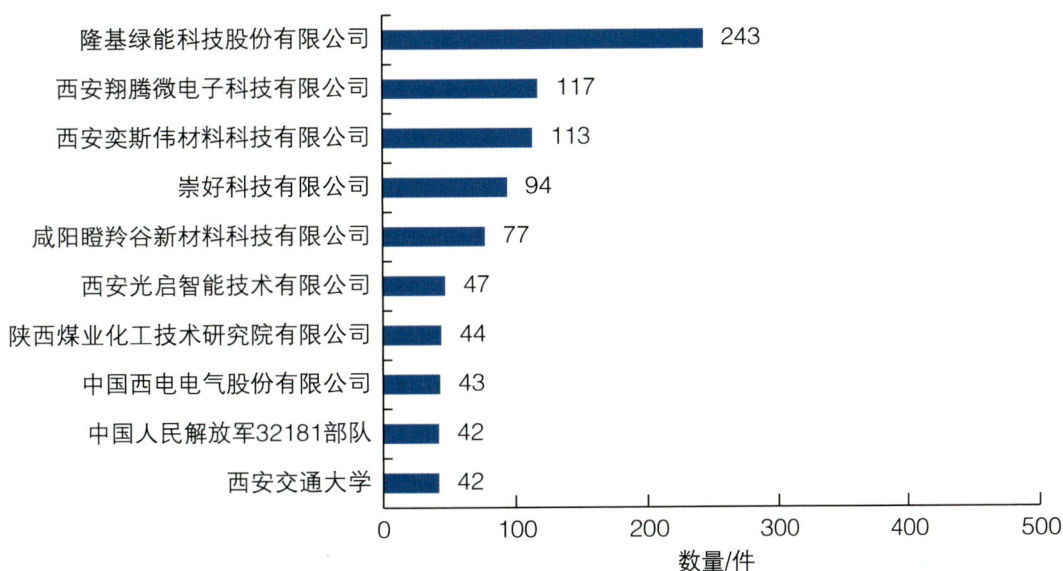

受让人	数量/件
隆基绿能科技股份有限公司	243
西安翔腾微电子科技有限公司	117
西安奕斯伟材料科技有限公司	113
崇好科技有限公司	94
咸阳瞪羚谷新材料科技有限公司	77
西安光启智能技术有限公司	47
陕西煤业化工技术研究院有限公司	44
中国西电电气股份有限公司	43
中国人民解放军32181部队	42
西安交通大学	42

图 2-23　2022 年陕西转让专利的受让人 TOP 10

5. 转让技术 TOP 10

按 IPC 分类，2022 年发生转让的陕西专利排名前十的技术方向如表 2-3 所示。分离技术方面的专利转让最为活跃。

表 2-3　2022 年陕西转让专利的 IPC 分类 TOP 10

IPC 分类号	含义	专利数量
B01D	分离	280
G06F	电数字数据处理	252
G01N	借助于测定材料的化学或物理性质来测试或分析材料	240
H01L	半导体器件；其他类目中不包括的电固体器件	197
B08B	一般清洁；一般污垢的防除	182
H04L	数字信息的传输，如电报通信	161

IPC 分类号	含义	专利数量
H02S	由红外线辐射、可见光或紫外光转换产生电能	154
A61B	诊断；外科；鉴定	147
C02F	水、废水、污水或污泥的处理	140
C04B	石灰；氧化镁；矿渣；水泥；其组合物	120

七、专利质量数据

专利的被引用量可以作为衡量专利质量的重要参考指标。截至 2022 年年底，陕西有效国内发明专利被引用量 TOP 10 的申请人中，有 4 家高校、4 家企业，其中西安电子科技大学有 3 件高被引专利（表 2-4）。这 10 件专利中，已有 4 件被转让，其中 2 件转让给省外公司，为"基于主动学习的问答方法及采用该方法的问答系统"和"一种智能药箱"的专利。

表 2-4　截至 2022 年年底陕西省高被引有效发明专利 TOP 10

序号	专利名称	申请号	申请人	主分类号	被引证次数/次
1	一种深度强化学习的实时在线路径规划方法	CN201710167590.0	西北工业大学	G05D1/02	144
2	基于主动学习的问答方法及采用该方法的问答系统	CN201410264111.3	西安蒜泥电子科技有限责任公司	G06F17/30	139
3	一种含噻虫酰胺和生物源类杀虫剂的杀虫组合物	CN201110023254.1	陕西上格之路生物科学有限公司	A01N43/90	134
4	一种可编程卷积神经网络协处理器 IP 核	CN201710076837.8	西安交通大学	G06N3/063	133
5	一种碳纤维天线面的制造方法	CN201410389690.4	西安拓飞复合材料有限公司	B29C70/36	127
6	基于属性加密的区块链隐私数据访问控制方法	CN201610948544.X	西安电子科技大学	G06Q20/38	126
7	LTE 中的三维波束赋形方法	CN201110379694.0	西安电子科技大学	H04B7/06	126
8	一种智能药箱	CN201510254126.6	陕西科技大学	A61J1/00	123
9	基于区块链的电子医疗记录存储和共享的模型及方法	CN201811034508.8	西安电子科技大学	G16H10/60	109
10	一种移动教学平台	CN201410155080.8	西安夫子电子科技研究院有限公司	G09B7/02	101

八、获奖专利数据

陕西在"第二十三届中国专利奖"的获奖专利数量为26件，位居全国第九，与广东、北京、江苏等省市差距较大，获奖数量约为广东的1/10，北京的1/6（表2-5）。其中，中国科学院国家授时中心的专利"基于铯原子饱和吸收谱的半导体自动稳频激光器"获得金奖，西安交通大学的专利"一种基于时空分布特性的区域风电功率预测方法"及中国铁建重工集团股份有限公司与中铁第一勘察设计院集团有限公司合作的专利"凿岩台车"获得银奖，西安交通大学、西安电子科技大学、中国西电电气股份有限公司、西安热工研究院有限公司、西安空间无线电技术研究所、中国科学院西安光学精密机械研究所等23家机构申报的专利获得优秀奖。

表2-5　部分省（自治区、直辖市）发明、实用新型获奖专利数据（第二十三届）

省（自治区、直辖市）	金奖/项	银奖/项	优秀奖/项	总数/项
广东	5	13	236	254
北京	8	23	125	156
江苏	4	5	108	117
上海	3	6	42	51
山东	2	5	44	51
浙江	4	1	41	46
安徽	4	3	21	28
湖北	0	3	25	28
陕西	1	2	23	26
福建	0	0	25	25
四川	0	0	22	22
河南	2	0	17	19
辽宁	0	0	19	19
湖南	2	3	12	17
重庆	0	2	15	17
天津	1	0	15	16
河北	2	2	6	10
黑龙江	1	1	8	10
江西	0	0	8	8
广西	1	0	5	6
山西	0	1	5	6

省（自治区、直辖市）	金奖/项	银奖/项	优秀奖/项	总数/项
云南	0	0	6	6
吉林	0	0	5	5
青海	0	0	4	4
宁夏	0	0	4	4
贵州	0	0	3	3
内蒙古	0	0	3	3
海南	0	0	2	2
新疆	0	0	2	2
甘肃	0	0	2	2
西藏	0	0	1	1

"第二十三届中国外观设计专利奖"中，广东的获奖专利数量共计13件，位居全国第一；其次为江苏，获奖专利数量为12件；再次为北京和浙江，获奖专利均为9件（表2-6）。

表2-6　部分省（自治区、直辖市）外观设计获奖专利数据（第二十三届）

省（自治区、直辖市）	金奖/项	银奖/项	优秀奖/项	总数/项
广东	3	3	7	13
江苏	2	4	6	12
北京	1	1	7	9
浙江	0	1	8	9
山东	1	2	4	7
重庆	0	1	3	4
福建	0	0	4	4
上海	1	0	2	3
湖南	0	1	2	3
辽宁	0	2	1	3
吉林	2	0	0	2
天津	0	0	2	2
四川	0	0	1	1
河南	0	0	1	1
安徽	0	0	1	1

续表

省（自治区、直辖市）	金奖/项	银奖/项	优秀奖/项	总数/项
海南	0	0	1	1
广西	0	0	1	1
江西	0	0	1	1

九、市（区）专利数据

1. 市（区）发明专利总量

2022 年陕西各个市（区）[①]的几项专利指标数据如表 2-7 和图 2-24 所示，各个市（区）的专利表现梯次明显。西安市作为省会城市、国家中心城市，科教、经济等资源密集，整体技术创新能力远强于其他市（区），几项专利指标数据均处于省内绝对优势地位。西安市的有效发明专利密度超过当年全省有效发明专利密度平均水平（12.18 件/万人）的近 5 倍，遥遥领先。

表 2-7　2022 年陕西各个市（区）国内发明专利授权量数据

市（区）	授权发明专利		有效发明专利		有效发明专利密度/（件/万人）
	专利数量/件	占比	专利数量/件	占比	
西安	17 284	91.17%	83 619	90.88%	64.97
咸阳	363	1.91%	1870	2.03%	4.44
杨凌	327	1.72%	1172	1.27%	46.88
宝鸡	235	1.24%	1888	2.05%	5.76
汉中	231	1.22%	1019	1.11%	3.19
榆林	200	1.05%	755	0.82%	2.09
渭南	109	0.57%	805	0.87%	1.74
延安	74	0.39%	331	0.36%	1.46
安康	56	0.30%	220	0.24%	0.89
商洛	40	0.21%	231	0.25%	1.14
铜川	40	0.21%	101	0.11%	1.42

---

① 本书中各市（区）数据均基于第一申请人的申请地址进行统计。

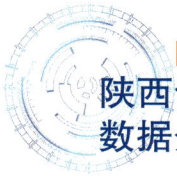

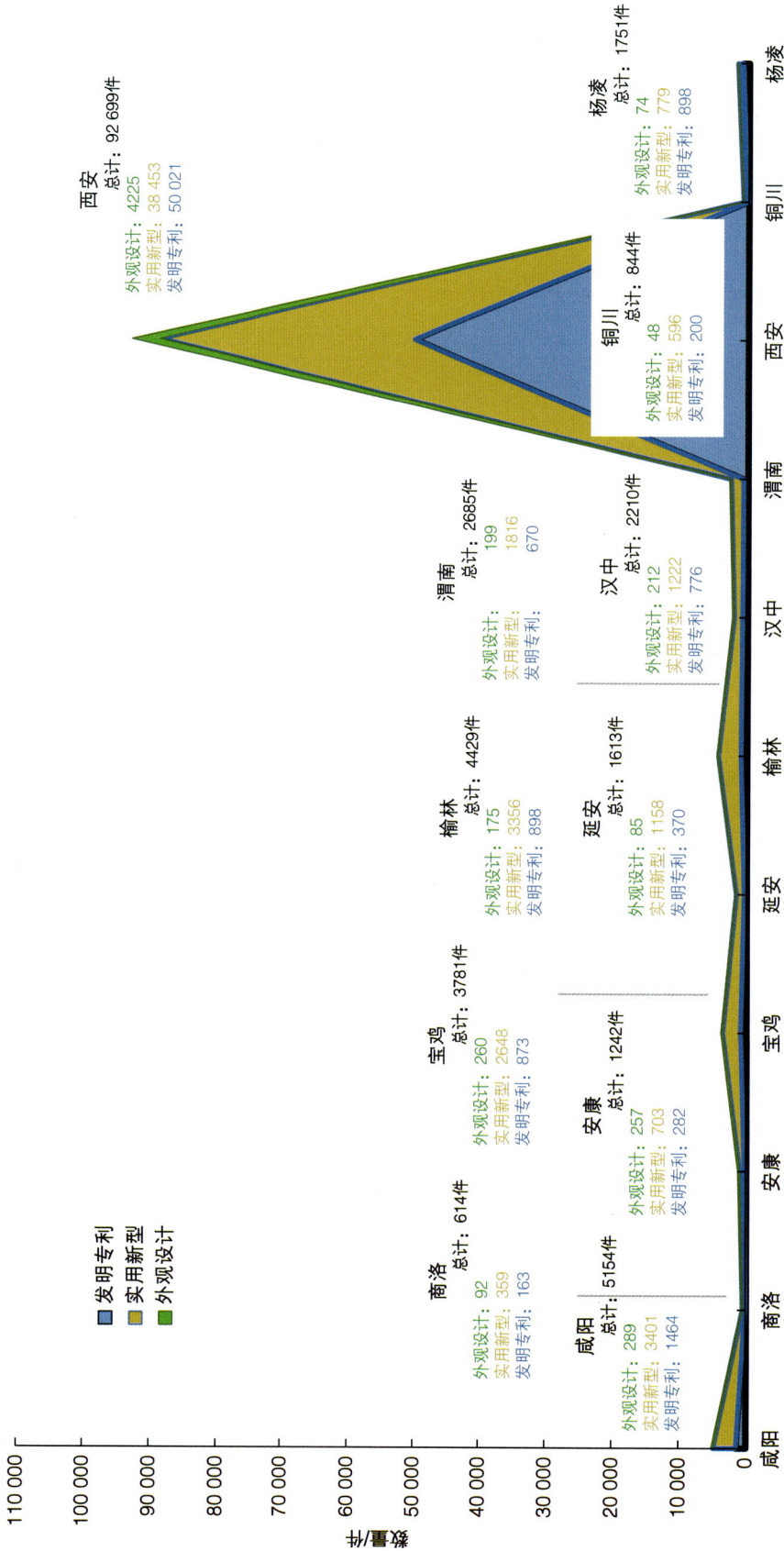

图 2-24 2022 年陕西各个市（区）专利的许可公开量数据

发明专利
实用新型
外观设计

西安
总计：92 699件
外观设计：4225
实用新型：38 453
发明专利：50 021

杨凌
总计：1751件
外观设计：74
实用新型：779
发明专利：898

铜川
总计：844件
外观设计：48
实用新型：596
发明专利：200

渭南
总计：2685件
外观设计：199
实用新型：1816
发明专利：670

汉中
总计：2210件
外观设计：212
实用新型：1222
发明专利：776

榆林
总计：4429件
外观设计：175
实用新型：3356
发明专利：898

延安
总计：1613件
外观设计：85
实用新型：1158
发明专利：370

宝鸡
总计：3781件
外观设计：260
实用新型：2648
发明专利：873

安康
总计：1242件
外观设计：257
实用新型：703
发明专利：282

商洛
总计：614件
外观设计：92
实用新型：359
发明专利：163

咸阳
总计：5154件
外观设计：289
实用新型：3401
发明专利：1464

2. 市（区）发明专利申请主体

（1）西安市

2022 年西安市的发明专利许可公开量为 50 021 件，申请主体以高校和企业为主，两者专利数量之和占到全市发明专利许可公开量的 92%（高校占比 47%、企业占比 45%）。全市申请量排名前 10 位的机构有 9 家高校、1 家企业（图 2-25）；非高校申请机构 TOP 10（图 2-26）中有 6 家科研院所、1 家医院（西安交通大学医学院第一附属医院）、3 家企业均为国有企业（西安热工研究院有限公司、中煤科工集团西安研究院有限公司和中国航发动力股份有限公司）。

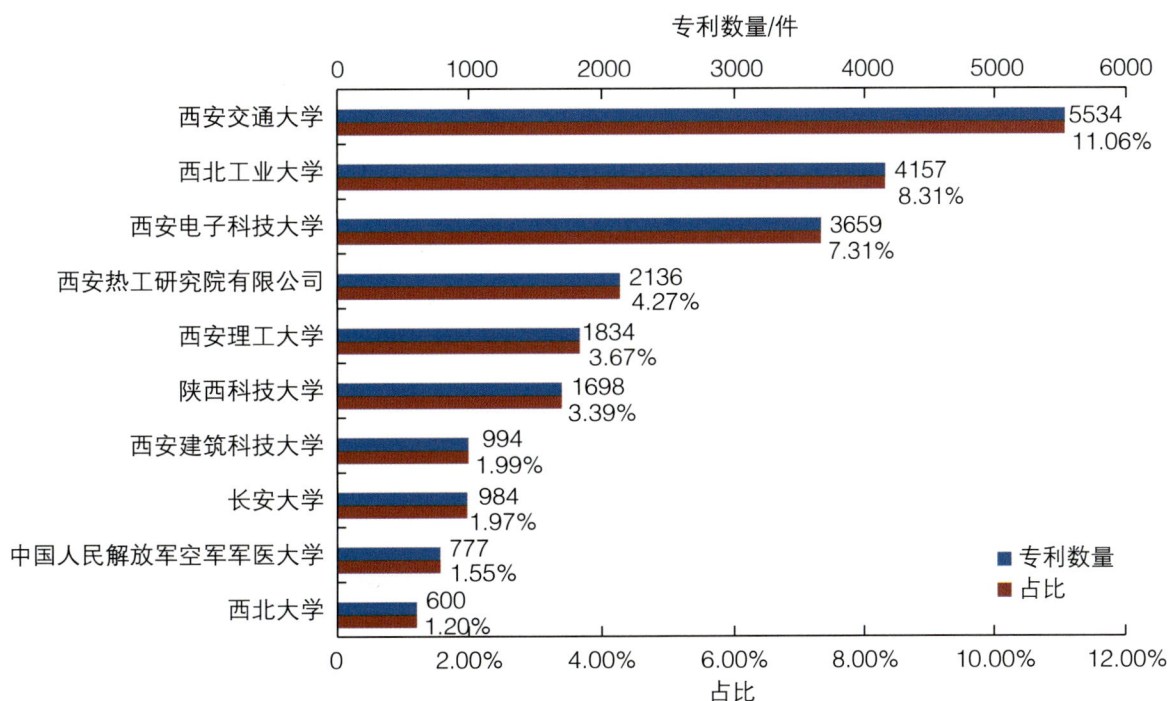

图 2-25　2022 年公开的西安市发明专利申请机构 TOP 10

注：图中占比指 2022 年公开的发明专利中该机构的公开量占西安市公开总量的比重。后续图 2-26 到图 2-48 中的占比指某机构 2022 年发明专利公开量/授权量占该机构所属地市发明专利公开总量/授权总量的百分比，在此一并说明，不再分别解释。

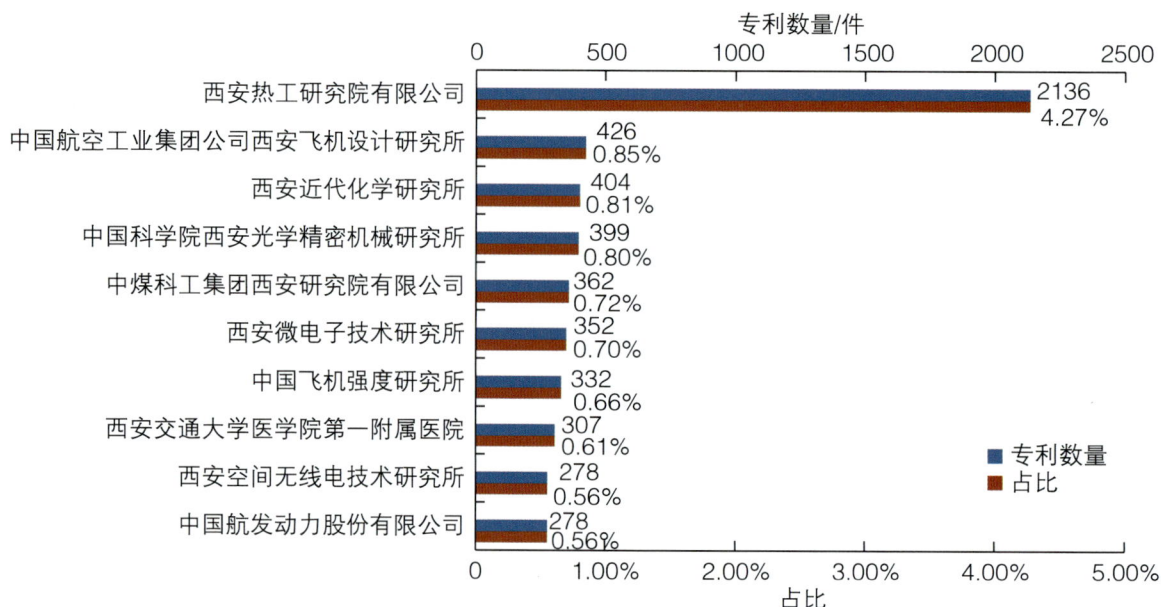

图 2-26　2022 年公开的西安市发明专利非高校申请机构 TOP 10

2022 年西安市发明专利授权量为 17 284 件，申请主体仍以高校和企业为主，两者的专利数量之和约占全市发明专利授权量的 95%，其中高校占比达 59%，占据了 2022 年西安市授权发明专利申请机构 TOP 10 中的 9 个位置（图 2-27）。非高校申请机构 TOP 10（图 2-28）中有 7 家科研院所，1 家医院（西安交通大学医学院第一附属医院），其余 2 家企业均为国企。

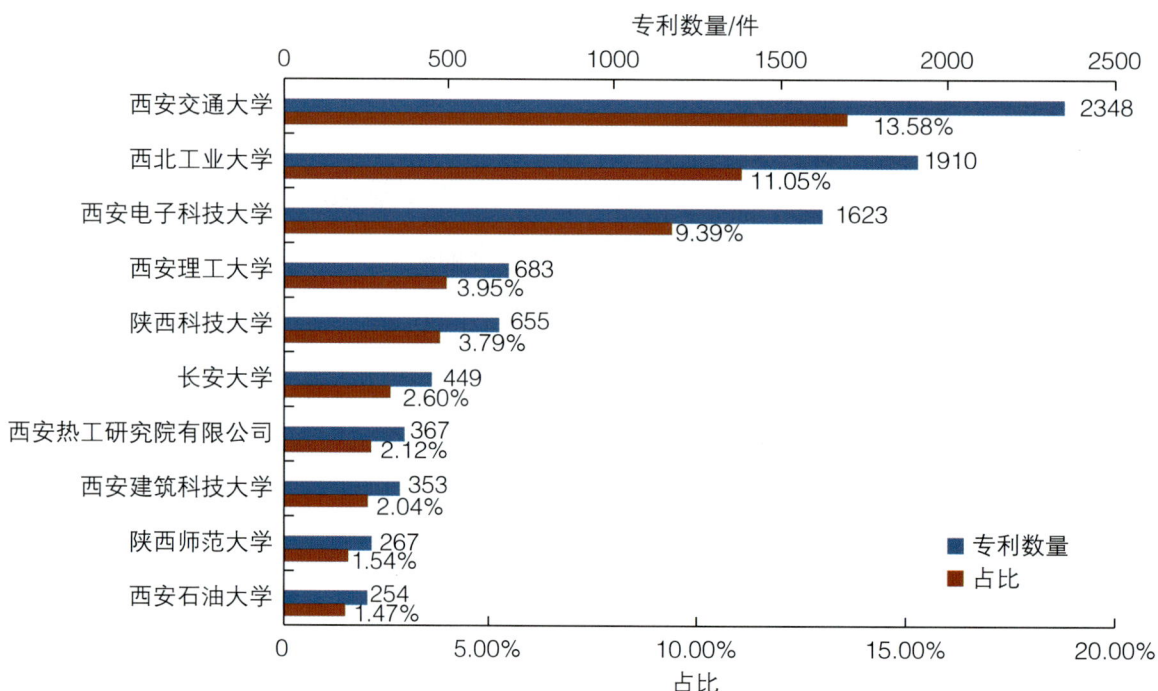

图 2-27　2022 年西安市授权发明专利申请机构 TOP 10

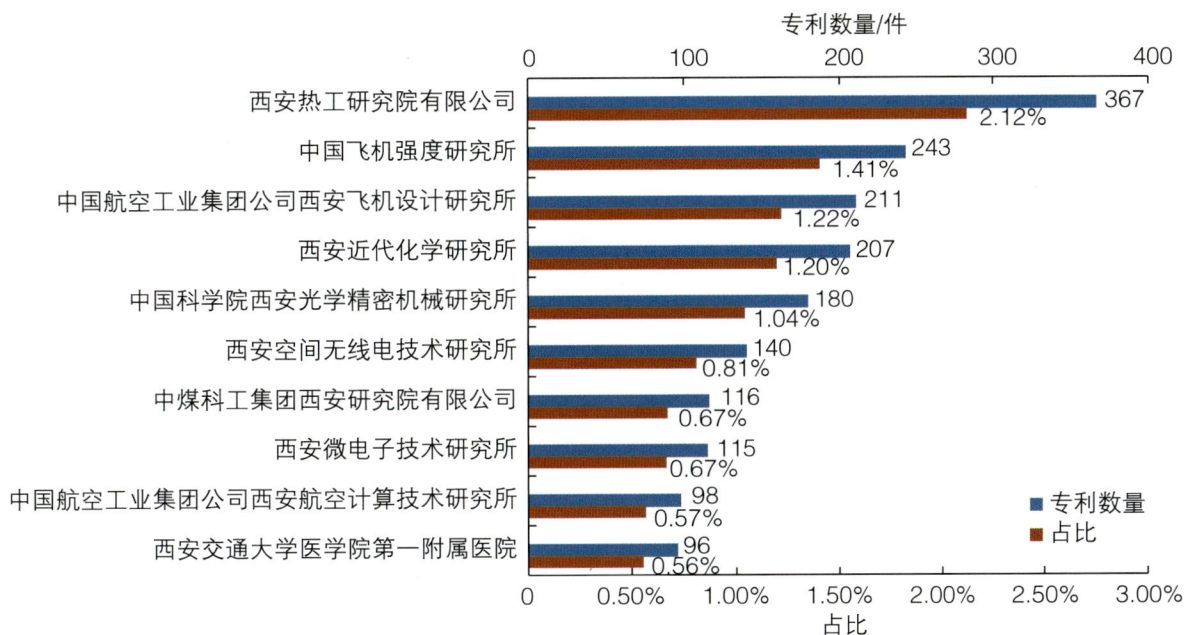

图 2-28 2022 年西安市授权发明专利非高校申请机构 TOP 10

（2）咸阳市

2022 年咸阳市发明专利许可公开量 1464 件，申请主体以企业和高校为主。进入 TOP 10 的申请机构中有 3 家高校、7 家企业（图 2-29）。咸阳中电彩虹集团控股有限公司表现相对突出，发明专利许可公开量占咸阳市发明专利许可公开总量的 11.27%。

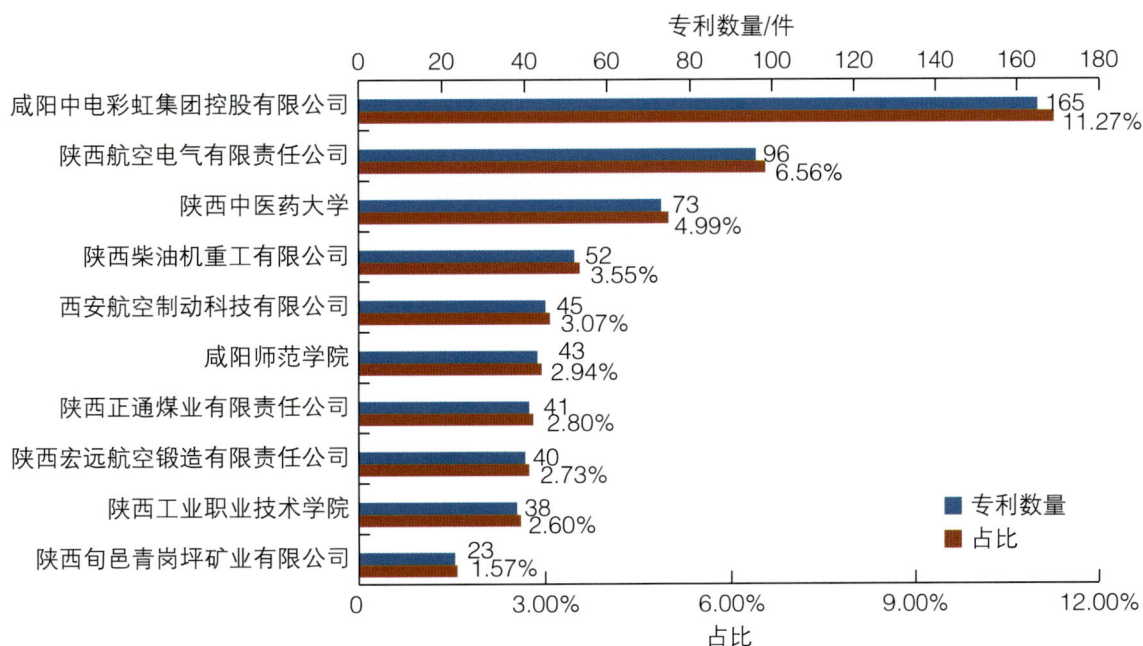

图 2-29 2022 年公开的咸阳市发明专利申请机构 TOP 10

2022 年咸阳市发明专利授权量为 363 件,申请主体中,企业和高校的专利数量合计超过咸阳市总量的 90%;排名第一的申请主体为咸阳中电彩虹集团控股有限公司(图 2-30)。

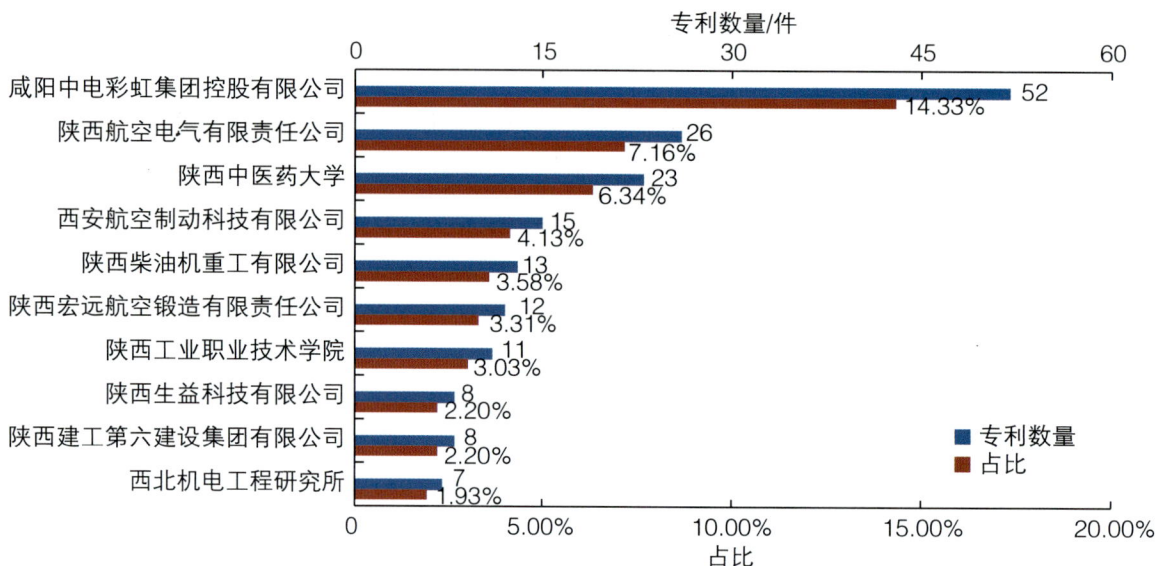

图 2-30 2022 年咸阳市授权发明专利申请机构 TOP 10

(3)杨凌示范区

2022 年杨凌示范区发明专利许可公开量 898 件,主要申请主体中,西北农林科技大学的发明专利许可公开量遥遥领先于其他企业,其发明专利许可公开量占比达到 81.40%(图 2-31)。

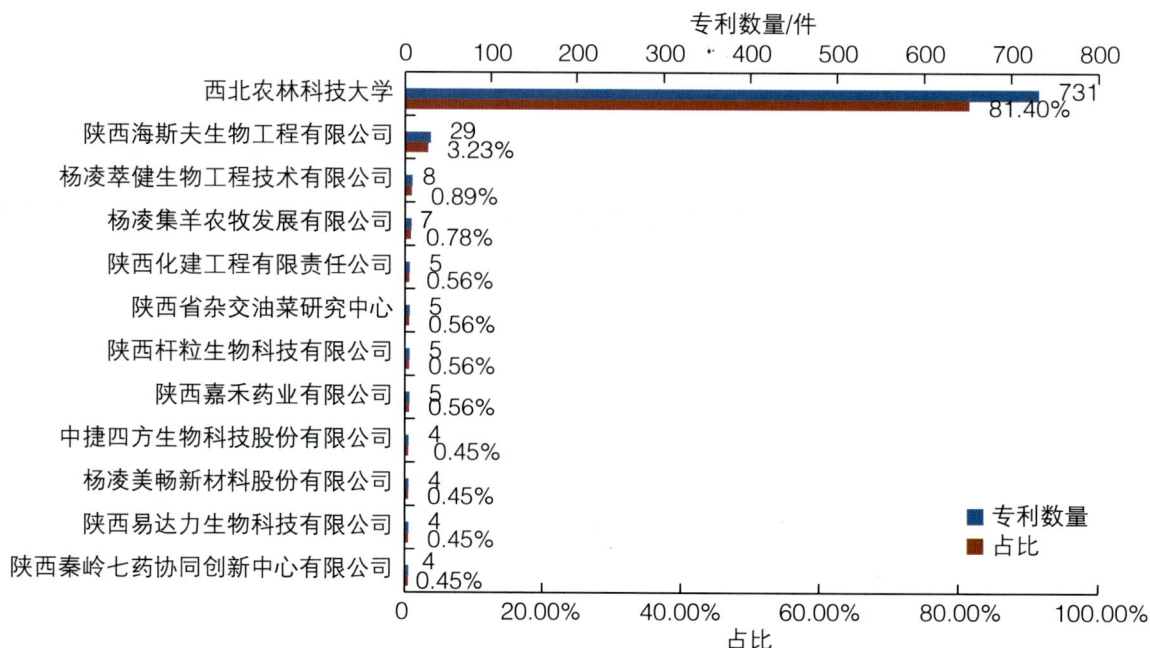

图 2-31 2022 年公开的杨凌示范区发明专利主要申请机构

2022 杨凌示范区发明专利授权量为 327 件，申请主体西北农林科技大学的发明专利授权量占比超过 80%，除西北农林科技大学外，主要申请机构中有 2 家事业单位，其余均为民营企业（图 2-32）。

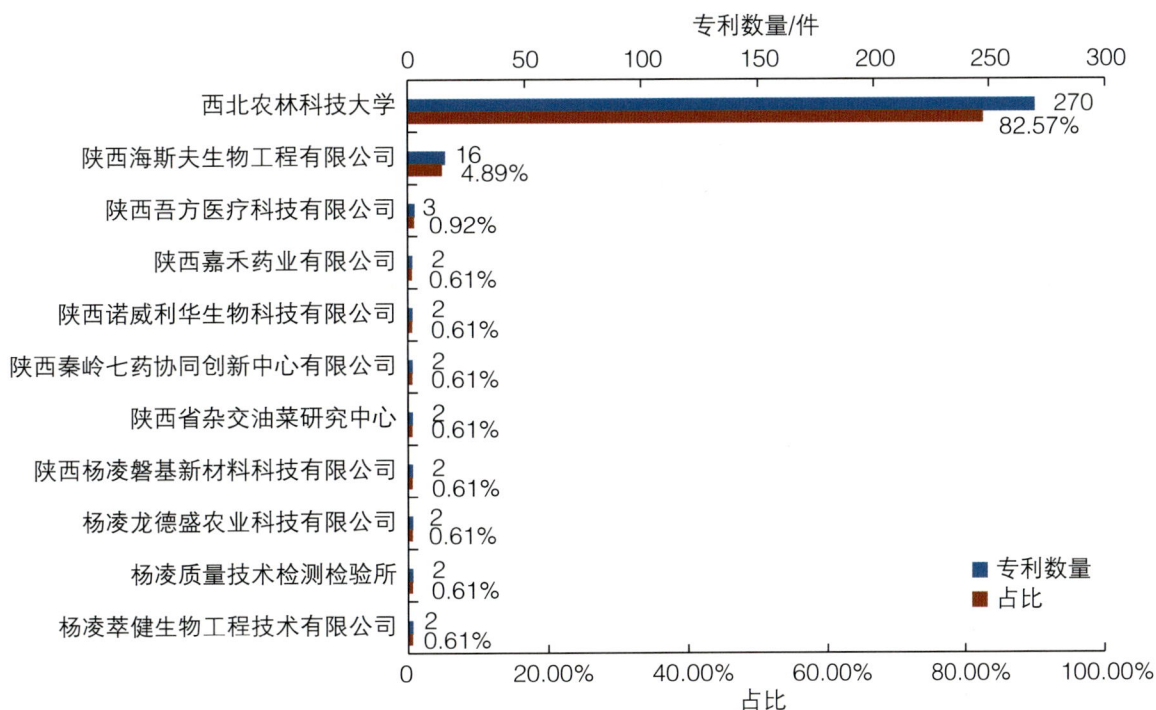

图 2-32　2022 年杨凌示范区授权发明专利主要申请机构

（4）宝鸡市

2022 年宝鸡市发明专利许可公开量为 873 件，申请机构中居 TOP 10 的机构以企业为主，企业发明专利许可公开量约占全市总量的 71%；其次为自然人，发明专利许可公开量约占 19%；宝鸡地区高校较少，其发明专利许可公开量占全市总量的比例约为 8%，但宝鸡文理学院表现不错，占全市总量近 7%（图 2-33）。

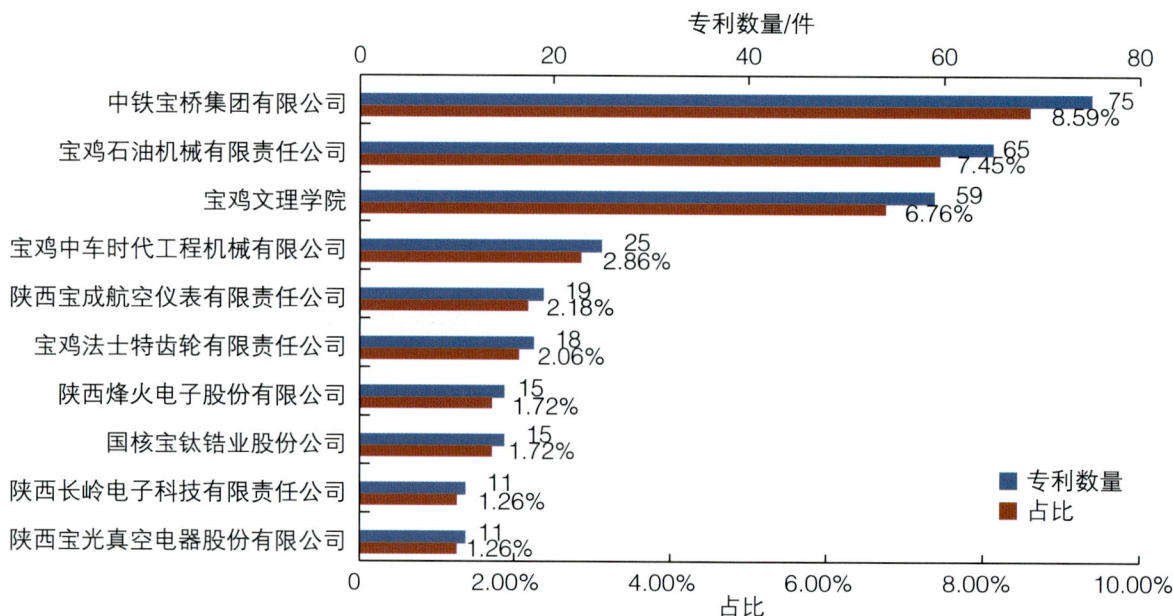

图 2-33　2022 年公开的宝鸡市发明专利申请机构 TOP 10

2022 年宝鸡市发明专利授权量为 235 件，申请主体仍以企业为主，占比高达 83%。主要申请机构中宝鸡石油机械有限责任公司的发明专利授权量遥遥领先，超过全市发明专利授权总量的 1/4（图 2-34）。

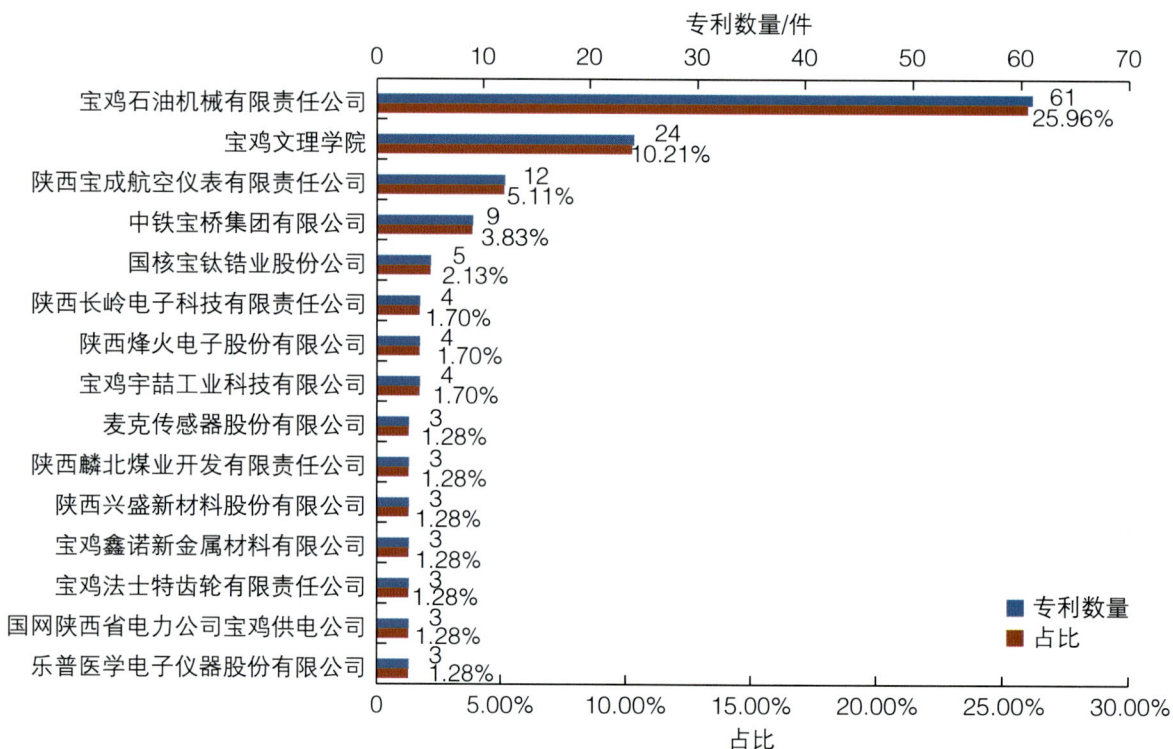

图 2-34　2022 年宝鸡市授权发明专利主要申请机构

（5）汉中市

2022 年汉中市发明专利许可公开量为 776 件，申请主体中，企业和高校的发明专利许可公开数量合计约占汉中市发明专利许可公开总量的 83%（企业占比 42%、高校占比 41%）；申请机构中陕西理工大学处于绝对优势，占汉中市发明专利许可公开总量的 40.34%，其次为陕西飞机工业（集团）有限公司，占比为 12.50%（图 2-35）。

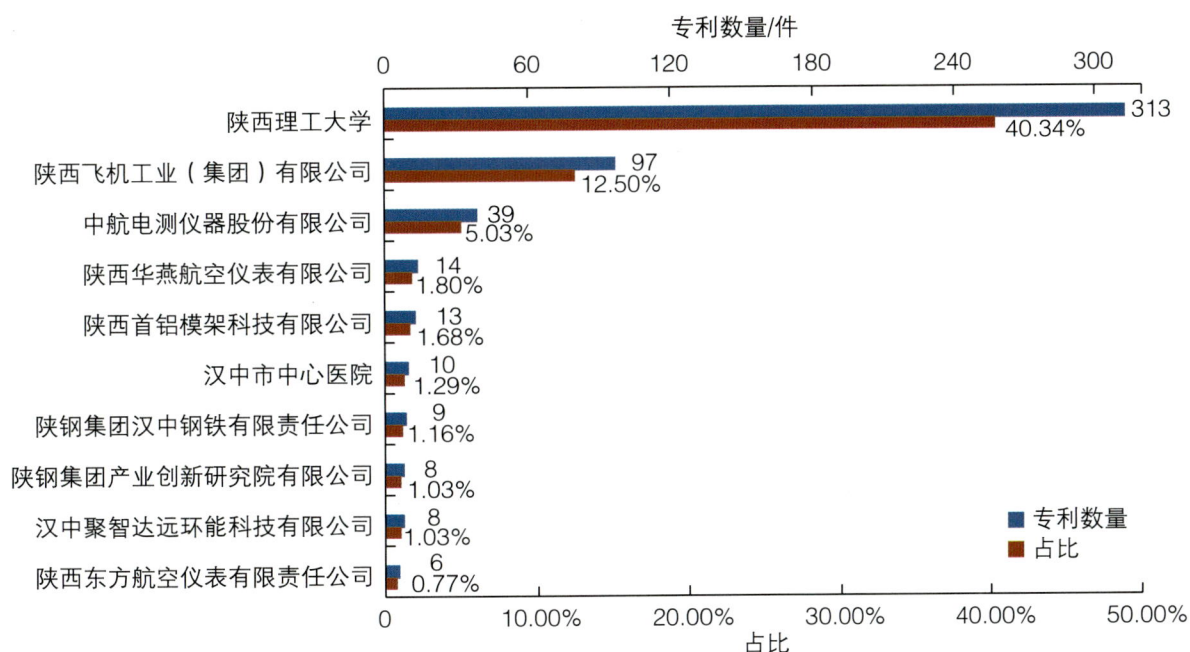

图 2-35　2022 年公开的汉中市发明专利申请机构 TOP 10

2022 年汉中市发明专利授权量为 231 件，申请主体主要为高校和企业，占汉中市发明专利授权总量的 92%（高校占比 55%、企业占比 37%）；申请机构中陕西理工大学占绝对优势，发明专利授权量占比超过全市总量的一半以上（图 2-36[①]）。

---

① 因 2022 年汉中市授权发明专利的申请机构除 TOP 9 之外，其余机构数量均小于 2 件且并列很多，因此此图只节选机构 TOP 9 作为主要申请机构；后面部分地市数据同理。

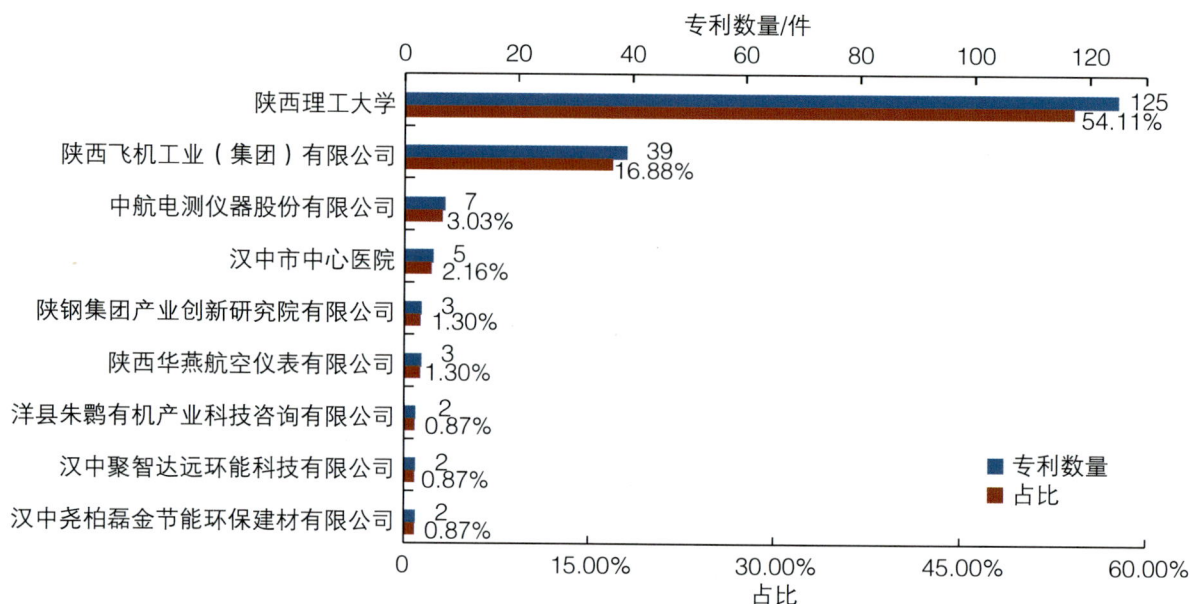

图 2-36　2022 年汉中市授权发明专利主要申请机构

（6）榆林市

2022 年榆林市发明专利许可公开量为 898 件，申请主体以企业为主，占比接近 60%。2022 年榆林市发明专利授权量 200 件，其中企业占比 68%、高校占比 16%、自然人占比 15%。榆林学院表现不错，在榆林市发明专利许可公开总量和授权总量中的占比分别达到 10.69% 和 11.50%（图 2-37、图 2-38）。

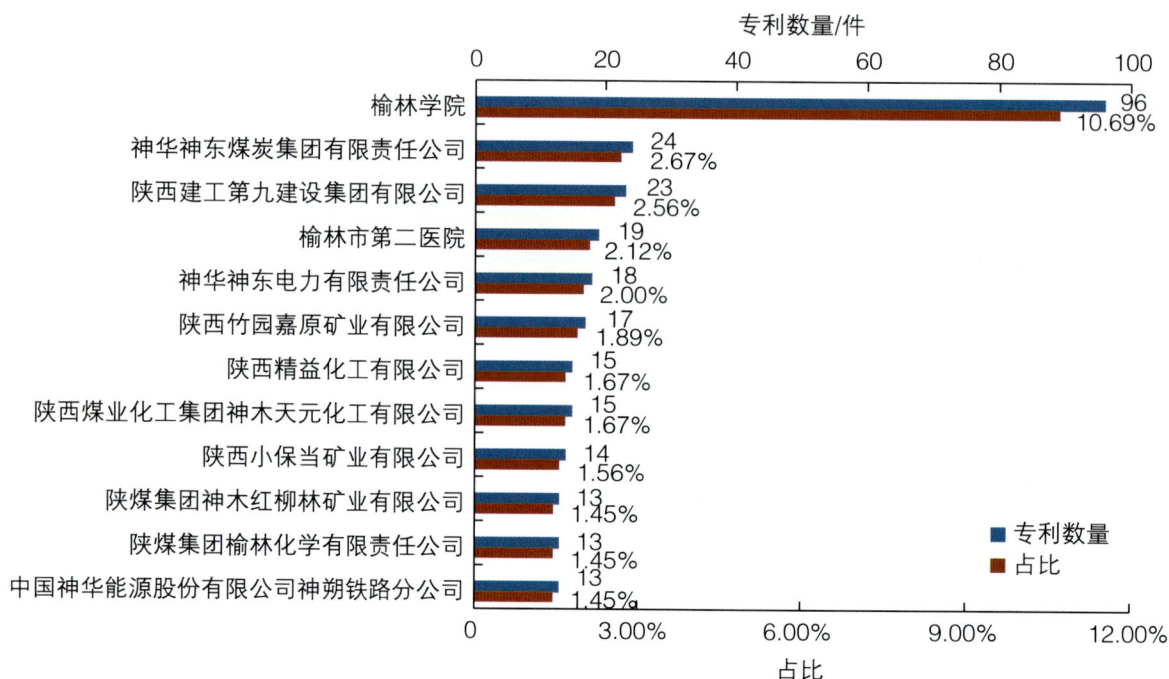

图 2-37　2022 年公开的榆林市发明专利主要申请机构

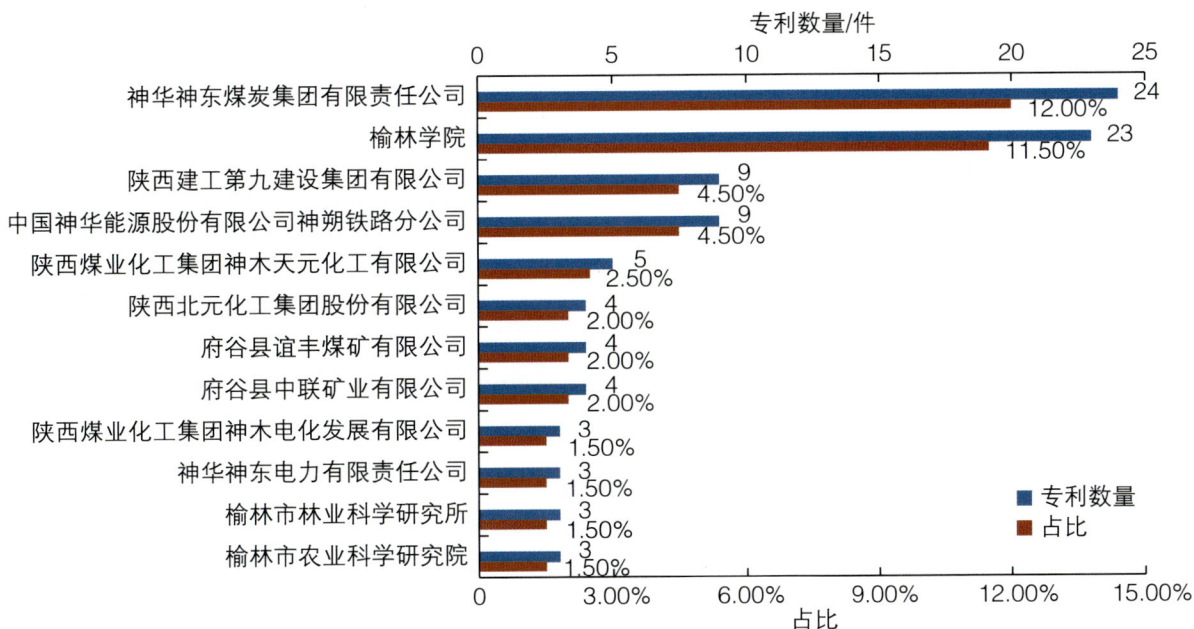

图 2-38 2022 年榆林市授权发明专利主要申请机构

（7）渭南市

2022 年渭南市发明专利许可公开量为 670 件，其中韩城市发明专利许可公开量为 81 件。申请主体中，企业和自然人占主导（企业占比近约 70%）。主要申请机构中民营企业表现良好，排名前三的机构分别是陕西铁路工程职业技术学院（29 件）、陕西美邦药业集团股份有限公司（29 件）和渭南木王智能科技股份有限公司（23 件）（图 2-39）。

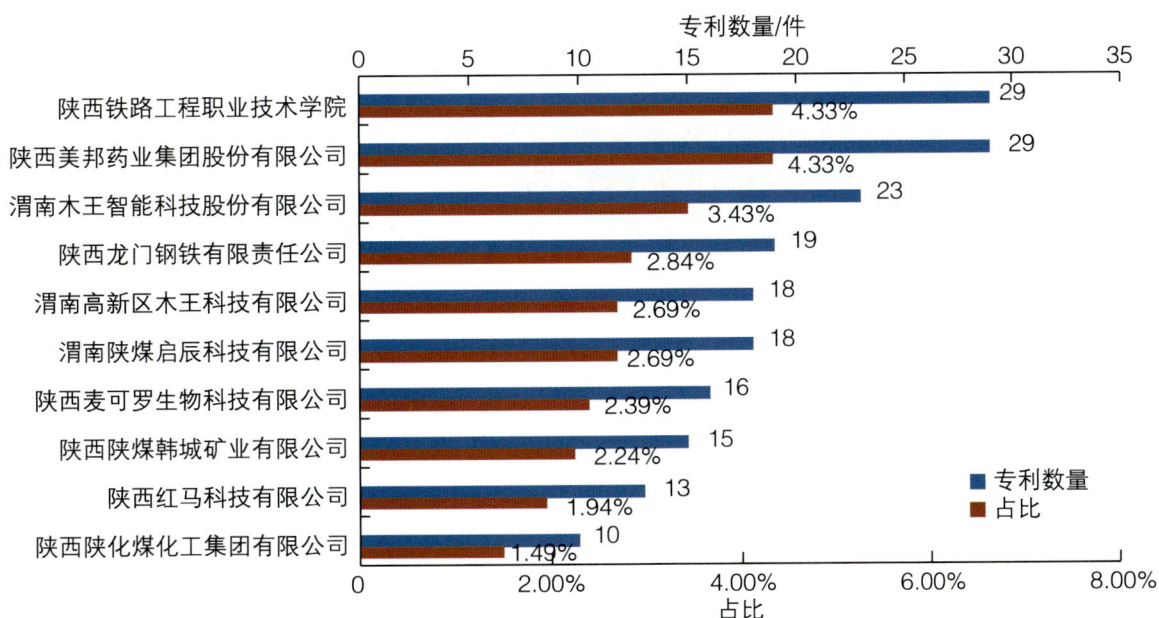

图 2-39 2022 年公开的渭南市发明专利申请机构 TOP 10

2022 年渭南市发明专利授权量为 109 件，其中韩城市发明专利授权量为 10 件。申请主体以企业为主，主要申请机构除 1 家高校（渭南职业技术学院）外，其余均为企业，尤其是民营企业表现突出（图 2-40）。

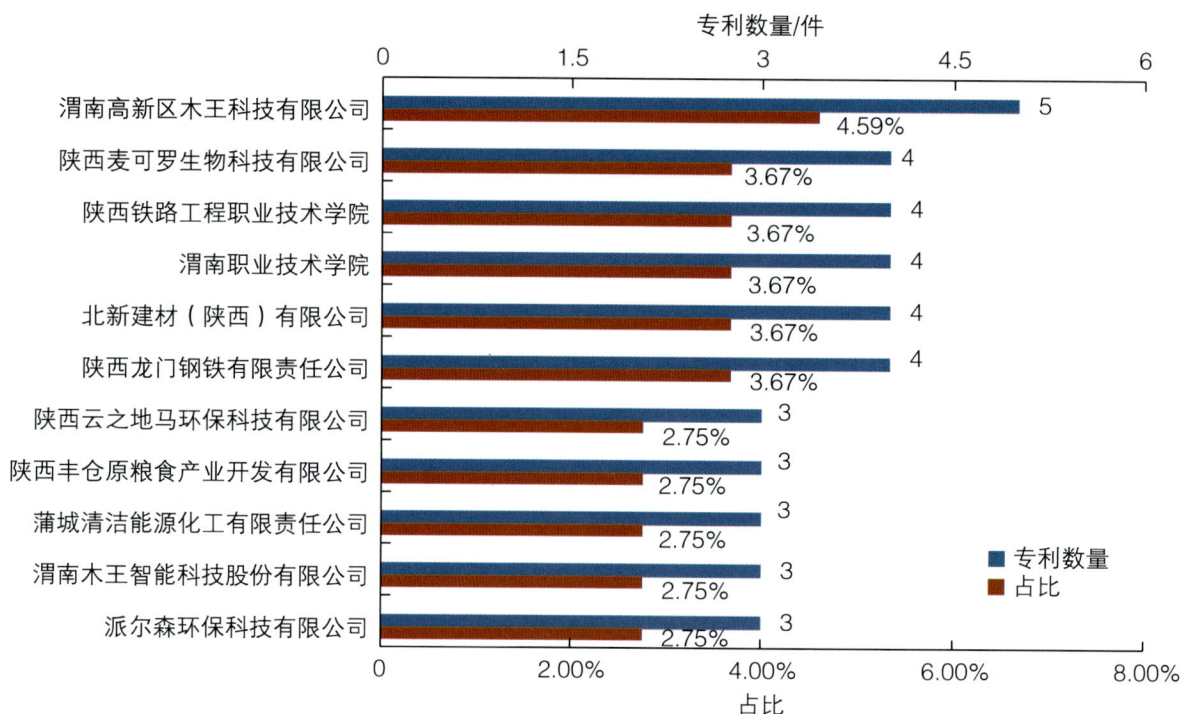

图 2-40　2022 年渭南市授权发明专利主要申请机构

（8）延安市

2022 年延安市发明专利许可公开量为 370 件，申请主体中，企业占比 35%、高校占比 34%、自然人占比 22%；发明专利授权量为 74 件，申请主体中，高校占比约 46%、企业占比约 43%。延安大学专利数量最多，在延安市发明专利许可公开总量和授权总量中占比分别约 30.81% 和 41.89%（图 2-41、图 2-42）。

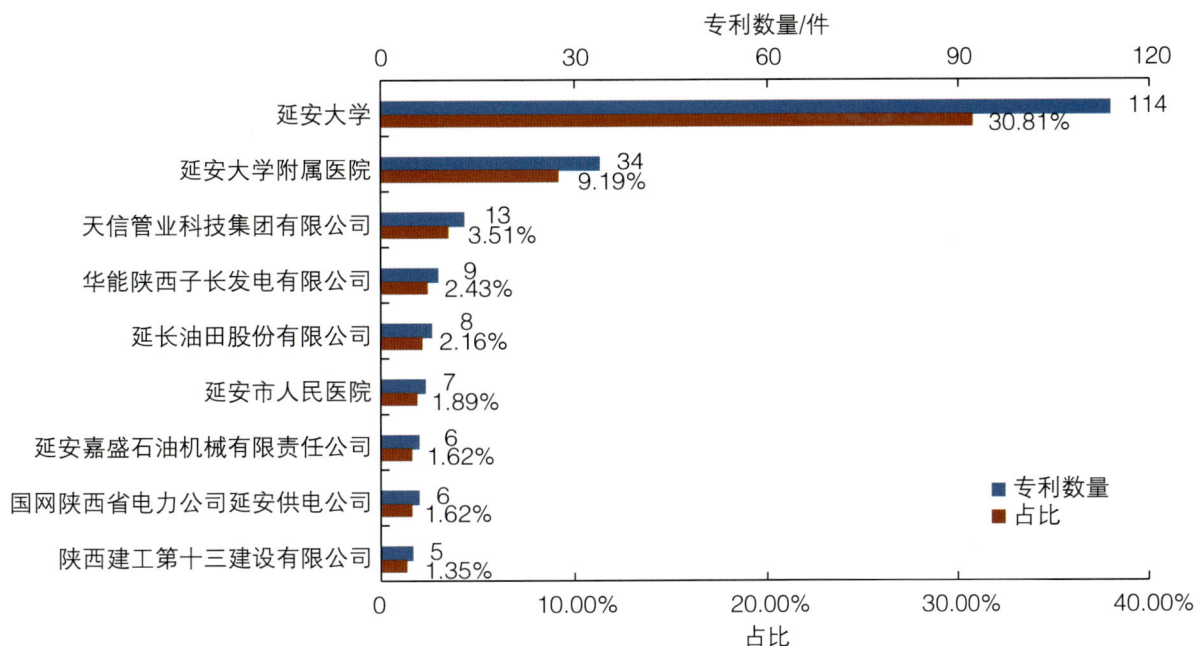

图 2-41　2022 年公开的延安市发明专利主要申请机构

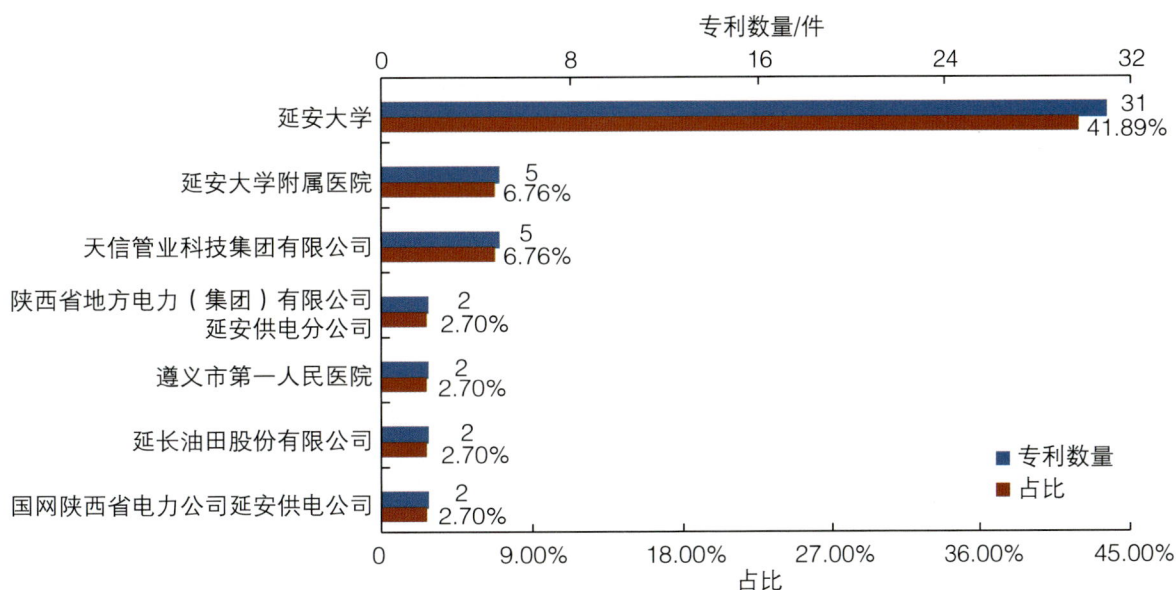

图 2-42　2022 年延安市授权发明专利主要申请机构

（9）安康市

2022 年安康市发明专利许可公开量为 282 件，申请主体中，自然人占比约 42%、企业占比约 30%、高校占比约 11%；发明专利授权量为 56 件，申请主体中，企业占比约 64%、高校占比约 14%、科研院所占比约 13%。安康学院表现良好，在安康市发明专利许可公开和授权总量中的占比分别为 10.64% 和 14.29%（图 2-43、图 2-44）。

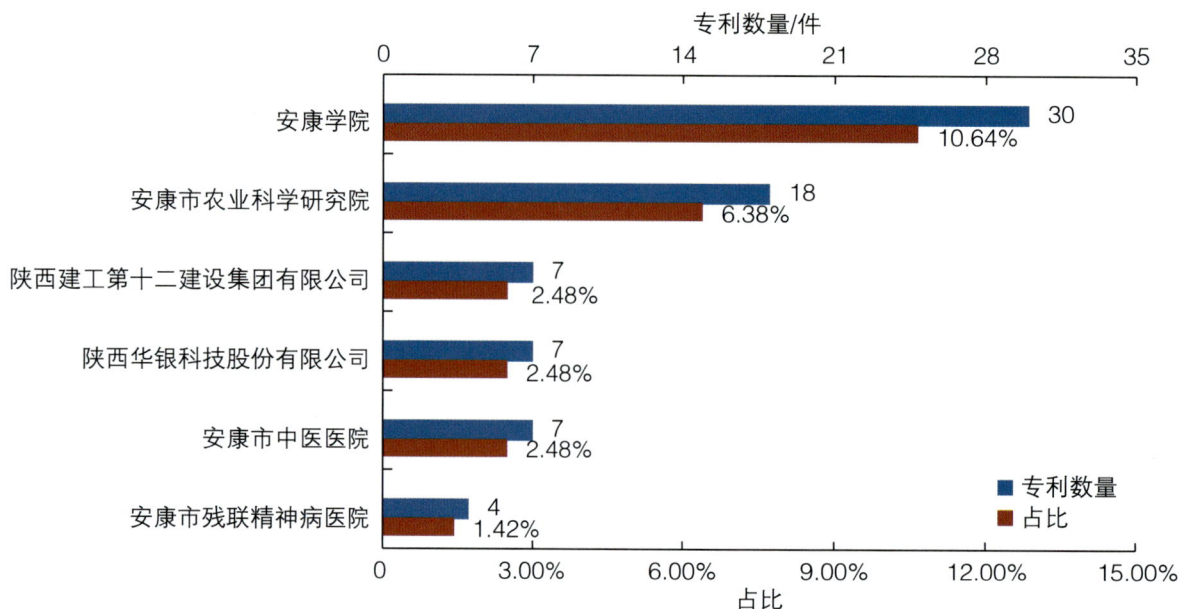

图 2-43 2022 年公开的安康市发明专利主要申请机构

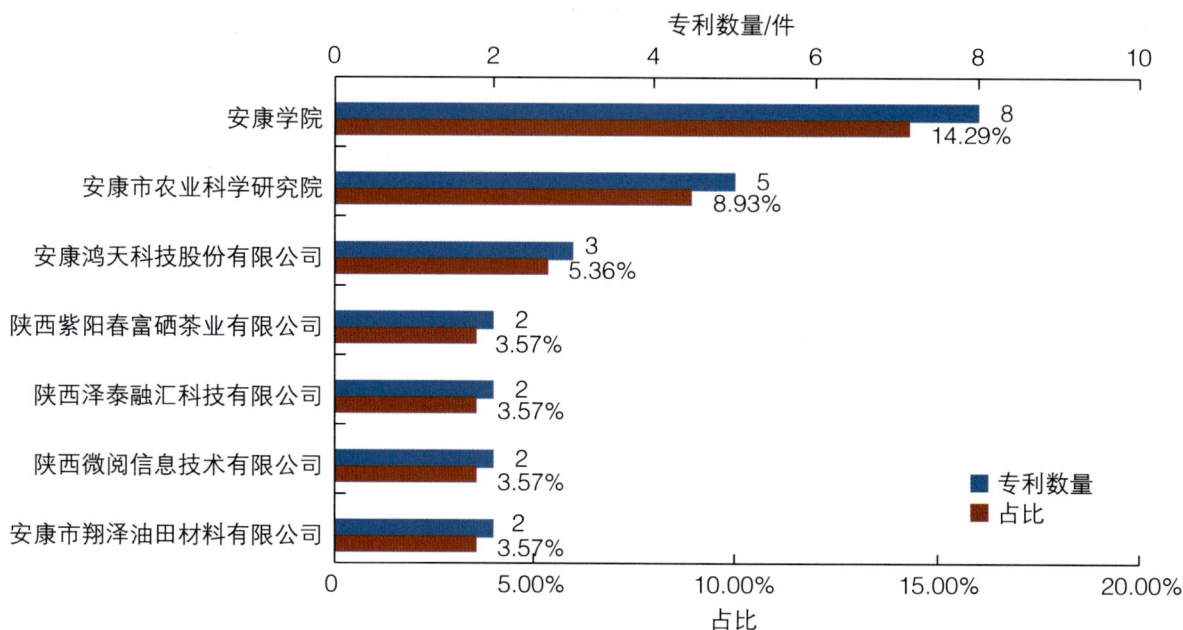

图 2-44 2022 年安康市授权发明专利主要申请机构

（10）商洛市

2022 年商洛市发明专利许可公开量为 163 件，申请主体中自然人、企业和高校占比分别约为 36%、34% 和 27%；商洛学院排名第一（44 件），排名第二和第三的分别是民营企业洛南环亚源铜业有限公司（6 件）和商南中剑实业有限责任公司（5 件）；民营企业表现突出，排名前十的申请机构中共有 7 家民营企业（图 2-45）。

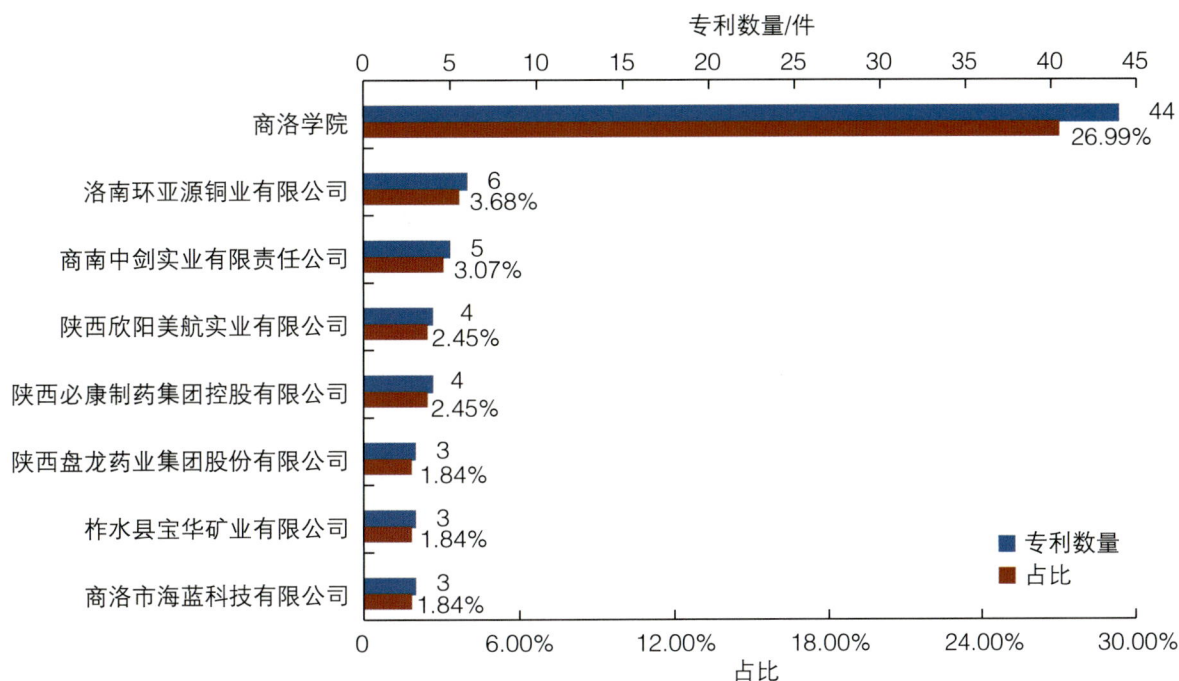

图 2-45 2022 年公开的商洛市发明专利主要申请机构

2022 年商洛市发明专利授权量为 40 件，申请主体中企业和高校表现依然突出，占比分别达到 50% 和 45%。申请机构中商洛学院排名第一，占比达 45%（图 2-46）。

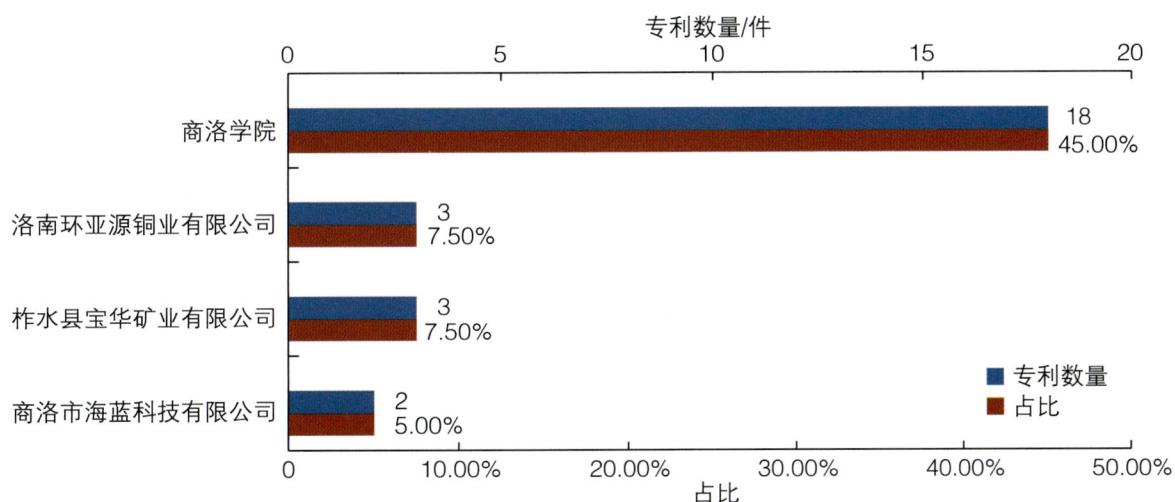

图 2-46 2022 年商洛市授权发明专利主要申请机构

（11）铜川市

2022 年铜川市发明专利许可公开量为 200 件，申请主体中企业占主导地位，占比 79%，自然人占比 19%。主要申请机构中有 6 家民营企业（图 2-47）。

专利数量/件

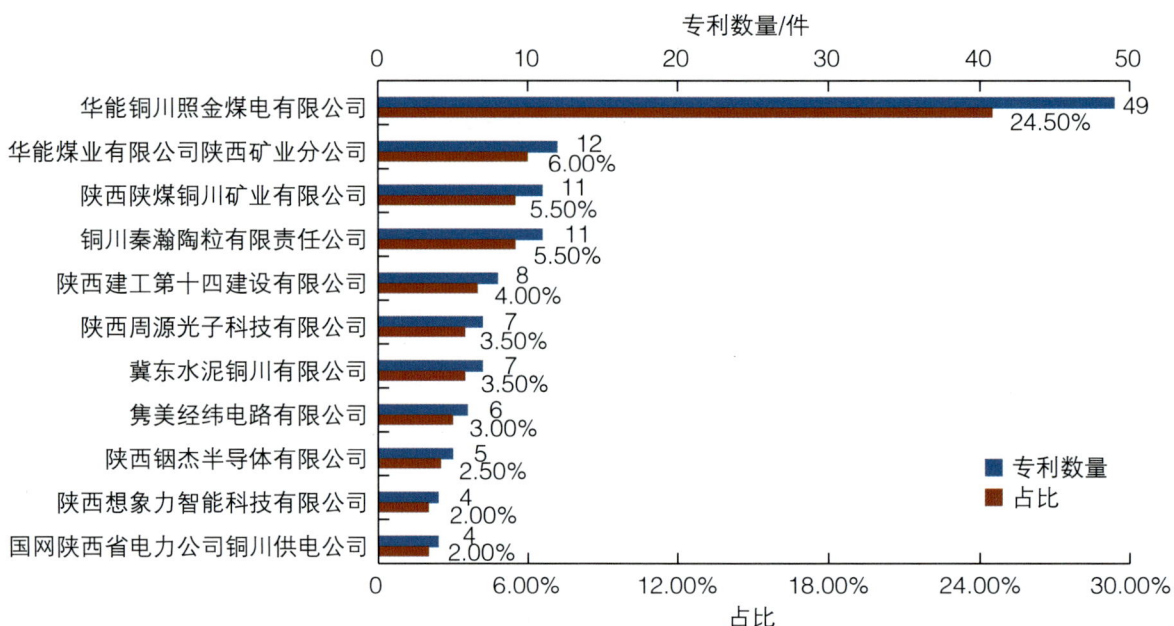

图 2-47 2022 年公开的铜川市发明专利主要申请机构

2022 年铜川市发明专利授权量为 40 件，申请主体中企业仍占主导地位，占铜川市总量的 88%；主要申请机构中有 5 家民营企业，占比共 40%（图 2-48）。

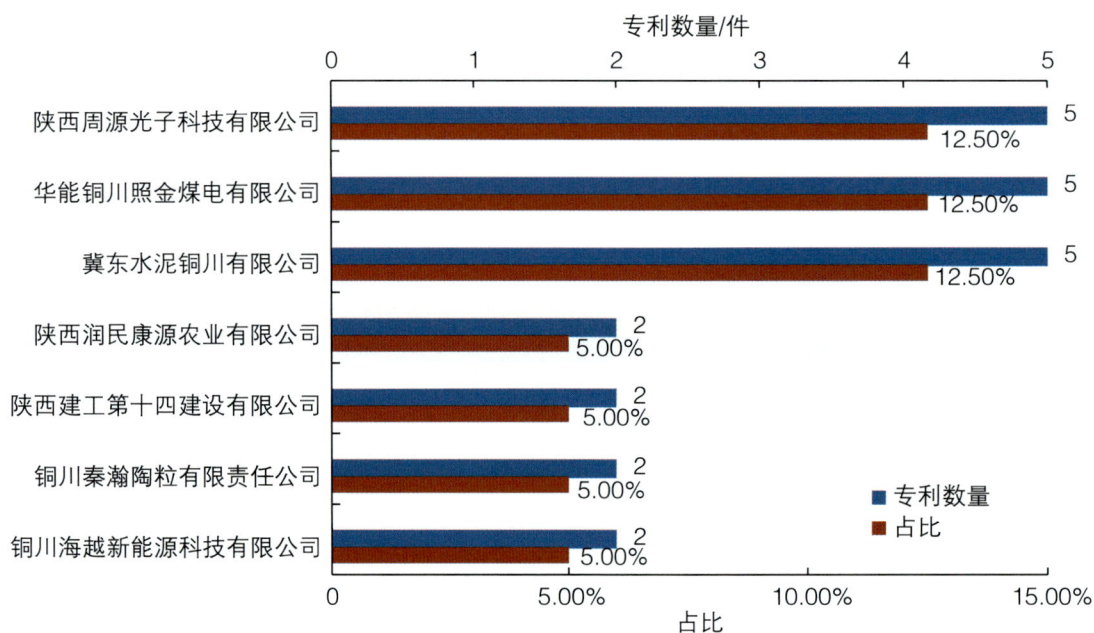

专利数量/件

图 2-48 2022 年铜川市授权发明专利主要申请机构

（整理编写：李娟）

第三章

陕西"国外专利"数据

一、专利总量数据

2022年，陕西申请的国外专利（包括 PCT 国际专利、欧洲专利、美国专利、日本专利、韩国专利）公开总量 1287 件（图 3-1），其中 DWPI 同族专利 1157 件。陕西申请的美国专利（543件）和 PCT 国际专利（533 件）数量相对较多。

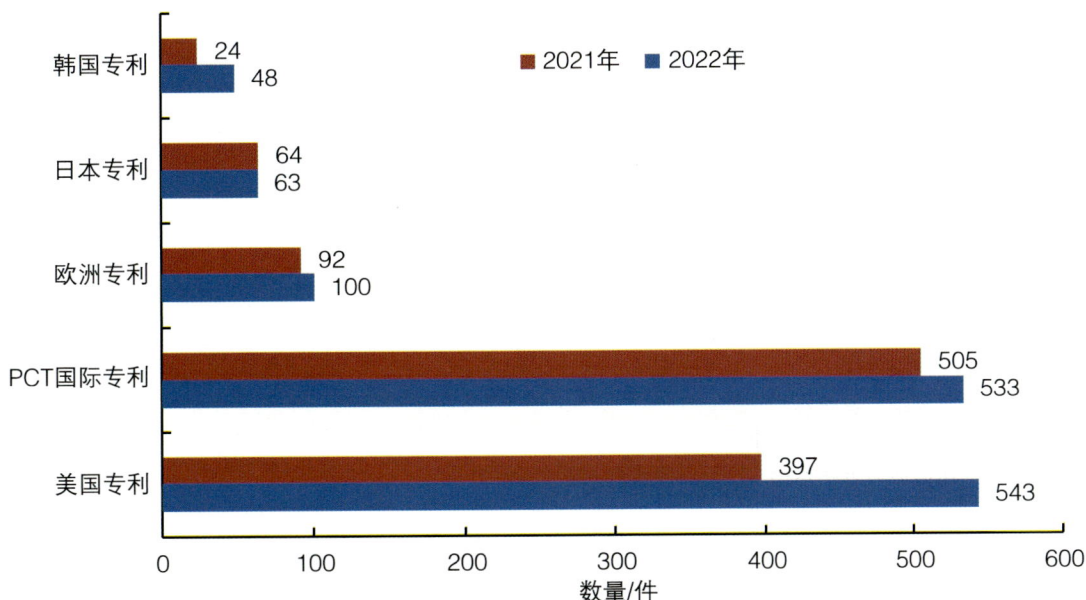

图 3-1　2022 年陕西申请的国外专利公开数据

2022 年，陕西申请的国外专利公开量排名前 3 位的依次是西安交通大学、西安中兴新软件有限责任公司（一家信息技术和通讯领域的高科技公司）和陕西莱特光电材料股份有限公司（一家从事 OLED 有机材料研发与制造的高科技公司），西安大医集团股份有限公司排名第 4 位。西安交通大学、陕西莱特光电材料股份有限公司和西安西电捷通无线网络通信股份有限公司在 PCT 国际专利、美国、欧盟、日本、韩国等国家和组织均有专利公开；西安热

工研究院有限公司、西安大医集团股份有限公司、陕西莱特光电材料股份有限公司和西安交通大学四家机构比较注重美国专利的申请；西安交通大学、陕西莱特光电材料股份有限公司和西安热工研究院有限公司三家机构比较注重 PCT 国际专利的申请。图 3-2 列出的 2022 年申请主体 TOP 10 中，有高校 4 家、企业 6 家，陕西科技大学的专利公开量与去年相比增幅较大，西安交通大学和长安大学的专利公开量比去年略有下降；西安中兴新软件有限责任公司、陕西莱特光电材料股份有限公司、西安大医集团股份有限公司和西安热工研究院有限公司在国际技术竞争的活力和实力比省内其他企业更强。

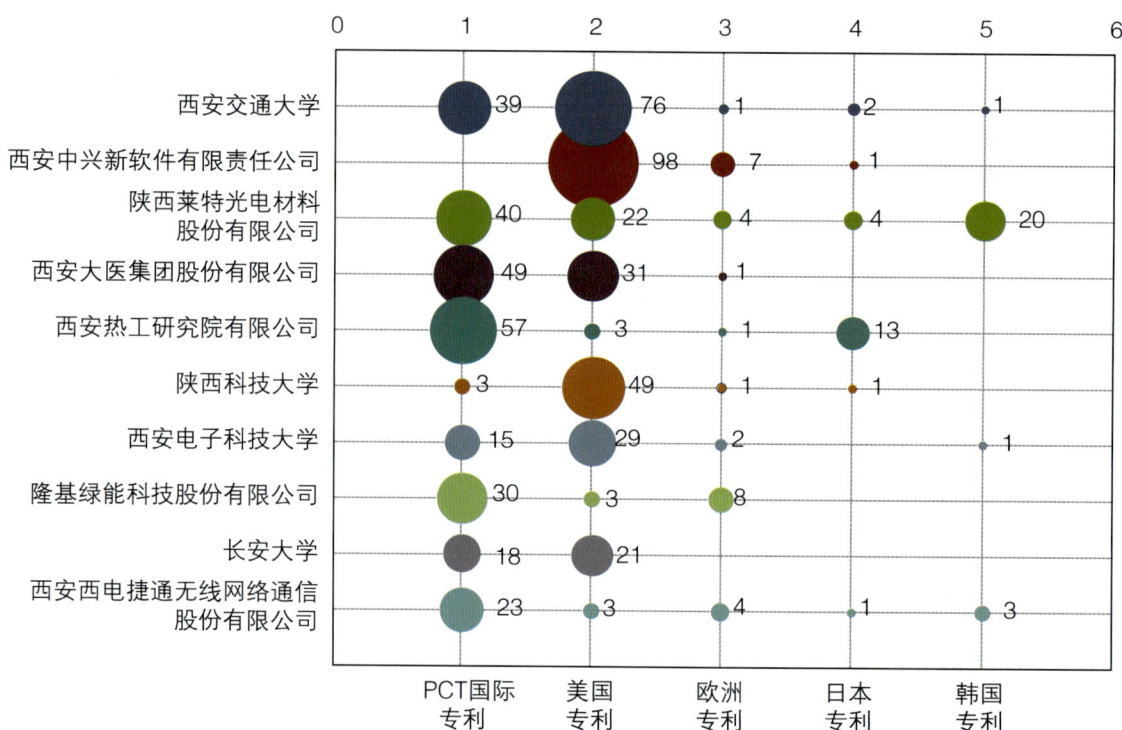

图 3-2　2022 年陕西国外专利申请主体 TOP 10（单位：件）

2022 年，陕西申请的国外公开专利主要分布在电通信技术、生物医药和有机化学技术领域。其中，IPC 分类中的 H01L（半导体器件等）、G06F（电数字数据处理）和 C07D（杂环化合物）居前 3 位，专利数量分别为 163 件、126 件和 120 件（表 3-1），显示出陕西在电学（H 类），医学或兽医学、卫生学（A61 类）方面有明显的比较优势。

表 3-1 2022 年陕西申请的国外专利 IPC 分类 TOP 10

序号	IPC 分类	释义	专利数量/件
1	H01L	半导体器件；其他类目中不包括的电固体器件	163
2	G06F	电数字数据处理	126
3	C07D	杂环化合物	120
4	H04L	数字信息的传输，如电报通信	117
5	H04W	无线通信网络	102
6	A61K	医用、牙科用或梳妆用的配制品	72
7	C09K	不包含在其他类目中的各种应用材料；不包含在其他类目中的材料的各种应用	66
8	A61P	化合物或药物制剂的特定治疗活性	64
9	A61N	电疗；磁疗；放射疗；超声波疗	60
10	C07C	无环或碳环化合物	57

二、PCT 国际专利数据

1. 专利公开数据

2022 年，我国 PCT 国际专利公开量为 69 484 件，同比增长 3.74%。陕西的 PCT 国际专利公开量为 533 件，申请主体 TOP 10 如表 3-2 和图 3-3 所示。排名前 3 位的申请主体是西安热工研究院有限公司、西安大医集团股份有限公司和陕西莱特光电材料股份有限公司，PCT 国际专利公开量依次为 57 件、49 件和 40 件。其中，西安热工研究院有限公司的 PCT 国际专利公开量较上年增长了 17 件，西安大医集团股份有限公司的 PCT 国际专利公开量较上年增长了 30 件，增幅较大。

表 3-2　2022 年公开的陕西的 PCT 国际专利申请主体 TOP 10

序号	申请主体	涉及的主要 IPC 分类①/件	释义
1	西安热工研究院有限公司	H02J（11） G01N（6）	供电或配电的电路装置或系统；电能存储系统 借助于测定材料的化学或物理性质来测试或分析材料
2	西安大医集团股份有限公司	A61N（29） A61B（12）	电疗；磁疗；放射疗；超声波疗 诊断；外科；鉴定
3	陕西莱特光电材料股份有限公司	H01L（40） C07D（39）	半导体器件；其他类目中不包括的电固体器件 杂环化合物
4	西安交通大学	G06N（6） G01Q（6）	基于特定计算模型的计算机系统 扫描探针技术或设备；扫描探针技术的应用
5	隆基绿能科技股份有限公司	H01L（18） H02S（9）	半导体器件；其他类目中不包括的电固体器件 由红外线辐射、可见光或紫外光转换产生电能
6	西安西电捷通无线网络通信股份有限公司	H04L（23） H04W（2）	数字信息的传输，如电报通信 无线通信网络
7	长安大学	G01N（4） G06K（3）	借助于测定材料的化学或物理性质来测试或分析材料 数据识别；数据表示；记录载体；记录载体的处理
8	摩比科技（西安）有限公司	H01Q（16） H01P（2）	天线 波导；谐振器、传输线或其他波导型器件
9	西安电子科技大学	G06F（6） H01L（4）	电数字数据处理 半导体器件；其他类目中不包括的电固体器件
10	西北工业大学	G06K（3） G01C（2）	数据识别；数据表示；记录载体；记录载体的处理 测量距离、水准或者方位；勘测；导航；陀螺仪；摄影测量学或视频测量学

---

① 因每件专利涉及多个分类号，故此表中 IPC 分类号后括号内的专利数与各机构公开专利的合计数不相等（专利分类数据之和＞各机构专利数据之和）。后续表格中同理，不再注释。

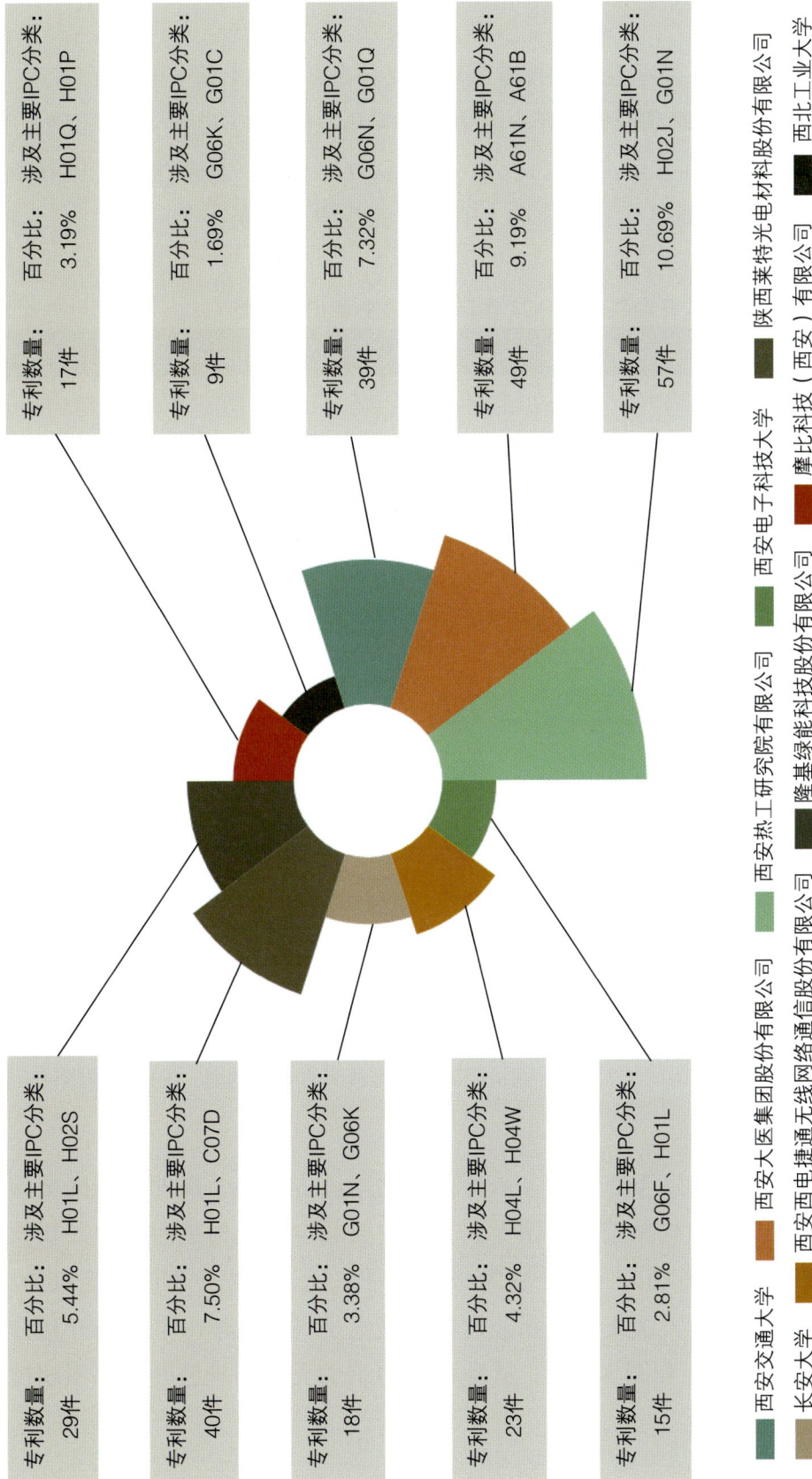

图3-3　2022年公开的陕西的PCT专利申请主体TOP 10

专利数量：17件　百分比：3.19%　涉及主要IPC分类：H01Q、H01P

专利数量：9件　百分比：1.69%　涉及主要IPC分类：G06K、G01C

专利数量：39件　百分比：7.32%　涉及主要IPC分类：G06N、G01Q

专利数量：49件　百分比：9.19%　涉及主要IPC分类：A61N、A61B

专利数量：57件　百分比：10.69%　涉及主要IPC分类：H02J、G01N

专利数量：29件　百分比：5.44%　涉及主要IPC分类：H01L、H02S

专利数量：40件　百分比：7.50%　涉及主要IPC分类：H01L、C07D

专利数量：18件　百分比：3.38%　涉及主要IPC分类：G01N、G06K

专利数量：23件　百分比：4.32%　涉及主要IPC分类：H04L、H04W

专利数量：15件　百分比：2.81%　涉及主要IPC分类：G06F、H01L

图例：
- 西安交通大学
- 西安大医集团股份有限公司
- 西安热工研究院有限公司
- 西安电子科技大学
- 陕西莱特光电材料股份有限公司
- 长安大学
- 西安西电捷通无线网络通信股份有限公司
- 隆基绿能科技股份有限公司
- 摩比科技（西安）有限公司
- 西北工业大学

2. IPC 分类数据

2022 年公开的陕西申请的 PCT 国际专利的技术领域主要分布在 H01（基本电气元件）、G06（计算；推算或计数）和 A61（医学或兽医学；卫生学）等几大类。H（电学）、G（物理）和 C（化学；冶金）3 个大类的专利数量占绝对优势，约占总数的 91%，是陕西 PCT 国际专利的主要技术领域，也说明陕西在这 3 个技术方向上有一定的竞争力（表 3-3）。

表 3-3　2022 年公开的陕西的 PCT 国际专利的主要 IPC 分类

序号	IPC 分类	释义	专利数量（件）	百分比
1	H01L	半导体器件；其他类目中不包括的电固体器件	81	15.20%
2	C07D	杂环化合物	49	9.19%
3	G06F	电数字数据处理	41	7.69%
4	H04L	数字信息的传输，如电报通信	35	6.57%
5	A61N	电疗；磁疗；放射疗；超声波疗	31	5.82%
6	C09K	不包含在其他类目中的各种应用材料；不包含在其他类目中的材料的各种应用	27	5.07%
7	G06T	一般的图像数据处理或产生	24	4.50%
8	H02J	供电或配电的电路装置或系统；电能存储系统	24	4.50%
9	G01N	借助于测定材料的化学或物理性质来测试或分析材料	22	4.13%
10	G06K	数据识别；数据表示；记录载体；记录载体的处理	20	3.75%

三、美国专利数据

1. 专利公开数据

2022 年，我国申请的美国专利公开量为 74 466 件，同比增长 24.65%。陕西申请的美国专利公开量为 543 件，共有 98 家机构申请了美国专利，最主要的申请机构是西安中兴新软件有限责任公司和西安交通大学，专利公开量分别为 98 和 76 件，遥遥领先于省内其他机构。紧随其后的是陕西科技大学、西安大医集团有限公司和西安电子科技大学，专利公开量分别是 49 件、31 件和 29 件（表 3-4 和图 3-4）。其他机构申请的美国专利公开量都不超过 25 件。

表3-4　2022年公开的陕西的美国专利申请主体 TOP 10

序号	申请主体	涉及的主要 IPC 分类/件	释义
1	西安中兴新软件有限责任公司	H04W（66）	无线通信网络
		H04L（54）	数字信息的传输，如电报通信
2	西安交通大学	F01K（8）	蒸汽机装置；贮汽器；不包含在其他类目中的发动机装置；应用特殊工作流体或循环的发动机
		G06F（7）	电数字数据处理
3	陕西科技大学	B01J（9）	化学或物理方法，如催化作用、胶体化学；其有关设备
		C25B（8）	生产化合物或非金属的电解工艺或电泳工艺；其所用的设备
4	西安大医集团股份有限公司	A61N（24）	电疗；磁疗；放射疗；超声波疗
		A61B（11）	诊断；外科；鉴定
5	西安电子科技大学	H01L（8）	半导体器件；其他类目中不包括的电固体器件
		H04W（7）	无线通信网络
		G06N（7）	基于特定计算模型的计算机系统
6	陕西莱特光电材料股份有限公司	H01L（22）	半导体器件；其他类目中不包括的电固体器件
		C07D（21）	杂环化合物
7	西北工业大学	G06F（8）	电数字数据处理
		G06N（6）	基于特定计算模型的计算机系统
8	长安大学	B60W（5）	不同类型或不同功能的车辆子系统的联合控制；专门适用于混合动力车辆的控制系统；不与某一特定子系统的控制相关联的道路车辆驾驶控制系统
		G06T（4）	一般的图像数据处理或产生
9	西安建筑科技大学	G06K（2）	数据识别；数据表示；记录载体；记录载体的处理
		G05B（2）	一般的控制或调节系统；这种系统的功能单元；用于这种系统或单元的监视或测试装置
10	咸阳彩虹光电科技有限公司	G09G（9）	对用静态方法显示可变信息的指示装置进行控制的装置或电路

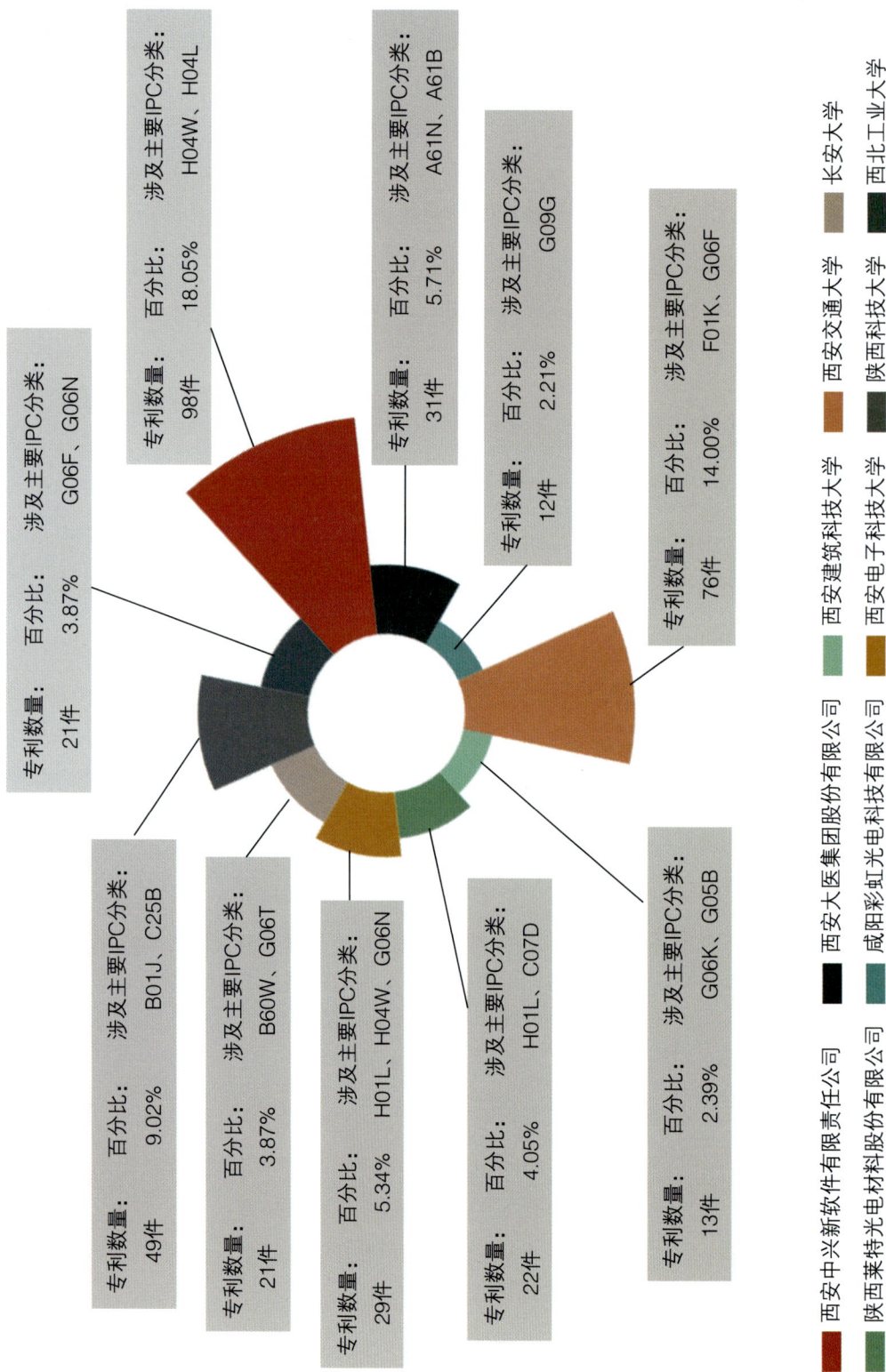

图 3-4 2022 年公开的陕西的美国专利申请主体 TOP 10

专利数量：21件　百分比：3.87%　涉及主要IPC分类：G06F、G06N

专利数量：98件　百分比：18.05%　涉及主要IPC分类：H04W、H04L

专利数量：311件　百分比：5.71%　涉及主要IPC分类：A61N、A61B

专利数量：12件　百分比：2.21%　涉及主要IPC分类：G09G

专利数量：76件　百分比：14.00%　涉及主要IPC分类：F01K、G06F

专利数量：49件　百分比：9.02%　涉及主要IPC分类：B01J、C25B

专利数量：21件　百分比：3.87%　涉及主要IPC分类：B60W、G06T

专利数量：29件　百分比：5.34%　涉及主要IPC分类：H01L、H04W、G06N

专利数量：22件　百分比：4.05%　涉及主要IPC分类：H01L、C07D

专利数量：13件　百分比：2.39%　涉及主要IPC分类：G06K、G05B

西安中兴新软件有限责任公司　西安大医集团股份有限公司　西安建筑科技大学　长安大学
西北工业大学　陕西莱特光电材料股份有限公司　咸阳彩虹光电科技有限公司　西安交通大学　西安电子科技大学　陕西科技大学

2. IPC 分类数据

2022 年公开的陕西申请的美国专利的技术领域主要分布在 H04（电通信技术）、H01（基本电气元件）、G06（数据处理）、C07（有机化学）和 A61（医学、卫生学）五大类，这五大类的专利数量占绝对优势，占总数的比重超过 70%（表 3-5）。与上年相比，除 H04（电通信技术）之外，陕西在数据处理领域和测量、测试领域申请的美国专利数量增加较多。

表 3-5　2022 年公开的陕西的美国专利主要 IPC 分类

序号	IPC 分类	释义	专利数量/件	百分比
1	H04W	无线通信网络	82	15.10%
2	H04L	数字信息的传输，如电报通信	72	13.26%
3	G06F	电数字数据处理	61	11.23%
4	H01L	半导体器件；其他类目中不包括的电固体器件	43	7.92%
5	C07D	杂环化合物	36	6.63%
6	H04B	传输	32	5.89%
7	A61N	电疗；磁疗；放射疗；超声波疗	27	4.97%
8	G06N	基于特定计算模型的计算机系统	26	4.79%
9	G06T	一般的图像数据处理或产生	26	4.79%
10	A61K	医用、牙科用或梳妆用的配置品	23	4.24%

四、欧洲专利数据

1. 专利公开数据

2022 年，我国申请的欧洲专利公开量为 29 662 件，同比增长 13.66%，其中，陕西申请的欧洲专利公开量为 100 件，仅占全国总量的 0.34%。隆基绿能科技股份有限公司、西安华科光电有限公司和西安中兴新软件有限责任公司是陕西取得欧洲专利的主要申请机构（表 3-6 和图 3-5），公开量分别为 8 件、7 件和 7 件。申请机构中以企业为主，表现出明显的优势；陕西高校在欧洲的专利布局相对 2021 年有所减弱，涉及的 8 所高校共申请 9 件专利。

表 3-6 2022 年公开的陕西的欧洲专利主要申请主体

序号	申请主体	涉及的主要 IPC 分类/件	释义
1	隆基绿能科技股份有限公司	H01L（5）	半导体器件；其他类目中不包括的电固体器件
		C30B（3）	单晶生长
2	西安华科光电有限公司	F41G（7）	武器瞄准器；制导
		F21S（3）	非便携式照明装置或其系统
3	西安中兴新软件有限责任公司	H04W（4）	无线通信网络
		H04M（2） G06F（2） G01S（2）	电话通信 电数字数据处理 无线电定向；无线电导航；采用无线电波测距或测速；采用无线电波的反射或再辐射的定位或存在检测；采用其他波的类似装置
4	寒武纪（西安）集成电路有限公司	G06F（5）	电数字数据处理
		G06N（4）	基于特定计算模型的计算机系统
5	陕西莱特光电材料股份有限公司	C07D（4）	杂环化合物
		H01L（4）	半导体器件；其他类目中不包括的电固体器件
6	西安力邦肇新生物科技有限公司	A61K（4）	医用、牙科用或梳妆用的配制品
		A61P（4）	化合物或药物制剂的特定治疗活性
7	西安西电捷通无线网络通信股份有限公司	H04L（4）	数字信息的传输，如电报通信
		G09C（3）	用于密码或涉及保密需要的其他用途的编码或译码装置
8	西安中熔电气股份有限公司	H01H（4）	电开关；继电器；选择器；紧急保护装置
9	陕西合成药业股份有限公司	A61K（3）	医用、牙科用或梳妆用的配制品
		A61P（3）	化合物或药物制剂的特定治疗活性
10	陕西慧康生物科技有限责任公司	A61K（2）	医用、牙科用或梳妆用的配制品
		A61P（2）	化合物或药物制剂的特定治疗活性
11	西安威西特消防科技有限责任公司	A62C（3）	消防
12	西安蓝晓科技新材料股份有限公司	C22B（2）	金属的生产或精炼
		B01J（2）	化学或物理方法，如催化作用、胶体化学；其有关设备

专利数量：5件　百分比：5.0%　涉及主要IPC分类：G06F、G06N

专利数量：7件　百分比：7.0%　涉及主要IPC分类：H04W、H04M、G06F、G01S

专利数量：4件　百分比：4.0%　涉及主要IPC分类：H01H

专利数量：4件　百分比：4.0%　涉及主要IPC分类：A61K、A61P

专利数量：7件　百分比：7.0%　涉及主要IPC分类：F41G、F21S

专利数量：3件　百分比：3.0%　涉及主要IPC分类：A62C

专利数量：8件　百分比：8.0%　涉及主要IPC分类：H01L、C30B

专利数量：4件　百分比：4.0%　涉及主要IPC分类：C07D、H01L

专利数量：3件　百分比：3.0%　涉及主要IPC分类：A61K、A61P

专利数量：3件　百分比：3.0%　涉及主要IPC分类：A61K、A61P

专利数量：4件　百分比：4.0%　涉及主要IPC分类：H04L、G09C

专利数量：3件　百分比：7.0%　涉及主要IPC分类：C22B、B01J

隆基绿能科技股份有限公司

西安力邦肇新生物科技有限公司

西安西电捷通无线网络通信股份有限公司

陕西慧康生物科技有限责任公司

赛武纪（西安）集成电路有限公司

西安华科光电有限公司

西安中兴新软件有限责任公司

西安威西特消防科技有限责任公司

陕西合成药业股份有限公司

陕西莱特光电材料股份有限公司

西安中熔电气股份有限公司

西安蓝晓科技新材料股份有限公司

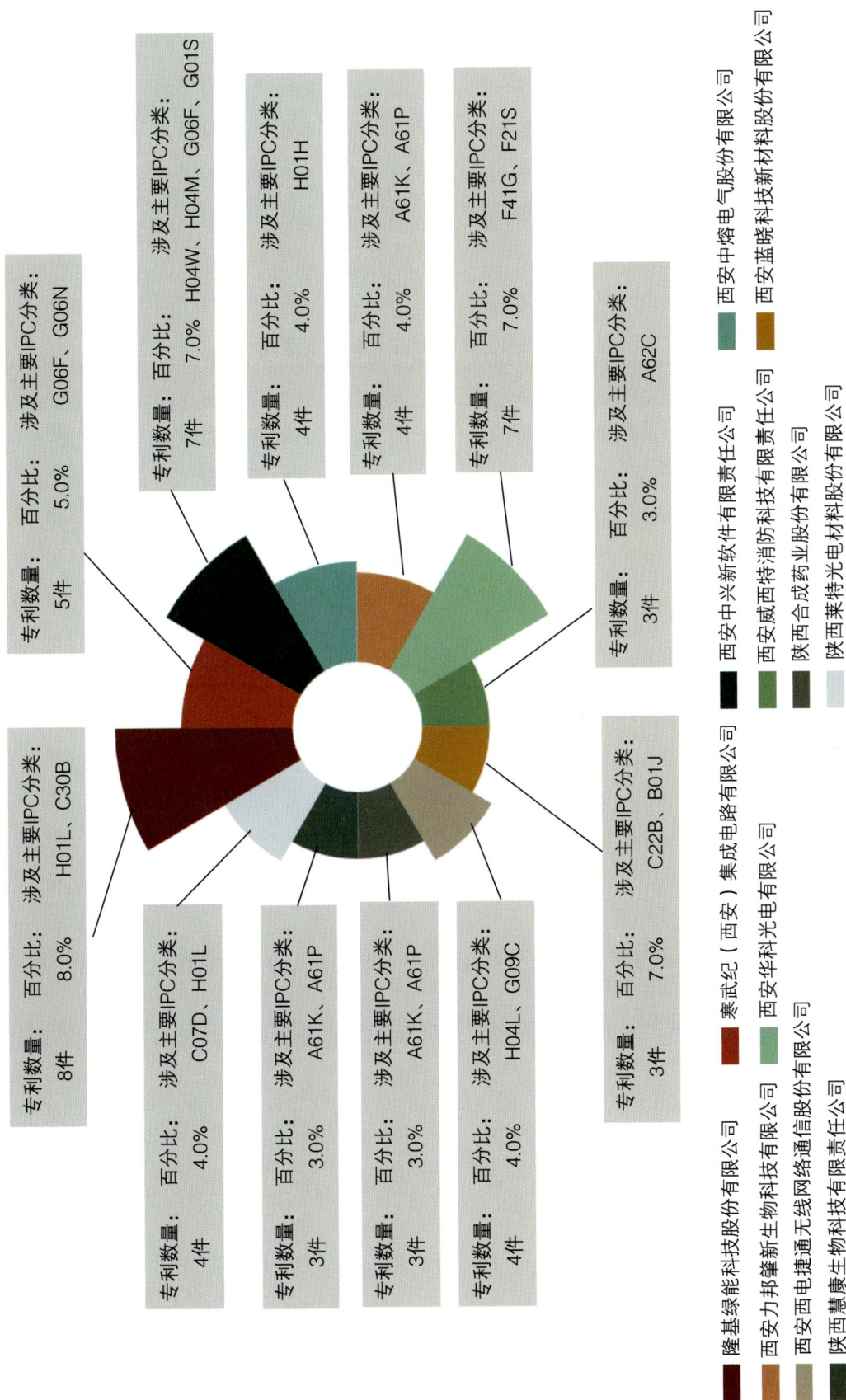

图3-5　2022公开的陕西的欧洲专利主要申请主体

2. IPC 分类数据

2022 年公开的陕西申请的欧洲专利的技术领域主要分布在 A61（医学或兽医学；卫生学）、H01（基本电气元件）、G06（计算；推算；计数）和 C07（有机化学）等大类（表 3-7）。陕西在 H01L（半导体器件等）、C07D（杂环化合物）、G06F（电数字数据处理）等技术方向公开的专利数量较上年略有增加；在 H04（电通信技术）技术方向公开的专利数量较上年略有减少。

表 3-7　2022 公开的陕西的欧洲专利的主要 IPC 分类

序号	IPC 分类	释义	专利数量/件	百分比
1	A61K	医用、牙科用或梳妆用的配制品	19	19.00%
2	A61P	化合物或药物制剂的特定治疗活性	16	16.00%
3	G06F	电数字数据处理	14	14.00%
4	H01L	半导体器件；其他类目中不包括的电固体器件	12	12.00%
5	C07D	杂环化合物	9	9.00%
6	F41G	武器瞄准器；制导	7	7.00%
7	A61B	诊断；外科；鉴定	6	6.00%
8	H01H	电开关；继电器；选择器；紧急保护装置	6	6.00%
9	H04W	无线通信网络	6	6.00%
10	B33Y	增材制造	5	5.00%
11	C07C	无环或碳环化合物	5	5.00%
12	C07K	肽	5	5.00%
13	G01S	无线电定向；无线电导航；采用无线电波测距或测速；采用无线电波的反射或再辐射的定位或存在检测；采用其他波的类似装置	5	5.00%
14	H04L	数字信息的传输，如电报通信	5	5.00%

五、日本专利数据

1. 专利公开数据

2022 年，我国申请的日本专利公开量为 13 126 件，同比增长 28.42%。陕西申请的日本专利公开量为 63 件，共涉及 33 家机构和 1 个自然人，主要申请机构为西安热工研究院有限公司、西安华科光电有限公司、西安力邦肇新生物科技有限公司和陕西莱特光电材料股份有限公司，专利公开数量分别为 13 件、7 件、4 件和 4 件，主要涉及医学、有机化学、电气元件和照明等技术方向（表 3-8 和图 3-6）。其余机构申请的日本专利的公开量均不超过 3 件。陕西企业的日本专利申请活动比高校活跃。

表 3-8　2022 年公开的陕西的日本专利主要申请主体

序号	申请主体	涉及的主要 IPC 分类/件	释义
1	西安热工研究院有限公司	H05K（4）	印刷电路；电设备的外壳或结构零部件；电气元件组件的制造
		G06F（3）	电数字数据处理
		G05B（3）	一般的控制或调节系统；这种系统的功能单元；用于这种系统或单元的监视或测试装置
2	西安华科光电有限公司	F41G（7）	武器瞄准器；制导
		F21S（3）	非便携式照明装置或其系统
		F21V（3）	照明装置或其系统的功能特征或零部件；不包含在其他类目中的照明装置和其他物品的结构组合物
		F21Y（3）	涉及光源的构成的与小类 F21L，F21S 和 F21V 相结合的引得分类表
3	西安力邦肇新生物科技有限公司	A61K（4）	医用、牙科用或梳妆用的配制品
		A61P（4）	化合物或药物制剂的特定治疗活性
4	陕西莱特光电材料股份有限公司	C07D（4）	杂环化合物
		H01L（4）	半导体器件；其他类目中不包括的电固体器件
5	西安航天发动机有限公司	B23H（1）	用电极代替刀具，以电流高度集中的作用在工件上的金属加工；这种加工与其他方式的金属加工的组合
		B25B（1）	不包含在其他类目中的用于紧固、连接、拆卸或夹持的工具或台式设备
		B22F（1）	金属粉末的加工；由金属粉末制造制品；金属粉末的制造
6	美釉（西安）生物技术有限公司	A61K（2）	医用、牙科用或梳妆用的配制品
		A61Q（2）	化妆品或类似梳妆用配制品的特定用途
7	西安交通大学	F24F（1）	空气调节；空气增湿；通风；空气流作为屏蔽的应用
		A61B（1）	诊断；外科；鉴定
8	西安康远晟生物医药科技有限公司	A61K（2）	医用、牙科用或梳妆用的配制品
		A61P（2）	化合物或药物制剂的特定治疗活性

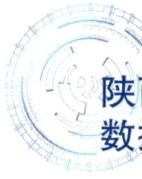

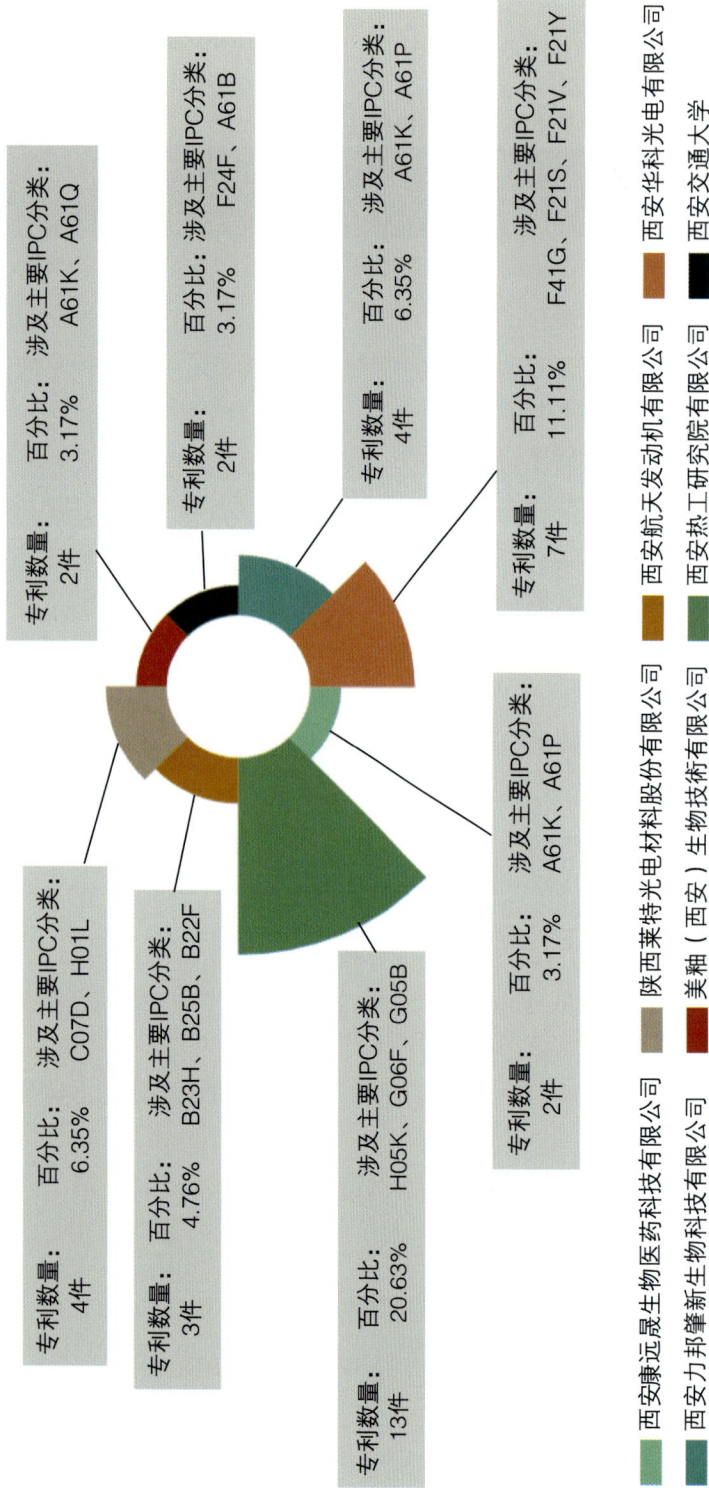

图 3-6 2022 年公开的陕西的日本专利主要申请主体

专利数量：2件
百分比：3.17%
涉及主要IPC分类：A61K、A61Q

专利数量：2件
百分比：3.17%
涉及主要IPC分类：F24F、A61B

专利数量：4件
百分比：6.35%
涉及主要IPC分类：A61K、A61P

专利数量：7件
百分比：11.11%
涉及主要IPC分类：F41G、F21S、F21V、F21Y

专利数量：2件
百分比：3.17%
涉及主要IPC分类：A61K、A61P

专利数量：13件
百分比：20.63%
涉及主要IPC分类：H05K、G06F、G05B

专利数量：3件
百分比：4.76%
涉及主要IPC分类：B23H、B25B、B22F

专利数量：4件
百分比：6.35%
涉及主要IPC分类：C07D、H01L

西安康远晟生物医药科技有限公司
西安力邦肇新生物科技有限公司
陕西莱特光电材料股份有限公司
美釉（西安）生物技术有限公司
西安航天发动机有限公司
西安热工研究院有限公司
西安华科光电有限公司
西安交通大学

2. IPC 分类数据

2022年公开的陕西申请的日本专利的技术领域主要分布在A61(医学或兽医学；卫生学)、C07(有机化学)和G06(计算；推算；计数)三大类，分别为23件、12件和10件(表3-9)。具体技术方向中，A61K(医用、牙科用或梳妆用的配制品)、A61P(化合物或药物制剂的特定治疗活性)及G06F(电数字数据处理)的专利数量较多，主要由西安力邦肇新生物科技有限公司、西安康远晟生物医药科技有限公司、西安热工研究院有限公司和美釉(西安)生物技术有限公司贡献。

表 3-9　2022 年公开的陕西的日本专利主要 IPC 分类

序号	IPC 分类	释义	专利数量/件	百分比
1	A61K	医用、牙科用或梳妆用的配制品	12	19.05%
2	A61P	化合物或药物制剂的特定治疗活性	11	17.46%
3	G06F	电数字数据处理	10	15.87%
4	C07D	杂环化合物	7	11.11%
5	F41G	武器瞄准器；制导	7	11.11%
6	C07C	无环或碳环化合物	6	9.52%
7	H01L	半导体器件；其他类目中不包括的电固体器件	5	7.94%
8	H05K	印刷电路；电设备的外壳或结构零部件；电气元件组件的制造	5	7.94%
9	C22C	合金	4	6.35%

六、韩国专利数据

1. 专利公开数据

2022年，我国申请的韩国专利公开量为8892件，同比增长1.05%。其中，陕西申请的韩国专利公开量为48件，仅占全国总量的0.54%。陕西有17家机构申请了韩国专利，主要申请机构是陕西莱特光电材料股份有限公司、西安中熔电气股份有限公司、西安华科光电有限公司、西安西电捷通无线网络通信股份有限公司、西安奕斯伟材料科技股份有限公司，专利公开数量分别为39件、4件、4件、4件、3件(表3-10和图3-7)，主要涉及基本电气元件、有机化学、电通信技术和晶体生长等技术方向。其余机构申请的韩国专利公开量均不超过2件。

表 3-10　2022 年公开的陕西的韩国专利申请主体

序号	申请主体	涉及的主要 IPC 分类/件	释义
1	陕西莱特光电材料股份有限公司	H01L（20）	半导体器件；其他类目中不包括的电固体器件
		C07D（19）	杂环化合物
2	西安中熔电气股份有限公司	H01H（4）	电开关；继电器；选择器；紧急保护装置
3	西安华科光电有限公司	F41G（4）	武器瞄准器：制导
4	西安西电捷通无线网络通信股份有限公司	H04L（2）	数字信息的传输，如电报通信
		H04W（2）	无线通信网络
5	西安奕斯伟材料科技有限公司	C30B（3）	单晶生长
6	咸阳彩虹光电科技有限公司	H01L（2）	半导体器件；其他类目中不包括的电固体器件
7	西安斯瑞先进铜合金科技有限公司	C22C（2）	合金
8	三星 SDS 股份有限公司、西安电子科技大学	G06T（1）	一般的图像数据处理或产生
		H04N（1）	图像通信
9	中国人民解放军空军军医大学	A61K（1）	医用、牙科用或梳妆用的配制品
		A61P（1）	化合物或药物制剂的特定治疗活性
10	西北农林科技大学	A01H（1）	新植物或获得新植物的方法；通过组织培养技术的植物再生
		C12N（1）	微生物或酶；其组合物
11	西安交通大学	B25J（1）	机械手；装有操纵装置的容器
		B81B（1）	微观结构的装置或系统，如微观机械装置
12	西安奥立泰医药科技有限公司	A61K（1）	医用、牙科用或梳妆用的配制品
		A61P（1）	化合物或药物制剂的特定治疗活性
13	西安康拓医疗技术股份有限公司	A61B（1）	诊断；外科；鉴定
		B22F（1）	金属粉末的加工；由金属粉末制造制品；金属粉末的制造
14	西安炬光科技股份有限公司	G01S（1）	无线电定向；无线电导航；采用无线电波测距或测速；采用无线电波的反射或再辐射的定位或存在检测；采用其他波的类似装置
		G02B（1）	光学元件、系统或仪器
15	西安铁路信号有限责任公司、通号（西安）轨道交通工业集团有限公司	B60R（1）	不包含在其他类目中的车辆、车辆配件或车辆部件
16	陕西煤业化工技术研究院有限责任公司	C01B（1）	非金属元素；其化合物
		H01M（1）	用于直接转变化学能为电能的方法或装置，如电池组
17	陕西麦科奥特科技有限公司	A61K（1）	医用、牙科用或梳妆用的配制品
		A61P（1）	化合物或药物制剂的特定治疗活性

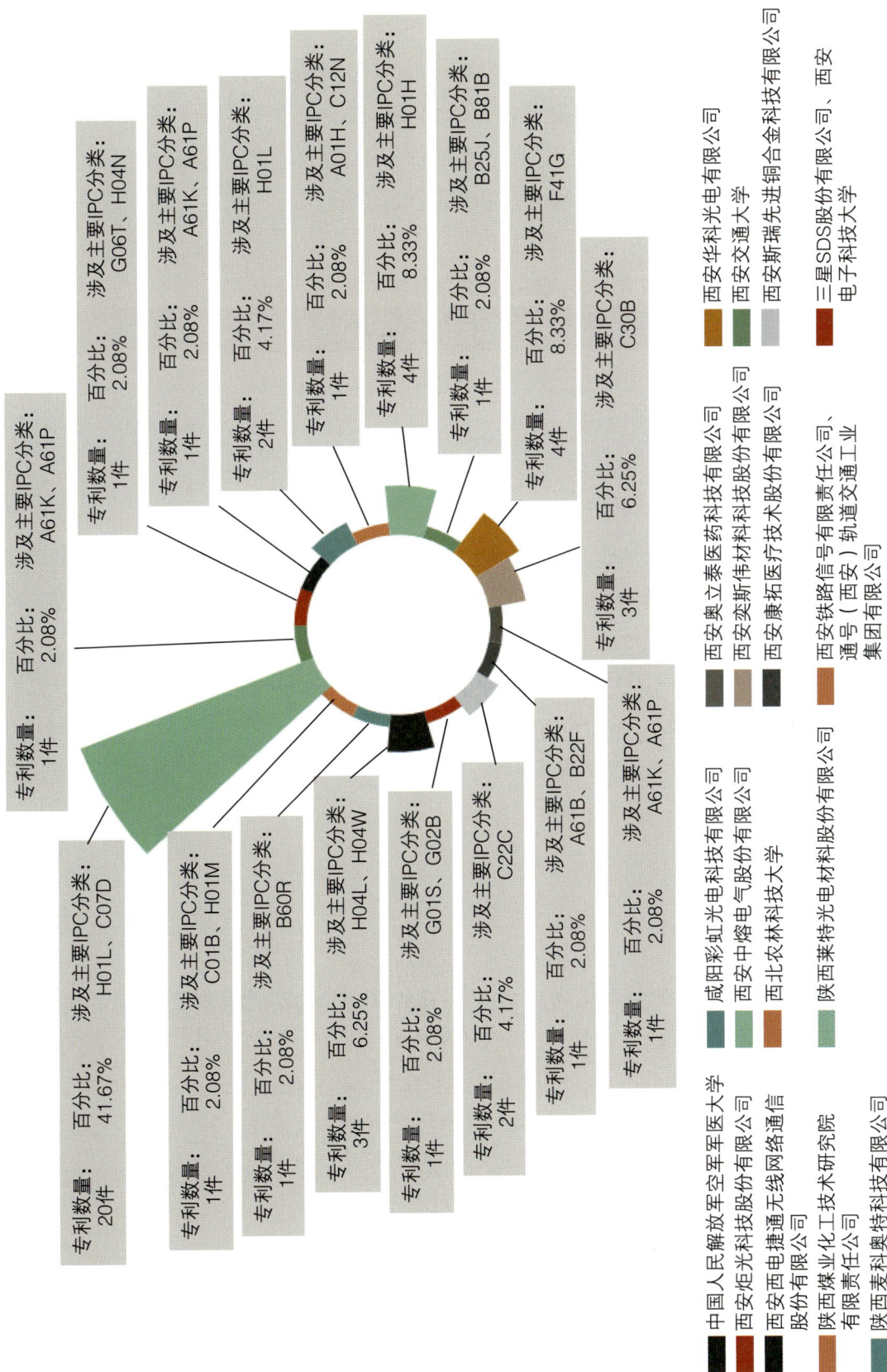

涉及主要IPC分类：A61K、A61P
百分比：2.08%
专利数量：1件

涉及主要IPC分类：G06T、H04N
百分比：2.08%
专利数量：1件

涉及主要IPC分类：A61K、A61P
百分比：2.08%
专利数量：1件

涉及主要IPC分类：H01L
百分比：4.17%
专利数量：2件

涉及主要IPC分类：A01H、C12N
百分比：2.08%
专利数量：1件

涉及主要IPC分类：H01H
百分比：8.33%
专利数量：4件

涉及主要IPC分类：B25J、B81B
百分比：2.08%
专利数量：1件

涉及主要IPC分类：F41G
百分比：8.33%
专利数量：4件

涉及主要IPC分类：C30B
百分比：6.25%
专利数量：3件

涉及主要IPC分类：H01L、C07D
百分比：41.67%
专利数量：20件

涉及主要IPC分类：C01B、H01M
百分比：2.08%
专利数量：1件

涉及主要IPC分类：B60R
百分比：2.08%
专利数量：1件

涉及主要IPC分类：H04L、H04W
百分比：6.25%
专利数量：3件

涉及主要IPC分类：G01S、G02B
百分比：2.08%
专利数量：1件

涉及主要IPC分类：C22C
百分比：4.17%
专利数量：2件

涉及主要IPC分类：A61B、B22F
百分比：2.08%
专利数量：1件

涉及主要IPC分类：A61K、A61P
百分比：2.08%
专利数量：1件

图 3-7　2022 年公开的陕西的韩国专利申请主体

中国人民解放军空军军医大学
西安炬光科技股份有限公司
西安西电捷通无线网络通信股份有限公司
陕西煤业化工技术研究院有限责任公司
陕西麦科奥特科技有限公司
咸阳彩虹光电科技有限公司
西安中熔电气股份有限公司
西北农林科技大学
陕西莱特光电材料股份有限公司
西安奥立泰医药科技有限公司
西安奕斯伟材料科技股份有限公司
西安康拓医疗技术股份有限公司
西安铁路信号有限责任公司、通号（西安）轨道交通工业集团有限公司
西安华科光电有限公司
西安交通大学
西安斯瑞先进铜合金科技有限公司
三星SDS股份有限公司、西安电子科技大学

2. IPC 分类数据

2022 年公开的陕西申请的韩国专利的技术领域主要分布在 C07（有机化学）、H01（基本电气元件）、C09（染料；涂料；抛光剂；天然树脂；黏合剂）三大类，分别为 37 件、27 件和 14 件，具体的技术方向中，H01L（半导体器件等）的专利公开量最多，公开量为 22 件（表 3-11），主要由陕西莱特光电材料股份有限公司贡献。

表 3-11　2022 年公开的陕西的韩国专利主要 IPC 分类

序号	IPC 分类	释义	专利数量/件	百分比
1	H01L	半导体器件；其他类目中不包括的电固体器件	22	45.83%
2	C07D	杂环化合物	19	39.58%
3	C09K	不包含在其他类目中的各种应用材料；不包含在其他类目中的材料的各种应用	14	29.17%
4	C07C	无环或碳环化合物	9	18.75%
5	C07F	含除碳、氢、卤素、氧、氮、硫、硒或碲以外的其他元素的无环，碳环或杂环化合物	9	18.75%
6	H01H	电开关；继电器；选择器；紧急保护装置	5	10.42%
7	F41G	武器瞄准器；制导	4	8.33%
8	A61K	医用、牙科用或梳妆用的配制品	3	6.25%
9	A61P	化合物或药物制剂的特定治疗活性	3	6.25%
10	C30B	单晶生长	3	6.25%
11	H05B	电热；其他类目不包含的电照明	3	6.25%

（整理编写：龚娟、胡启萌、钱虹、周立秋、李娟、李鹤）

第四章

陕西部分技术领域专利数据

一、新一代信息技术

（一）新型显示

1. 国内专利数据

（1）总量数据

截至 2022 年年底，陕西在新型显示技术领域的国内发明专利累计许可公开量为 2019 件，位居全国第 11 位，约为广东的 1/14；2022 年当年陕西发明专利许可公开量为 333 件，位居全国第十二，约为广东的 1/15（图 4-1）。陕西在该技术领域的发明专利累计授权量为 736 件，位居全国第十，2022 年当年发明专利授权量为 119 件，约为广东的 1/14；位居全国第十三（图 4-2）。

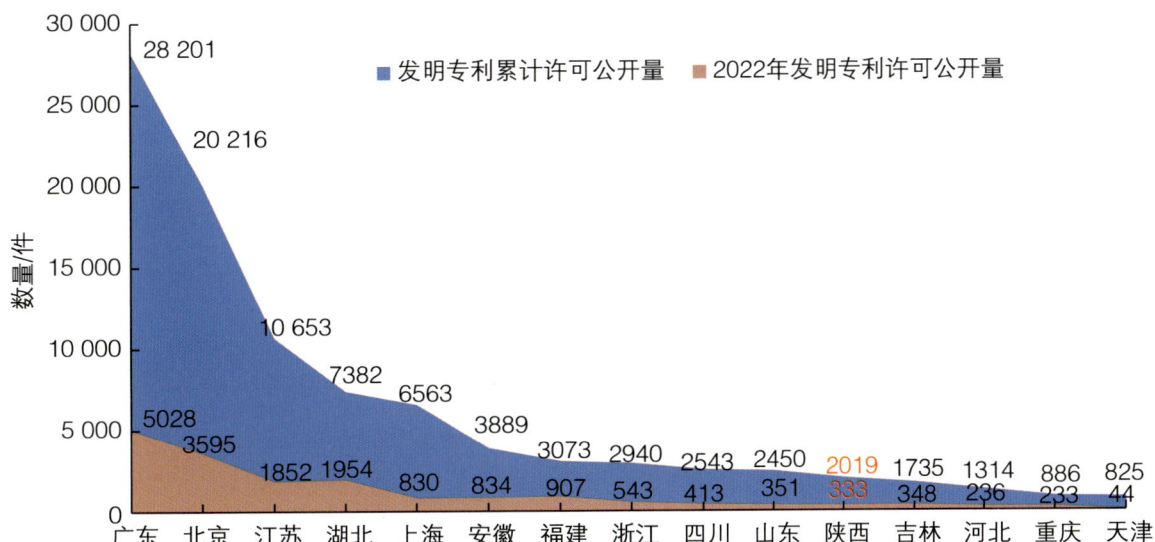

图 4-1　新型显示技术领域部分省（自治区、直辖市）的国内发明专利许可公开量数据

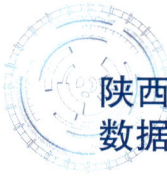

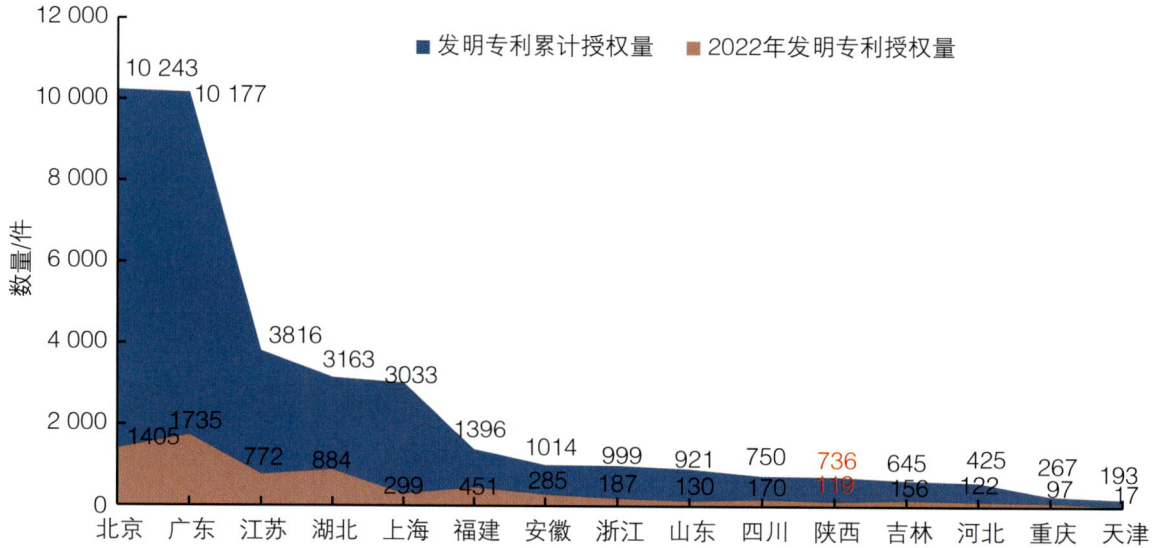

图 4-2　新型显示技术领域部分省（自治区、直辖市）的国内发明专利授权量数据

（2）申请主体数据

截至 2022 年年底，陕西在新型显示技术领域的国内发明专利授权量和许可公开量中企业占据绝对优势，申请机构 TOP 10 中有 5 家企业、4 家高校、1 家科研院所。西安诺瓦星云科技股份有限公司和陕西莱特光电材料股份有限公司在该技术领域的国内发明专利量遥遥领先，显示了其在省内的领军者地位（图 4-3）。

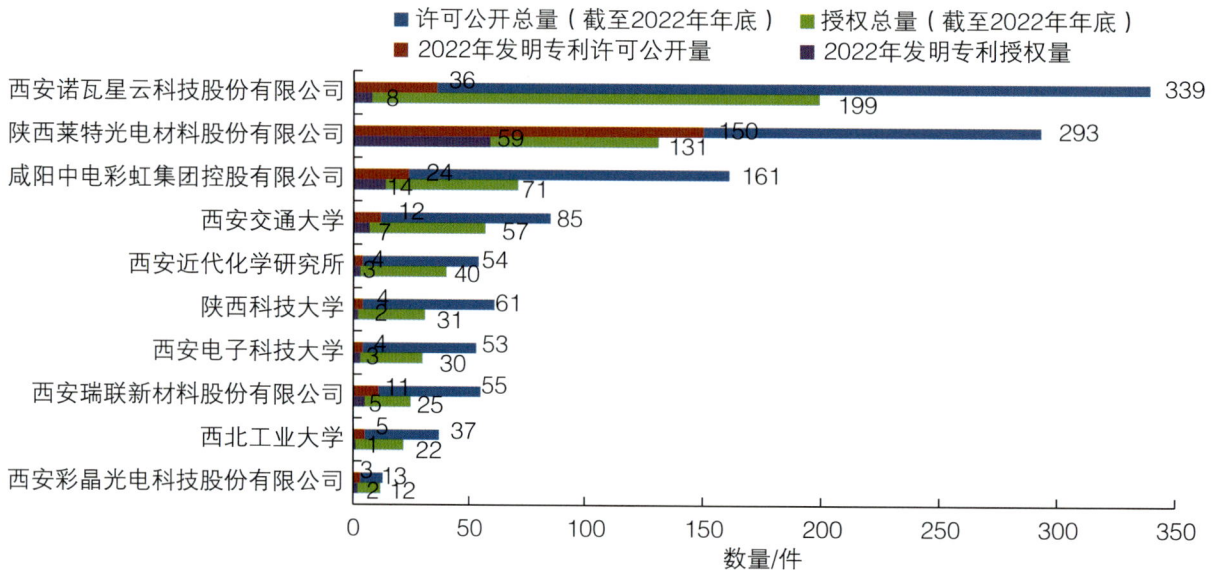

图 4-3　陕西新型显示技术领域国内发明专利申请机构 TOP 10

陕西在该技术领域的非高校主要申请机构以民营企业居多，说明陕西有一些中小型民营企业在新型显示技术领域具备一定的研究实力。值得一提的是，陕西莱特光电材料股份有限公司在 2022 年表现突出，当年国内发明专利授权量和许可公开量均排名第一，分别为 150 件和 59 件，远超其他企业（图 4-4）。

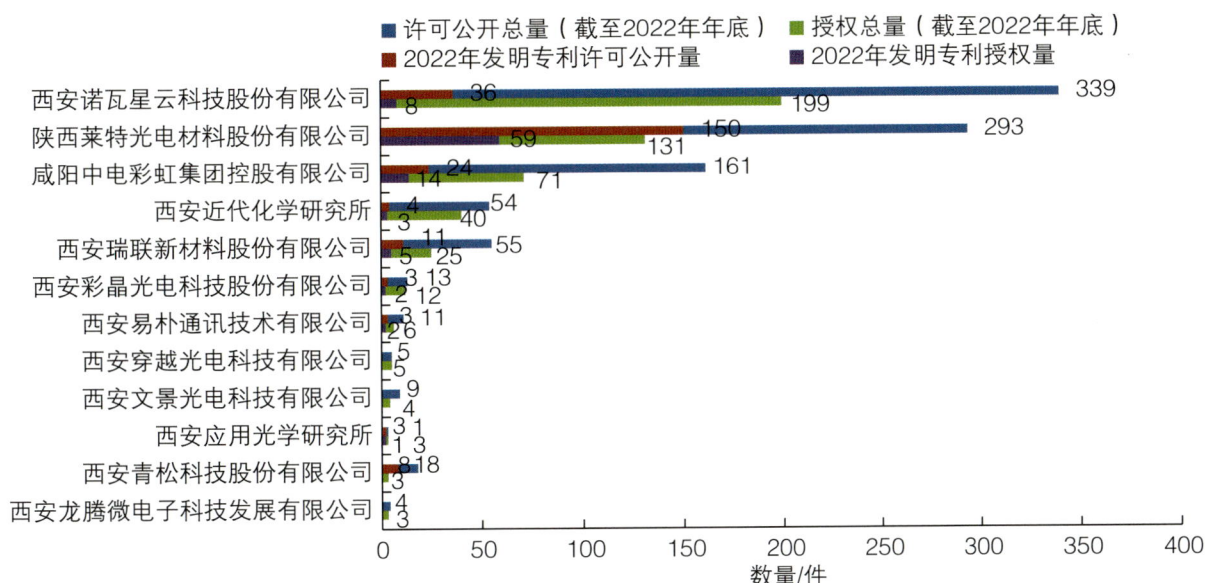

图 4-4　陕西新型显示技术领域国内发明专利非高校主要申请机构

注：图中没有相应条形显示，说明该指标对应数据为零。后面此类图均同，不做赘述。

（3）优势技术方向

按 IPC 分类，截至 2022 年年底，陕西在新型显示技术领域的国内授权发明专利主要集中在半导体器件、指示装置控制装置或电路、杂环化合物、电致发光器件和材料等技术方向。从整体上看，陕西在 C07C（无环或碳环化合物）、C07F（含除碳、氢、卤素、氧等元素以外的其他元素的无环，碳环或杂环化合物）、C07D（杂环化合物）3 个技术方向的授权发明专利在全国的占比分别为 8.07%、5.82% 和 5.45%，具有一定优势，主要是陕西莱特光电材料股份有限公司的突出贡献，该公司在这 3 个技术方向均进入全国申请主体 TOP 5 之列。

陕西在新型显示技术领域国内授权发明专利 IPC 分类 TOP 10 的主要申请主体中，陕西莱特光电材料股份有限公司、西安诺瓦星云科技股份有限公司和咸阳中电彩虹集团控股有限公司等企业表现突出。高校中仅有西安交通大学在 IPC 分类 TOP 10 中均进入陕西申请机构 TOP 5 之列（表 4-1）。

表 4-1 陕西新型显示技术领域授权发明专利主要 IPC 分类

IPC 技术分类	全国（截至 2022 年年底）		陕西（截至 2022 年年底）		
	授权量/件	主要申请主体	授权量/件	占全国比重	主要申请主体
H01L（半导体器件；其他类目中不包括的电固体器件）	25 354	京东方科技集团股份有限公司（3987） 三星集团（1863） LG 集团（1751） 株式会社半导体能源研究所（971） TCL 华星光电技术有限公司（928）	245	0.97%	陕西莱特光电材料股份有限公司（127） 咸阳中电彩虹集团控股有限公司（28） 陕西科技大学（23） 西安瑞联新材料股份有限公司（20） 西安交通大学（18）
G09G（对用静态方法显示可变信息的指示装置进行控制的装置或电路）	10 296	京东方科技集团股份有限公司（1457） TCL 华星光电技术有限公司（855） LG 集团（844） 三星集团（707） 友达光电股份有限公司（371）	202	1.96%	西安诺瓦星云科技股份有限公司（162） 咸阳中电彩虹集团控股有限公司（12） 西安电子科技大学（8） 西安交通大学（6） 西北工业大学（4）
C07D（杂环化合物）	2861	中节能万润股份有限公司（167） 吉林奥来德光电材料股份有限公司（124） 陕西莱特光电材料股份有限公司（114） 江苏三月科技股份有限公司（100） 默克专利有限公司（109）	156	5.45%	陕西莱特光电材料股份有限公司（114） 西安瑞联新材料股份有限公司（19） 西安近代化学研究所（15） 西安交通大学（2） 陕西师范大学（2）
C09K（不包含在其他类目中的各种应用材料；不包含在其他类目中的材料的各种应用）	4274	默克专利有限公司（248） 中节能万润股份有限公司（156） 出光兴产株式会社（150） 吉林奥来德光电材料股份有限公司（143） 三星集团（119）	152	3.56%	陕西莱特光电材料股份有限公司（68） 西安近代化学研究所（33） 西安瑞联新材料股份有限公司（21） 西安彩晶光电科技股份有限公司（11） 西安交通大学（8）

续表

IPC 技术分类	全国（截至 2022 年年底）		陕西（截至 2022 年年底）		
	授权量/件	主要申请主体	授权量/件	占全国比重	主要申请主体
C07C（无环或碳环化合物）	855	默克专利有限公司（69） 出光兴产株式会社（56） 陕西莱特光电材料股份有限公司（43） 吉林奥来德光电材料股份有限公司（39） 中节能万润股份有限公司（33）	69	8.07%	陕西莱特光电材料股份有限公司（43） 西安近代化学研究所（15） 西安彩晶光电科技股份有限公司（4） 西安交通大学（3） 陕西师范大学（2）
C07F（含除碳、氢、卤素、氧、氮、硫、硒或碲以外的其他元素的无环，碳环或杂环化合物）	1186	默克专利有限公司（65） 吉林奥来德光电材料股份有限公司（53） 陕西莱特光电材料股份有限公司（49） 武汉天马微电子有限公司（36） 三星集团（35）	69	5.82%	陕西莱特光电材料股份有限公司（49） 西安瑞联新材料股份有限公司（9） 西安近代化学研究所（7） 西安交通大学（3） 陕西蒲城海泰新材料产业有限责任公司（1）
H04N（图像通信）	3359	LG 集团（192） 三星集团（147） 索尼集团公司（143） 京东方科技集团股份有限公司（126） 皇家飞利浦电子股份有限公司（121）	41	1.22%	西安诺瓦星云科技股份有限公司（15） 西安电子科技大学（8） 西安交通大学（5） 咸阳中电彩虹集团控股有限公司（2）
G06F（电数字数据处理）	3836	京东方科技集团股份有限公司（533） LG 集团（194） 三星集团（177） 上海天马微电子有限公司（163） 天马微电子股份有限公司（93）	31	0.81%	西安诺瓦星云科技股份有限公司（14） 西安交通大学（3） 西安易朴通讯技术有限公司（3） 中国飞机强度研究所（2） 咸阳中电彩虹集团控股有限公司（2）

续表

IPC 技术分类	全国（截至 2022 年年底）		陕西（截至 2022 年年底）		
	授权量/件	主要申请主体	授权量/件	占全国比重	主要申请主体
G02F（用于控制光的强度、颜色、相位、偏振或方向的器件或装置）	18 849	京东方科技集团股份有限公司（3069） TCL 华星光电技术有限公司（1640） LG 集团（1162） 友达光电股份有限公司（1034） 三星集团（887）	28	0.15%	咸阳中电彩虹集团控股有限公司（8） 西北工业大学（7） 西安彩晶光电科技股份有限公司（5） 西安交通大学（2）
G02B（光学元件、系统或仪器）	6676	京东方科技集团股份有限公司（815） LG 集团（349） 富士胶片株式会社（330） 日东电工株式会社（278） 三星集团（225）	26	0.39%	西安电子科技大学（10） 咸阳中电彩虹集团控股有限公司（3）

2. 国外专利数据

（1）总量数据

2022 年，陕西在新型显示技术领域申请的国外专利公开量为 120 件，合计 99 个 DWPI 同族专利，主要集中在 PCT 国际专利、美国专利和韩国专利。申请主体中，陕西莱特光电材料股份有限公司的专利公开量为 93 件，咸阳中电彩虹集团控股有限公司 12 件，西安诺瓦星云科技股份有限公司 7 件，西安青松光电技术有限公司 4 件，西安思摩威新材料有限公司、西安钛铂锶电子科技有限公司和西安中兴新软件有限责任公司各 1 件。

按 IPC 分类，主要分布在 H01L（半导体器件等）、C07D（杂环化合物）、C09K（不包含在其他类目中的各种应用材料及材料的各种应用）等技术方向。

（2）PCT 国际专利

2022 年，陕西在新型显示技术领域申请的 PCT 国际专利公开量合计 52 件。主要集中在 H01L（半导体器件等）、C07D（杂环化合物）和 C09K（不包含在其他类目中的各种应用材料及材料的各种应用）等技术方向。

主要申请主体中，陕西莱特光电材料股份有限公司表现突出，专利公开数量为 44 件，西安青松光电技术有限公司 4 件，西安诺瓦星云科技股份有限公司、西安思摩威新材料有限公司和西安钛铂锶电子科技有限公司及自然人各 1 件。

（3）美国专利

2022 年，陕西在新型显示技术领域申请的美国专利公开量合计 35 件，主要分布在 H01L（半导体器件等）、C07D（杂环化合物）和 G09G（对用静态方法显示可变信息的指示装置进行控制的装置或电路）等（技术）方向。

申请主体中，陕西莱特光电材料股份有限公司、咸阳中电彩虹集团控股有限公司、西安诺瓦星云科技股份有限公司的专利公开量分别为 21 件、9 件和 5 件。

（4）韩国专利

2022 年，陕西在新型显示技术领域申请的韩国专利公开量合计 22 件，主要分布在 H01L（半导体器件等）、C07D（杂环化合物）等技术方向。

申请主体中，陕西莱特光电材料股份有限公司的专利公开量为 20 件，咸阳中电彩虹集团控股有限公司的专利公开量为 2 件。

（5）欧洲专利

2022 年，陕西在新型显示技术领域申请的欧洲专利公开量合计 7 件，主要分布在 H01L（半导体器件等）和 C07D（杂环化合物）等技术方向。

申请主体中，陕西莱特光电材料股份有限公司的专利公开量为 4 件，咸阳中电彩虹集团控股有限公司、西安中兴新软件有限责任公司和西安诺瓦星云科技股份有限公司各 1 件。

（6）日本专利

2022 年，陕西在新型显示技术领域申请的日本专利公开量合计 4 件，主要分布在 C07D（杂环化合物）和 C07C（无环或碳环化合物）等技术方向，为陕西莱特光电材料股份有限公司贡献。

（二）量子信息

1. 国内专利数据

（1）总量数据

截至 2022 年年底，陕西在量子信息技术领域的国内发明专利累计许可公开量为 354 件，位居全国第九，不足北京的 1/4；2022 年当年陕西的发明专利许可公开量为 79 件，位居全国第十一，约为北京的 1/7（图 4-5）。陕西在该技术领域的发明专利累计授权量为 207 件，位居全国第七；2022 年当年发明专利授权量为 45 件，在全国排名第九（图 4-6）。

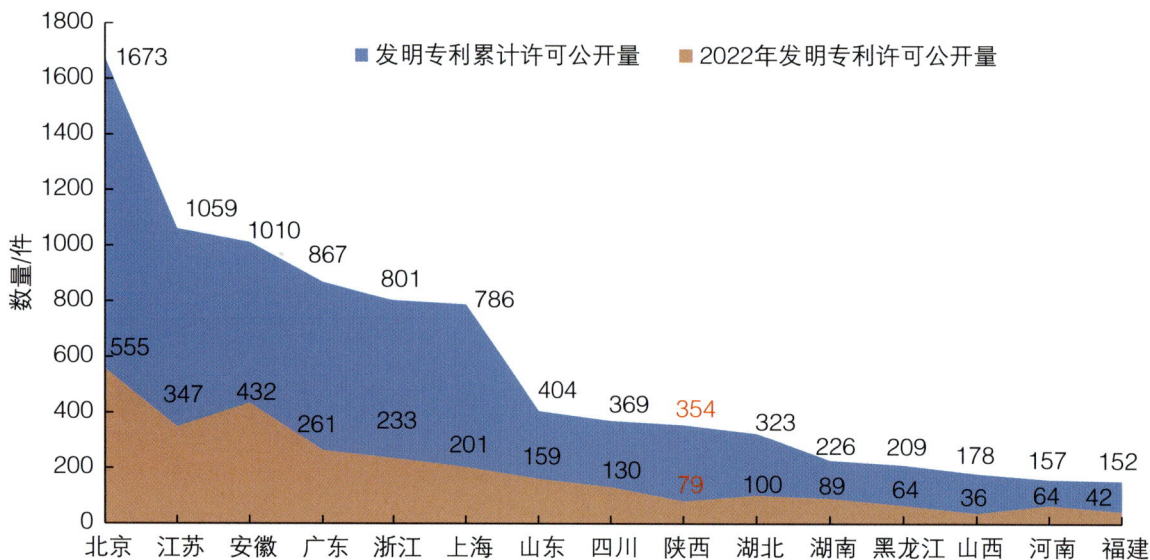

图 4-5 量子信息技术领域部分省（自治区、直辖市）的国内发明专利许可公开量数据

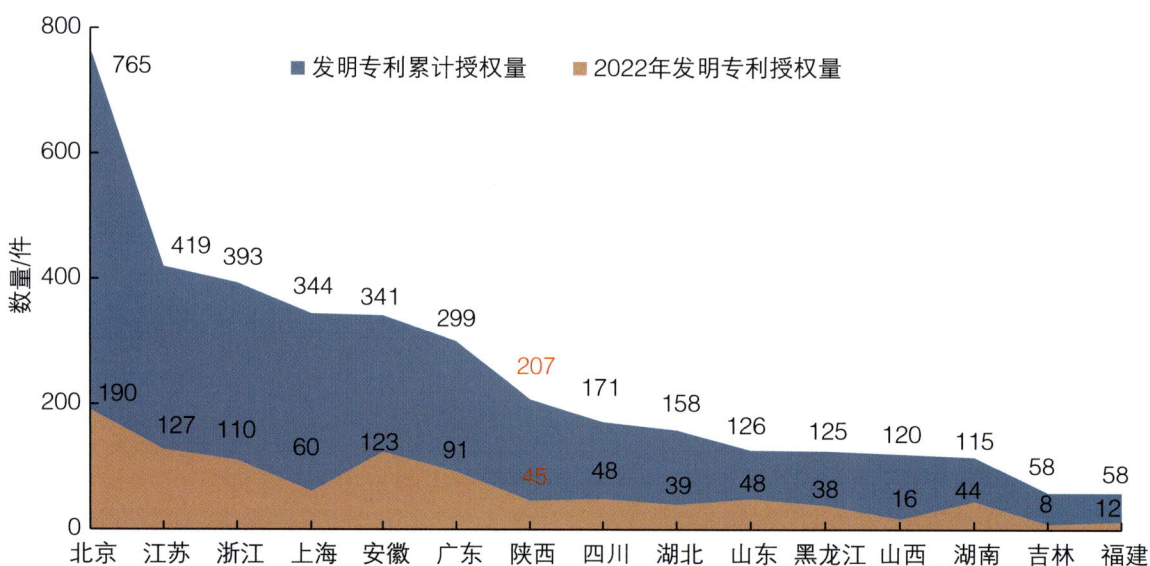

图 4-6 量子信息技术领域部分省（自治区、直辖市）的国内发明专利授权量数据

（2）申请主体数据

截至 2022 年年底，陕西在量子信息技术领域的国内发明专利累计许可公开量和授权量的主要贡献者为高校，其中西安电子科技大学在该技术领域的发明专利数量在陕西居领先地位；主要申请机构中有 8 家高校、3 家科研院所，没有企业（图 4-7）。

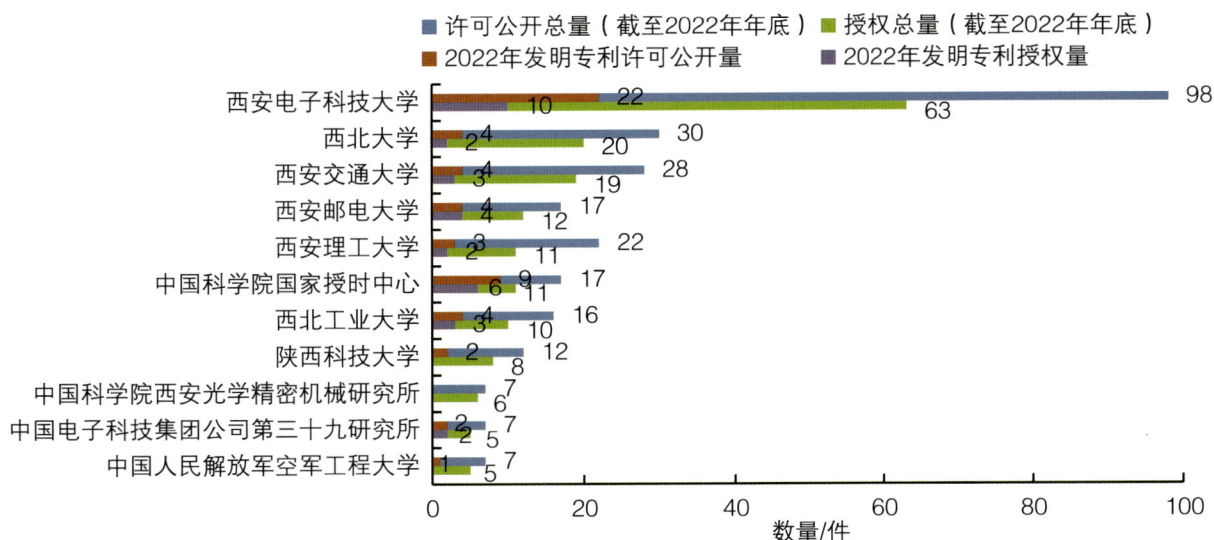

图4-7 陕西量子信息技术领域国内发明专利主要申请机构

（3）优势技术方向

按IPC分类，截至2022年年底，陕西在量子信息技术领域的国内授权发明专利主要集中在数字信息传输方面。西安电子科技大学在量子信息技术领域的H03M（一般编码、译码或代码转换）、G01S（无线电定向、导航、测距或测速等）、G06T（一般的图像数据处理或产生）等技术方面表现突出，其发明专利授权量在全国机构中位居前列；西北大学在H03M（一般编码、译码或代码转换）技术方面的发明专利授权量进入全国申请主体TOP 5之列。由于西安电子科技大学和西北大学的突出贡献，陕西在以上3个技术方向表现出一定的技术优势，发明专利授权量在全国的占比分别为40.00%、17.39%及13.85%（表4-2）。

表4-2 陕西量子信息技术领域授权发明专利主要IPC分类

IPC技术分类	全国（截至2022年年底）		陕西（截至2022年年底）		
	授权量/件	主要申请主体	授权量/件	占全国比重	主要申请主体
H04L（数字信息的传输，如电报通信）	1535	如般量子科技有限公司（99） 科大国盾量子技术股份有限公司（88） 北京邮电大学（68） 中南大学（52） 山东量子科学技术研究院有限公司（45）	69	4.50%	西安电子科技大学（20） 西北大学（13） 西安邮电大学（10） 西安理工大学（6） 西北工业大学（4）

续表

IPC 技术分类	全国（截至 2022 年年底）			陕西（截至 2022 年年底）		
	授权量/件	主要申请主体		授权量/件	占全国比重	主要申请主体
H04B（传输）	648	科大国盾量子技术股份有限公司（30） 中南大学（22） 北京邮电大学（22） 国开启科量子技术（北京）有限公司（20） 中国科学技术大学（19） 华南师范大学（19）		26	4.01%	西安电子科技大学（8） 西北大学（6） 中国科学院国家授时中心（5）
G06N（基于特定计算模型的计算机系统）	465	北京百度网讯科技有限公司（40） 合肥本源量子计算科技有限责任公司（27） 哈尔滨工程大学（22） 清华大学（16） D 波系统公司（15）		18	3.87%	西安电子科技大学（12） 西北工业大学（2）
G06T（一般的图像数据处理或产生）	92	西安电子科技大学（14） 哈尔滨工程大学（8） 东北林业大学（3） 华东交通大学（3） 广东工业大学（3）		16	17.39%	西安电子科技大学（14） 西安理工大学（2）
G06F（电数字数据处理）	366	哈尔滨工程大学（15） 北京百度网讯科技有限公司（10） 中国科学技术大学（9） 南京大学（8） 合肥本源量子计算科技有限责任公司（8） 如般量子科技有限公司（8）		12	3.28%	西安电子科技大学（4） 西北工业大学（2） 西安交通大学（2）
G01J（红外光、可见光、紫外光的强度、速度、光谱成分，偏振、相位或脉冲特性的测量；比色法；辐射高温测定法）	146	华东师范大学（8） 哈尔滨工业大学（6） 国开启科量子技术（北京）有限公司（6） 中国科学技术大学（5） 中国科学院上海微系统与信息技术研究所（5）		9	6.16%	中国科学院国家授时中心（4） 中国电子科技集团公司第三十九研究所（2） 中国科学院西安光学精密机械研究所（2）

续表

IPC 技术分类	全国（截至 2022 年年底）		陕西（截至 2022 年年底）		
	授权量/件	主要申请主体	授权量/件	占全国比重	主要申请主体
G01R（测量电变量；测量磁变量）	222	中国科学院上海微系统与信息技术研究所（46） 北京航空航天大学（13） 中国计量科学研究院（10） 合肥本源量子计算科技有限责任公司（8） 山西大学（7）	9	4.05%	中国科学院国家授时中心（2） 西安交通大学（2） 中国电子科技集团公司第三十九研究所（1）
G01S（无线电定向；无线电导航；采用无线电波测距或测速；采用无线电波的反射或再辐射的定位或存在检测；采用其他波的类似装置）	65	哈尔滨工程大学（16） 西安电子科技大学（4） 中国科学技术大学（4） 哈尔滨工业大学（4） 北京卫星信息工程研究所（2） 北京航空航天大学（2） 长江大学（2）	9	13.85%	西安电子科技大学（4）
B82Y（纳米结构的特定用途或应用；纳米结构的测量或分析；纳米结构的制造或处理）	130	河北联合大学（8） 南京大学（7） 浙江工业大学（6） TCL 科技集团股份有限公司（5） 中国科学院上海微系统与信息技术研究所（4） 中国科学院物理研究所（4） 纳米技术有限公司（4）	8	6.15%	陕西科技大学（3） 西安交通大学（2）
G01N（借助于测定材料的化学或物理性质来测试或分析材料）	292	罗氏公司（18） 中北大学（6） 安徽大学（6） 浙江工业大学（6） 中国科学院苏州生物医学工程技术研究所（5） 厦门大学（5） 山西大学（5） 皇家飞利浦电子股份有限公司（5）	8	2.74%	西安交通大学（3）

续表

IPC 技术分类	全国（截至 2022 年年底）			陕西（截至 2022 年年底）		
	授权量/件	主要申请主体		授权量/件	占全国比重	主要申请主体
H01L（半导体器件；其他类目中不包括的电固体器件）	587	默克专利有限公司（63） 欧司朗光电半导体有限公司（31） 巴斯夫欧洲公司（25） 奥斯兰姆奥普托半导体有限责任公司（22） 中国科学院上海微系统与信息技术研究所（17）		8	1.36%	西安电子科技大学（3） 中联西北工程设计研究院有限公司（2） 西安交通大学（2）
H03M（一般编码、译码或代码转换）	20	西安电子科技大学（6） 中国计量科学研究院（2） 哈尔滨工业大学（2） 山西大学（2） 腾讯科技（深圳）有限公司（2） 西北大学（2）		8	40.00%	西安电子科技大学（6） 西北大学（2）

2. 国外专利数据

2022 年，陕西在量子信息技术领域申请的国外专利公开量近 3 件。其中，美国专利公开量 2 件、韩国专利公开量 1 件。

申请主体中，西安中兴新软件有限责任公司在数字信息的传输（H04L）和无线通信（H04W）技术方向申请美国专利 2 件；西安西电捷通无线网络通信股份有限公司申请韩国专利 1 件，分布在数字信息的传输（H04L) 技术方向（表 4-3）。

表 4-3　2022 年陕西量子信息技术领域申请的国外专利公开数据

序号	专利名称	申请主体	主分类号	同族专利数/件
1	Channel state information sending method, involves decomposing channel state information matrix by node to obtain vector groups, and quantizing element information after sending, and determining sub-band number dimension of vector matrix	西安中兴新软件有限责任公司	H04B	8

续表

序号	专利名称	申请主体	主分类号	同族专利数/件
2	Key derivation method, involves sending slice identifier to specified communication device, where slice identifier instructs specified communication device to derive intermediate key required by network slice according to slice identifier	西安中兴新软件有限责任公司	H04W	5
3	Inter-node privacy communication method for encrypting and protecting transmission data, involves directly sending data packet when communication path role of node in privacy communication between current nodes is communication source node	西安西电捷通无线网络通信股份有限公司	H04L	7

（三）集成电路

1. 国内专利数据

（1）总量数据

截至 2022 年年底，陕西在集成电路技术领域的国内发明专利累计许可公开量为 3896 件，位居全国第十，约为上海的 1/7；2022 年当年陕西发明专利公许可开量为 708 件，位居全国第十一，约为江苏的 1/7（图 4-8）。陕西在该技术领域的发明专利累计授权量为 1641 件，在全国排名第八；2022 年当年发明专利授权量为 206 件，全国排名第十一（图 4-9）。

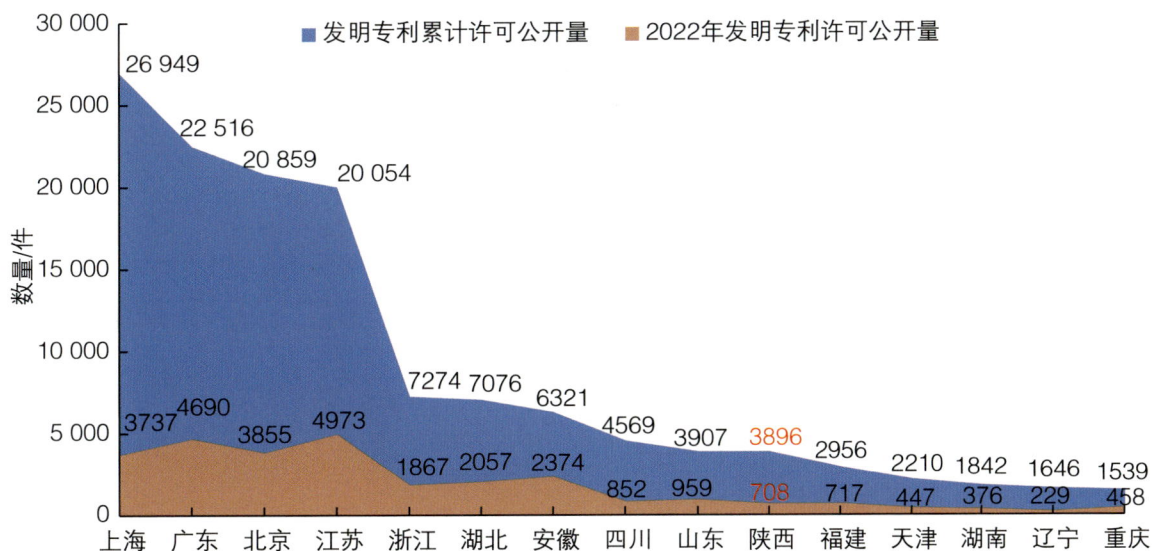

图 4-8　集成电路技术领域部分省（自治区、直辖市）的国内发明专利许可公开量数据

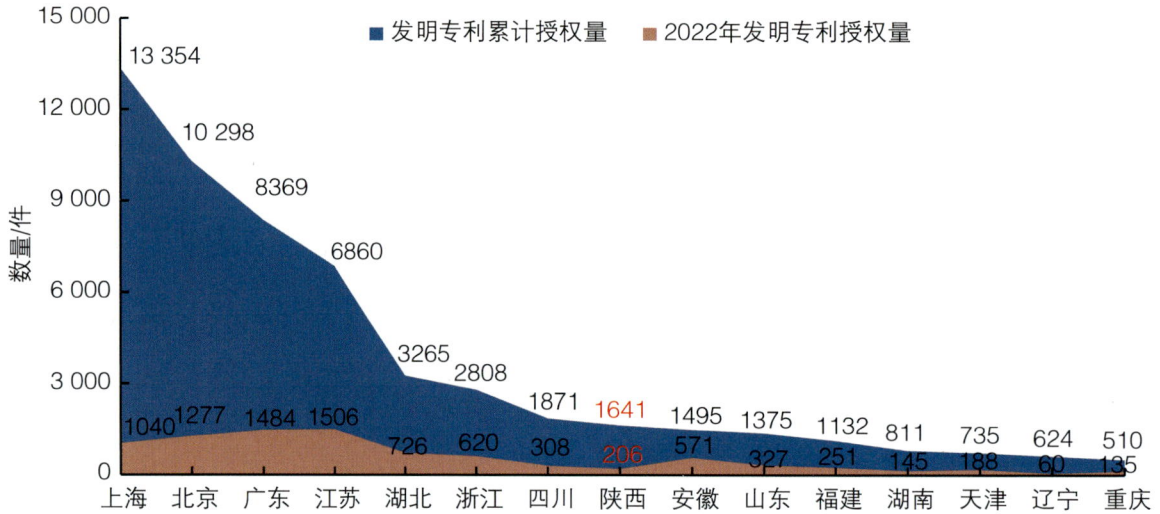

图 4-9　集成电路技术领域部分省（自治区、直辖市）的国内发明专利授权量数据

（2）申请主体数据

截至 2022 年年底，陕西在集成电路技术领域申请机构 TOP 10 的发明专利授权量占陕西该领域发明专利授权总量的 72%。申请机构 TOP 10 的前 3 名分别是西安电子科技大学、西安交通大学和西安紫光国芯半导体有限公司；其中，西安电子科技大学的发明专利许可公开和授权总量、2022 年当年发明专利许可公开量和授权量均位居第一，可见其在该领域的研发能力在陕西处于领先地位。申请机构 TOP 10 中有 3 家民营企业，可见该领域民营企业的专利活动比较活跃，研发能力较强（图 4-10）。

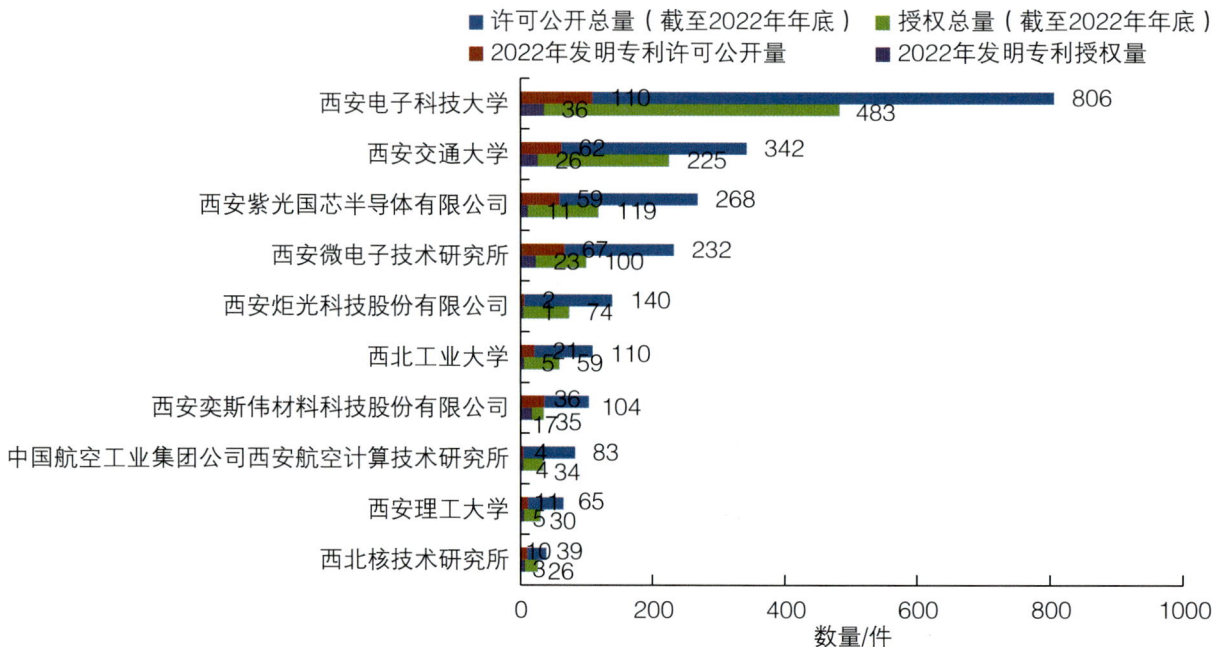

图 4-10　陕西集成电路技术领域国内发明专利申请机构 TOP 10

陕西在该技术领域的非高校申请机构 TOP 10 中有 5 家民营企业、5 家科研院所，说明陕西民营企业在集成电路技术领域具备一定研究实力（图 4-11）。

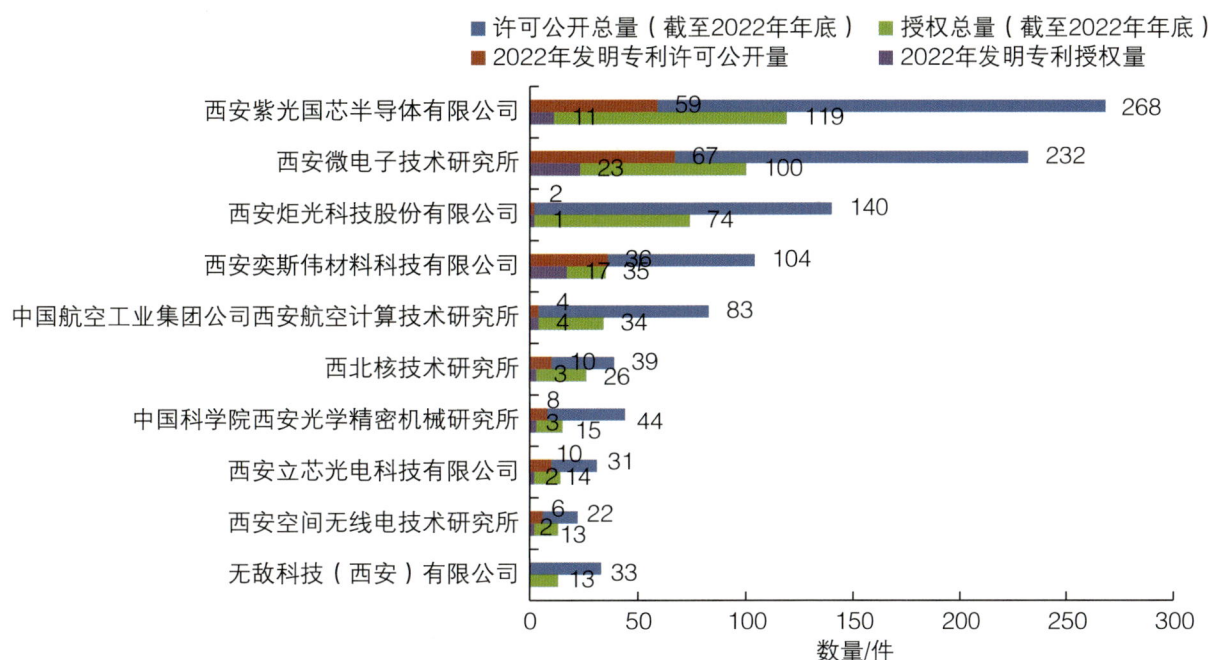

图 4-11　陕西集成电路技术领域国内发明专利非高校申请机构 TOP 10

（3）优势技术方向

按 IPC 分类，截至 2022 年年底，陕西在集成电路技术领域的国内授权发明专利的 IPC 分类主要集中在 H01L（半导体器件等）和 G06F（电数字数据处理）技术方面，占该领域陕西授权发明专利总量的 52%。国外公司在该技术领域的专利创新活动较为活跃，三星集团、三菱集团、松下集团等申请机构在 H01L、G06F、G11C、H01S 等多个 IPC 技术分类中的授权发明专利数量均位居前列。陕西国内发明专利申请机构中仅西安交通大学在 G01N（借助于测定材料的化学或物理性质来测试或分析材料）和 B81C（制造或处理微观结构的装置等）技术方向、西安电子科技大学在 G05F（调节电变量或磁变量的系统）技术方向进入全国授权发明专利数量 TOP 5 机构（表 4-4）。

表 4-4　陕西集成电路技术领域授权发明专利主要 IPC 分类

IPC 技术分类	全国（截至 2022 年年底）		陕西（截至 2022 年年底）		
	授权量/件	主要申请主体	授权量/件	占全国比重	主要申请主体
H01L（半导体器件；其他类目中不包括的电固体器件）	69 923	中芯国际集成电路制造有限公司（4346） 台湾积体电路制造股份有限公司（3461） 三星集团（2136） 株式会社半导体能源研究所（1603） 上海华虹（集团）有限公司（1530）	563	0.81%	西安电子科技大学（273） 西安交通大学（56） 西安微电子技术研究所（33） 西安奕斯伟材料科技有限公司（24） 西安理工大学（14）
G06F（电数字数据处理）	22 334	华为技术有限公司（841） 英特尔公司（743） 国际商业机器公司（IBM）（728） 三星集团（660） 松下集团（383）	285	1.28%	西安电子科技大学（80） 西安交通大学（49） 中国航空工业集团公司西安航空计算技术研究所（26） 西安微电子技术研究所（21） 西安紫光国芯半导体有限公司（16）
G11C（静态存储器）	16 508	SK 海力士有限公司（1300） 三星集团（1116） 旺宏电子股份有限公司（676） 美光科技公司（604） 东芝集团（544）	177	1.07%	西安紫光国芯半导体有限公司（90） 西安微电子技术研究所（16） 西安格易安创集成电路有限公司（12） 西安交通大学（14） 西安电子科技大学（10）
H01S（利用受激发射的器件）	2712	夏普株式会社（173） 三菱电机株式会社（133） 中国科学院半导体研究所（118） 松下集团（104） 索尼集团公司（93）	88	3.24%	西安炬光科技股份有限公司（48） 西安立芯光电科技有限公司（7） 西安理工大学（5） 中国科学院西安光学精密机械研究所（5） 西安电子科技大学（3） 陕西源杰半导体技术有限公司（3） 中国科学院国家授时中心（3）

续表

IPC技术分类	全国（截至2022年年底）		陕西（截至2022年年底）		
	授权量/件	主要申请主体	授权量/件	占全国比重	主要申请主体
G01R（测量电变量；测量磁变量）	4007	上海华虹（集团）有限公司（102） 中芯国际集成电路制造有限公司（100） 三星电子株式会社（79） NXP股份有限公司（61） 三菱集团（63）	76	1.90%	西安电子科技大学（10） 西安交通大学（9） 西安微电子技术研究所（8） 西北核技术研究所（5） 西安紫光国芯半导体有限公司（5） 中国航空工业集团公司西安航空计算技术研究所（3）
H03K（脉冲技术）	2739	瑞萨电子株式会社（109） 海力士半导体有限公司（86） 三菱集团（85） 松下集团（81） 株式会社半导体能源研究所（67）	48	1.75%	西安电子科技大学（17） 西安微电子技术研究所（8） 西安紫光国芯半导体有限公司（6） 西安交通大学（5） 西安博瑞集信电子科技有限公司（3）
G01N（借助于测定材料的化学或物理性质来测试或分析材料）	1356	上海华力微电子有限公司（33） 中芯国际集成电路制造有限公司（29） 西安交通大学（21） 华中科技大学（19） 复旦大学（18）	44	3.24%	西安交通大学（21） 西北工业大学（4） 西安工业大学（3） 西安奕斯伟材料科技有限公司（2） 西安电子科技大学（2） 中国科学院西安光学精密机械研究所（2）
H02M（用于交流和交流之间、交流和直流之间或直流和直流之间的转换以及用于与电源或类似的供电系统一起使用的设备；直流或交流输入功率至浪涌输出功率的转换；以及它们的控制或调节）	1402	三菱集团（102） 富士电机株式会社（69） 瑞萨电子株式会社（67） 株式会社日立制作所（48） 电子科技大学（38）	39	2.78%	西安电子科技大学（13） 西安交通大学（6） 西安启芯微电子有限公司（4） 长安大学（3） 西安微电子技术研究所（2） 西安民展微电子有限公司（2）

续表

IPC 技术分类	全国（截至 2022 年年底）		陕西（截至 2022 年年底）		
	授权量 /件	主要申请主体	授权量/件	占全国比重	主要申请主体
B81C（专门适用于制造或处理微观结构的装置或系统的方法或设备）	725	中芯国际集成电路制造有限公司（74） 台湾积体电路制造股份有限公司（33） 中国科学院上海微系统与信息技术研究所（26） 英飞凌科技股份有限公司（22） 西安交通大学（22）	30	4.14%	西安交通大学（22） 西北工业大学（7）
G05F（调节电变量或磁变量的系统）	975	电子科技大学（89） 瑞萨电子株式会社（42） 上海华虹（集团）有限公司（38） 松下集团（20） 西安电子科技大学（19）	30	3.08%	西安电子科技大学（19） 西安微电子技术研究所（7） 西安交通大学（2）

2. 国外专利数据

2022 年，陕西在集成电路领域申请的国外专利公开量仅 7 件，均为美国专利。申请主体中，西安奥卡云数据科技有限公司表现突出，专利公开量为 4 件，共计 DWPI 同族专利记录 10 条，主要集中分布在电数字数据处理技术方向；西安交通大学有限公司专利公开量 2 件，均为半导体器件技术方面；西安紫光国芯半导体有限公司专利公开量 1 件，为电数字数据处理技术方面（表 4-5）。

表 4-5　2022 年陕西集成电路技术领域申请的国外专利公开数据

序号	专利名称	申请主体	主分类号	同族专利数/件
1	Device access point mobility in a scale out storage system	西安奥卡云数据科技有限公司	G06F	7
2	Direct data placement	西安奥卡云数据科技有限公司	G06F	1
3	Managing snapshots and clones in a scale out storage system	西安奥卡云数据科技有限公司	G06F	1

续表

序号	专利名称	申请主体	主分类号	同族专利数/件
4	Persistent read cache in a scale out storage system	西安奥卡云数据科技有限公司	G06F	1
5	Three-dimensional integrated package device for high-voltage silicon carbide power module	西安交通大学	H01L	3
6	Planar power module with spacially interleaved structure	西安交通大学	H01L	3
7	Method of correcting an error in a memory array in a DRAM during a read operation and a DRAM	西安紫光国芯半导体有限公司	G06F	3

（四）传感器

1. 国内专利数据

（1）总量数据

截至 2022 年年底，陕西在传感器技术领域的国内发明专利累计许可公开量为 3615 件，位居全国第七，约为江苏的 1/4；2022 年当年陕西发明专利许可公开量为 694 件，位居全国第八，不足江苏的 1/3（图 4-12）。陕西在该技术领域的发明专利累计授权量为 1535 件，位居全国第七；2022 年当年发明专利授权量为 254 件，位居全国第八，约为江苏的 1/3（图 4-13）。

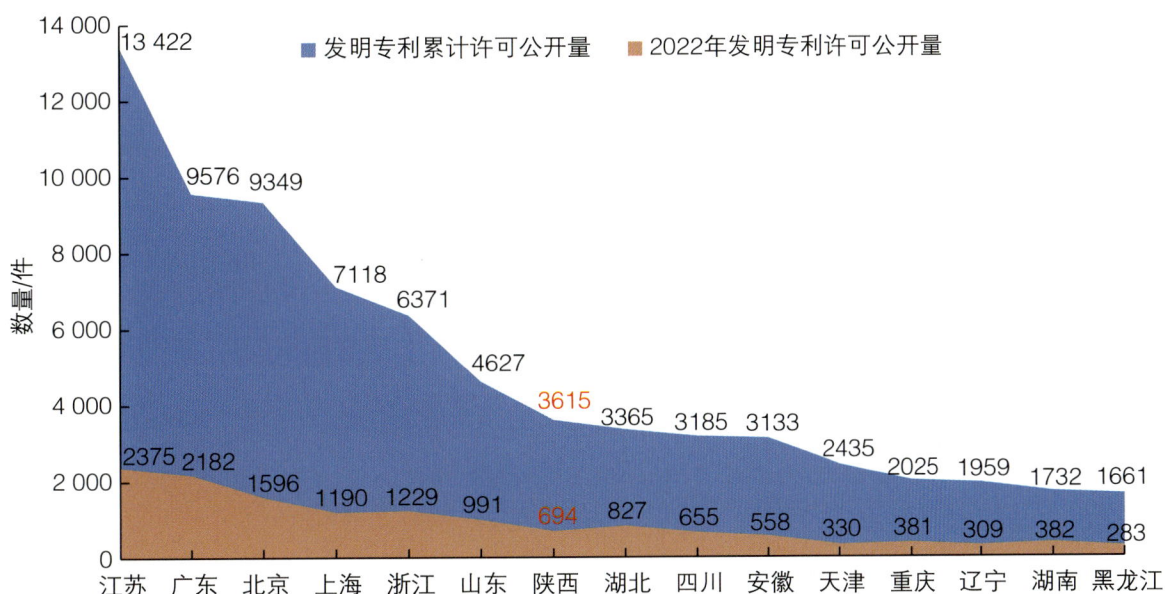

图 4-12　传感器技术领域部分省（自治区、直辖市）的国内发明专利许可公开量数据

发明专利累计授权量　2022年发明专利授权量

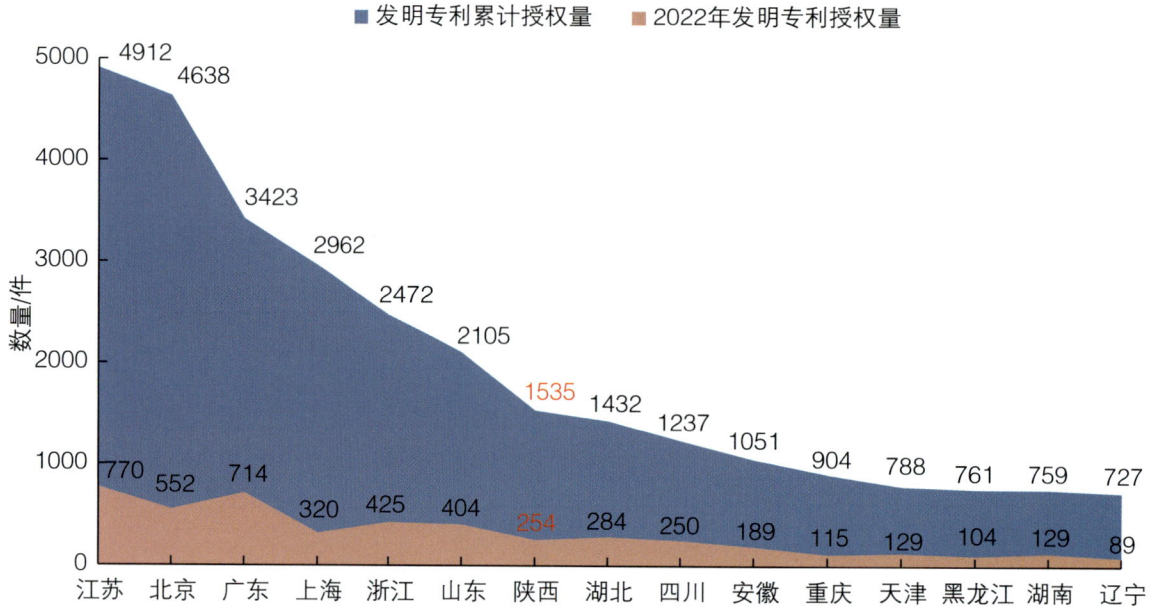

图 4-13　传感器技术领域部分省（自治区、直辖市）的国内发明专利授权量数据

（2）申请主体数据

截至 2022 年年底，陕西在传感器技术领域的国内授权发明专利中，申请机构 TOP 10 的发明专利授权量占陕西该领域发明专利授权总量的 70%。申请机构 TOP 10 全部为高校，其中前 3 名分别是西安交通大学、西安电子科技大学和西北工业大学；西安交通大学的发明专利许可公开和授权总量、2022 年当年发明专利许可公开量和授权量均位居第一，可见其在该领域的研发能力在陕西处于领先地位（图 4-14）。与高校相比，陕西其他类型机构在该技术领域的发明专利表现一般，进入发明专利申请机构 TOP 10 的机构中仅有两家科研院所。

陕西在该技术领域的国内发明专利非高校主要申请机构以科研院所为主，仅有 1 家国有企业（图 4-15）。

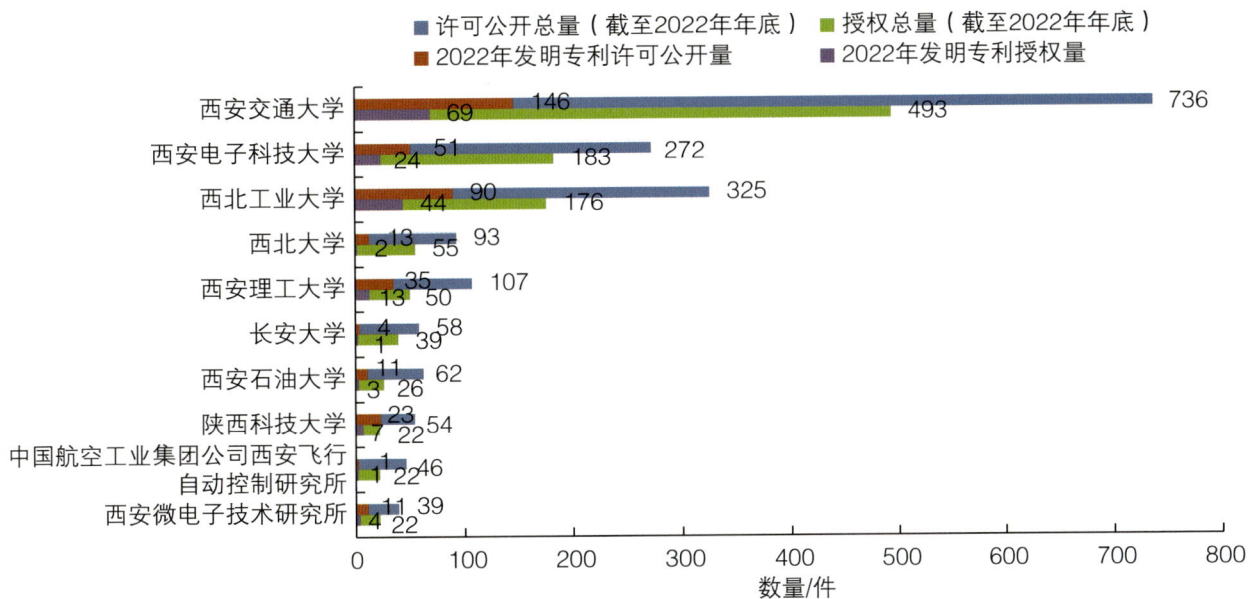

图 4-14　陕西传感器技术领域国内发明专利申请机构 TOP10

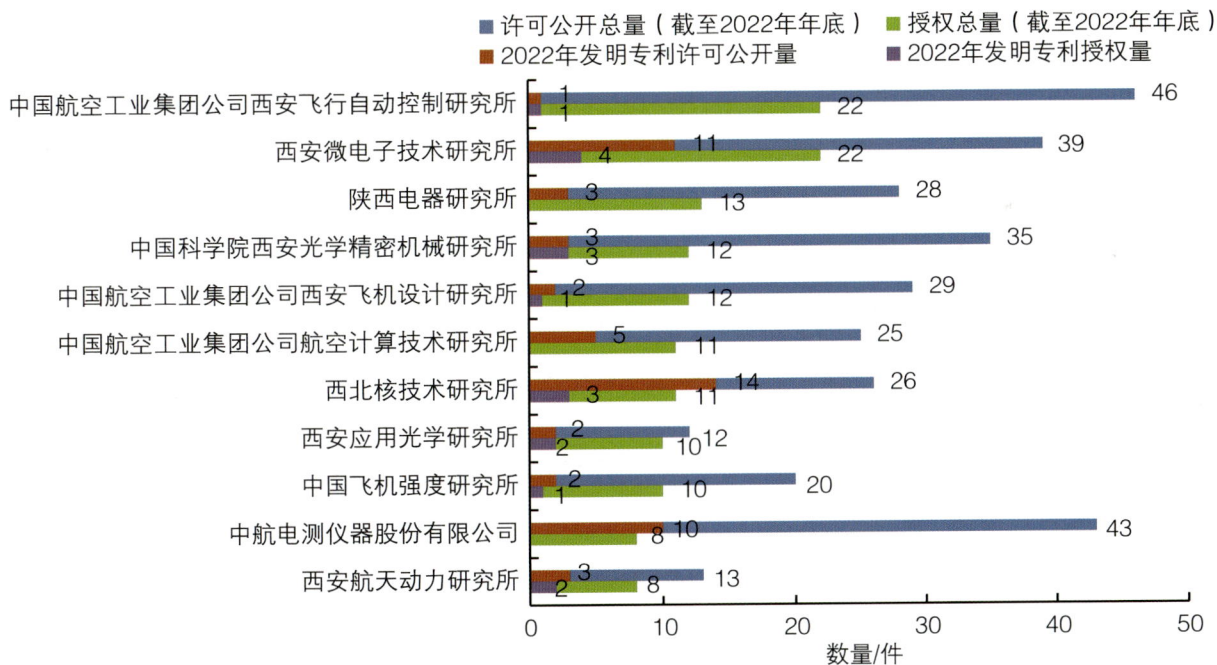

图 4-15　陕西传感器技术领域国内发明专利非高校主要申请机构

（3）优势技术方向

按IPC分类，截至2022年年底，陕西在传感器技术领域的国内授权发明专利主要集中在G01N（借助于测定材料的化学或物理性质来测试或分析材料）、G01L（测量力、应力、转矩、功、机械功率、机械效率或流体压力）、G01B（线性尺寸、角度和面积的计量等）和H04W（无线通信网络）等技术方向，占该技术领域陕西发明专利授权总量的51%，其中西安交通大学在G01L（测量力、应力、转矩、功、机械功率、机械效率或流体压力）和G01K（温度及热量测量等）两个技术方向表现突出，发明专利授权量居全国首位，显示出较强的研发实力（表4-6）。

表4-6 陕西传感器技术领域授权发明专利主要IPC分类

IPC技术分类	全国（截至2022年年底）		陕西（截至2022年年底）		
	授权量/件	主要申请主体	授权量/件	占全国比重	主要申请主体
G01N（借助于测定材料的化学或物理性质来测试或分析材料）	10 084	济南大学（479） 浙江大学（196） 罗伯特·博世有限公司（162） 电子科技大学（138） 西安交通大学（135）	260	2.58%	西安交通大学（134） 西安电子科技大学（13） 西北大学（12） 西安理工大学（11） 陕西科技大学（10）
G01L（测量力、应力、转矩、功、机械功率、机械效率或流体压力）	4902	西安交通大学（109） 罗伯特·博世有限公司（99） 东南大学（77） 株式会社电装（76） 霍尼韦尔国际公司（50）	219	4.47%	西安交通大学（109） 西北工业大学（36） 西安电子科技大学（14） 陕西电器研究所（6） 中航电测仪器股份有限公司（5） 西安石油大学（5） 西安近代化学研究所（5） 陕西省计量科学研究院（5）
G01B（长度、厚度或类似线性尺寸的计量；角度的计量；面积的计量；不规则的表面或轮廓的计量）	3164	北京航空航天大学（58） 浙江大学（54） 哈尔滨工业大学（54） 重庆理工大学（54） 西安交通大学（50）	159	5.03%	西安交通大学（50） 长安大学（12） 西北工业大学（11） 西安理工大学（9） 西安电子科技大学（9）

续表

IPC 技术分类	全国（截至 2022 年年底）		陕西（截至 2022 年年底）		
	授权量/件	主要申请主体	授权量/件	占全国比重	主要申请主体
H04W（无线通信网络）	2900	南京邮电大学（129） 东南大学（81） 河海大学（75） 西安电子科技大学（65） 重庆邮电大学（57）	150	5.17%	西安电子科技大学（65） 西北大学（17） 西北工业大学（17） 西安邮电大学（9） 西安交通大学（8）
G01D（非专用于特定变量的测量；不包含在其他单独小类中的测量两个或多个变量的装置；计费设备；非专用于特定变量的传输或转换装置；未列入其他类目的测量或测试）	3877	罗伯特·博世有限公司（152） 英飞凌科技股份有限公司（65） 浙江大学（53） 欧姆龙株式会社（48） 清华大学（45）	106	2.73%	西安交通大学（24） 西北工业大学（11） 西安石油大学（9） 西安电子科技大学（6） 西安工业大学（5）
G01K（温度测量；热量测量；未列入其他类目的热敏元件）	1990	西安交通大学（45） 东南大学（32） 中国计量学院（31） 株式会社电装（31） 电子科技大学（30）	88	4.42%	西安交通大学（45） 西安石油大学（7） 西北工业大学（4） 陕西电器研究所（4） 西北大学（3）
G01R（测量电变量；测量磁变量）	3106	国家电网有限公司（99） 东南大学（76） 英飞凌科技股份有限公司（76） TDK 株式会社（64） 罗伯特·博世有限公司（53）	86	2.77%	西安交通大学（38） 西北工业大学（15） 西安电子科技大学（12） 西北大学（3） 中国科学院西安光学精密机械研究所（2）
G01P（线速度或角速度、加速度、减速度或冲击的测量；运动的存在、不存在或方向的指示）	1905	罗伯特·博世有限公司（92） 精工爱普生株式会社（82） 东南大学（73） 松下集团（63） 中国科学院上海微系统与信息技术研究所（40）	67	3.52%	西安交通大学（30） 西北工业大学（8） 西安理工大学（4） 长安大学（3）

IPC 技术分类	全国（截至 2022 年年底）			陕西（截至 2022 年年底）		
	授权量/件	主要申请主体		授权量/件	占全国比重	主要申请主体
G06F（电数字数据处理）	2455	LG 集团（134） 苹果公司（71） 三星集团（64） OPPO 广东移动通信有限公司（60） 高通股份有限公司（40）		63	2.57%	西安交通大学（18） 西安电子科技大学（15） 西北工业大学（13） 长安大学（3）
G01S（无线电定向；无线电导航；采用无线电波测距或测速；采用无线电波的反射或再辐射的定位或存在检测；采用其他波的类似装置）	1407	罗伯特·博世有限公司（95） 株式会社电装（36） 法雷奥开关和传感器有限责任公司（24） 欧姆龙株式会社（24） 电子科技大学（24）		58	4.12%	西安电子科技大学（19） 西北工业大学（13） 西安交通大学（9） 陕西理工大学（5） 西北大学（4）

2. 国外专利数据

2022 年，陕西在传感器技术领域的国外专利公开量共计 12 件，其中美国专利 9 件、PCT 国际专利 3 件。申请主体中，西安交通大学的国外专利公开量为 4 件，其中 PCT 国际专利 1 件、美国专利 3 件，涉及无线柔性磁传感器、虚拟传感器阵列、半导体气体传感器及组合式温压 MEMS 传感器芯片等技术方向；西安电子科技大学的国外专利公开量为 2 件，均为美国专利，涉及多地磁传感器测速系统技术方向；西安邮电大学、西安碧海蓝天电子信息技术有限公司、陕西电器研究所、中国石油集团测井有限公司、陕西师范大学及中铁第一勘察设计院集团有限公司的国外专利公开量各 1 件（表 4-7）。

表 4-7 2022 年陕西传感器技术领域申请的国外专利公开数据

序号	专利名称	申请主体	主分类号	同族专利数/件
1	Wireless flexible magnetic sensor based on magnetocaloric effect，preparation method and detection method	西安交通大学	G01R	3

续表

序号	专利名称	申请主体	主分类号	同族专利数/件
2	Method for detecting an air discharge decomposed product based on a virtual sensor array	西安交通大学	G01N	2
3	Measuring method for semiconductor gas sensor based on alternating-current impedance	西安交通大学	G01N	4
4	Silicon carbide-based combined temperature-pressure micro-electro-mechanical system（MEMS）sensor chip and preparation method thereof	西安交通大学	G01L	2
5	A multi-geomagnetic sensor speed measurement system and a speed measurement method using the same	西安电子科技大学	G08G	6
6	Method for vehicle speed estimation using multiple geomagnetic sensors	西安电子科技大学	G01P	4
7	Coverage enhancement method and system for heterogeneous wireless sensor networks	西安邮电大学；西安碧海蓝天电子信息技术有限公司	H04W	2
8	Anti-overload torque sensor based on thin film sputtering	陕西电器研究所	G01L	3
9	Calibration and verification system and method for directional sensor	中国石油天然气集团有限公司；中国石油集团测井有限公司	G01D	5
10	Temperature compensation method for SAR sensor of terminal，and terminal	西安易朴通讯技术有限公司	G01R	6
11	Laminated fluorescent sensor comprising a sealable sensor housing and an optical sensing system	陕西师范大学	G01N	4
12	Linear sensor-based structure monitoring method and system	中铁第一勘察设计院集团有限公司；中国铁建股份有限公司	G01D	2

二、高端装备制造

（一）增材制造

1. 国内专利数据

（1）总量数据

截至 2022 年年底，陕西在增材制造技术领域的国内发明专利累计许可公开量 3927 件，位居全国第六，不足江苏的 1/2；2022 年当年陕西发明专利许可公开量为 858 件，位居全国第五，不足江苏的 1/2（图 4-16）。陕西在该技术领域的发明专利累计授权量和 2022 年当年发明专利授权量分别为 1733 件和 393 件，分别位居全国第五和第四（图 4-17）。

（2）申请主体数据

截至 2022 年年底，陕西在增材制造技术领域的国内发明专利申请机构 TOP 10 中，有 4 家高校、6 家企业。申请机构 TOP 10 中高校的发明专利累计许可公开量和授权量分别占陕西总量的 36% 和 47%，贡献大于企业。特别是西安交通大学在该技术领域的国内发明专利许可公开量和授权量遥遥领先，显示了其在省内的领军地位（图 4-18）。西安增材制造国家研究院有限公司作为西安交通大学的产业化实体，西安铂力特增材技术股份有限公司作为西北工业大学的产业化实体，陕西恒通智能机器有限公司作为快速成型制造技术教育部工程研究中心的产业化实体，均进入申请机构 TOP 10，充分彰显了陕西产学研协同创新的显著成果。

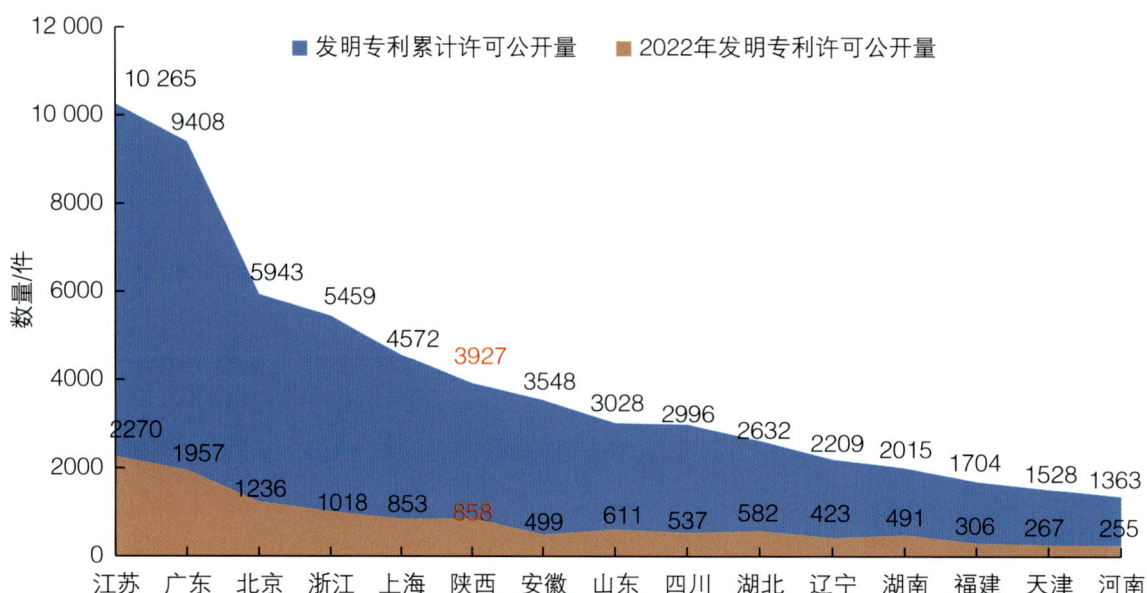

图 4-16 增材制造技术领域部分省（自治区、直辖市）的国内发明专利许可公开量数据

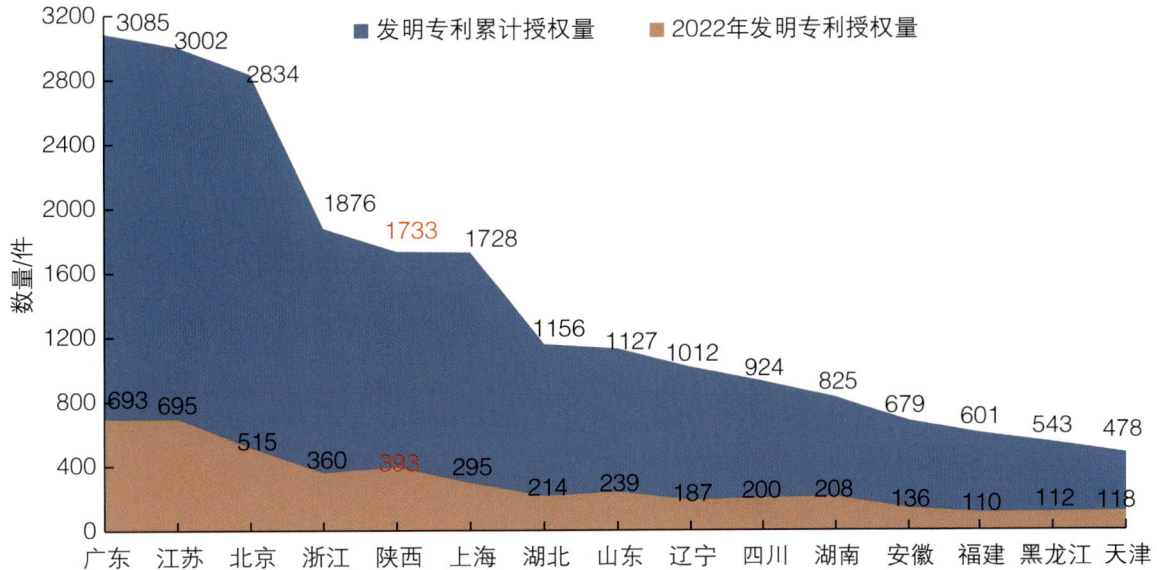

图 4-17　增材制造技术领域部分省（自治区、直辖市）的国内发明专利授权量数据

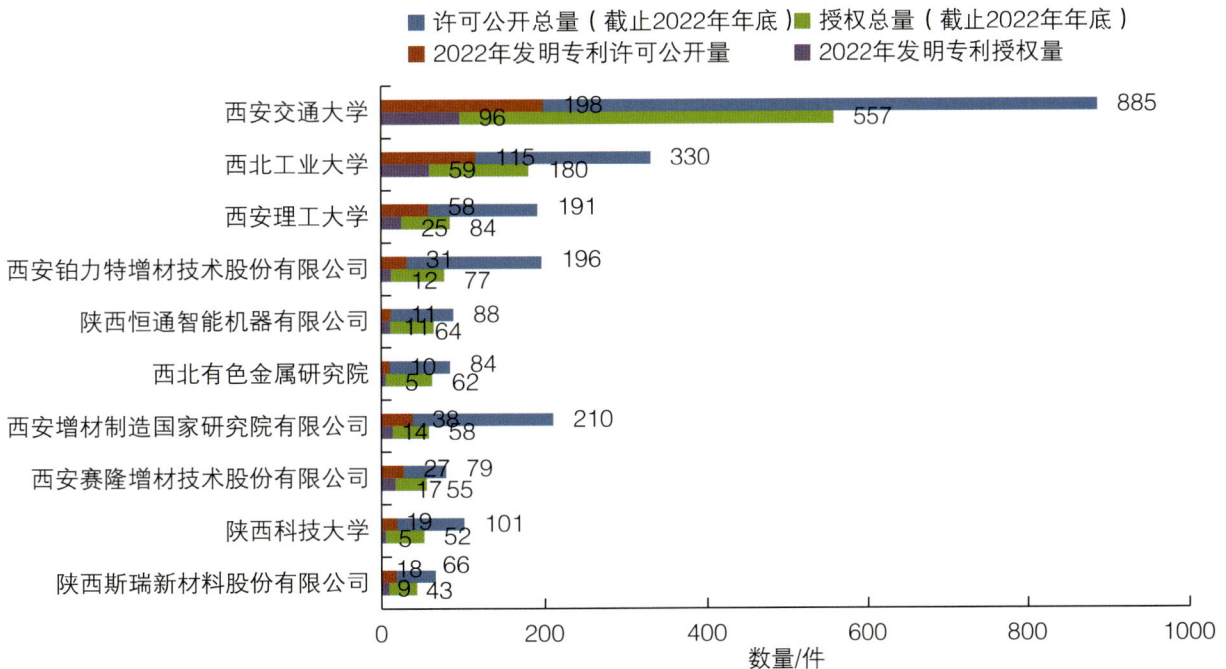

图 4-18　陕西增材制造技术领域国内发明专利申请机构 TOP 10

陕西企业在该技术领域的国内发明专利表现也不错，进入申请企业 TOP 10 的机构以中小型企业为主，说明陕西中小型企业在增材制造技术领域具有一定的技术创新能力（图 4-19）。

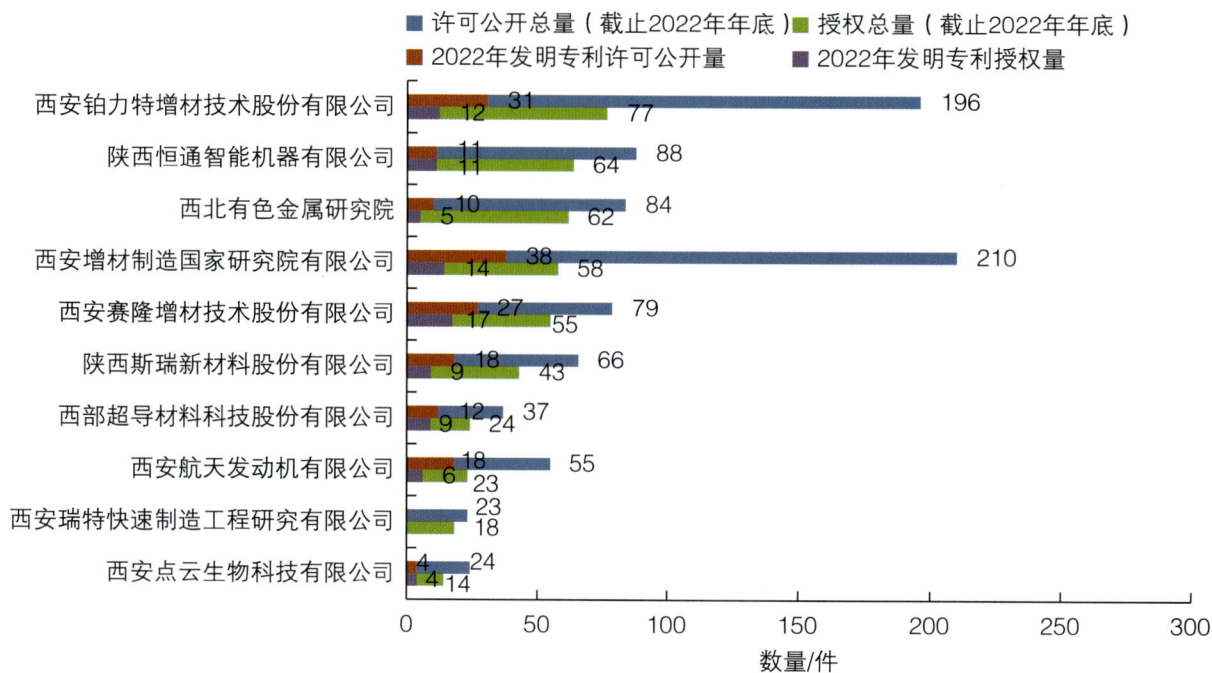

图 4-19　陕西增材制造技术领域国内发明专利申请企业 TOP 10

（3）优势技术方向

按 IPC 分类，截至 2022 年年底，陕西在增材制造技术领域的国内授权发明专利主要集中在三维物品制造、金属粉末制造制品和塑料成型连接等技术方向。特别是 C22F（改变有色金属或有色合金的物理结构）、B22F（金属粉末制造制品及加工）、C22C（合金）以及 C04B（石灰；氧化镁；矿渣；水泥；其组合物）4 个技术方向在全国处于领先地位，这 4 个技术方向的授权发明专利数量占全国的比重分别是 14.02%、11.23%、10.40% 和 10.39%。

西安交通大学在增材制造技术领域的 B33Y、B22F、B29C、C04B、C23C、G06F、C22F、B28B 等 8 个技术方向上进入全国 TOP 5 之列；其中，B33Y、B29C、C04B、G06F、B28B 等 5 个技术方向居全国首位。西北有色金属研究院在 C22C 和 C22F 技术方向进入全国 TOP 5 之列；西北工业大学在 G06F 和 C22F 技术方向进入全国 TOP 5 之列，均显示出较强的研发实力（表 4-8）。

表 4-8　陕西增材制造技术领域授权发明专利主要 IPC 分类

IPC 技术分类	全国（截至 2022 年年底）		陕西（截至 2022 年年底）		
	授权量/件	主要申请主体	授权量/件	占全国比重	主要申请主体
B33Y（增材制造）	9904	西安交通大学（239） 华中科技大学（210） 浙江大学（165） 惠普发展公司有限责任合伙企业（164） 通用电气公司（121）	748	7.55%	西安交通大学（239） 西北工业大学（79） 西安铂力特增材技术股份有限公司（56） 陕西恒通智能机器有限公司（51） 西安理工大学（32）
B22F（金属粉末的加工；由金属粉末制造制品；金属粉末的制造）	4336	华中科技大学（143） 西安交通大学（109） 通用电气公司（107） 中南大学（103） 北京科技大学（91）	487	11.23%	西安交通大学（109） 西安铂力特增材技术股份有限公司（56） 西北工业大学（49） 西安赛隆金属材料有限责任公司（49） 陕西斯瑞新材料股份有限公司（33）
B29C（塑料的成型或连接；塑性状态物质的一般成型；已成型产品的后处理）	6098	惠普发展公司有限责任合伙企业（159） 西安交通大学（146） 浙江大学（131） 华中科技大学（92） 通用电气公司（73）	326	5.35%	西安交通大学（146） 陕西恒通智能机器有限公司（49） 西安理工大学（18） 西安铂力特增材技术股份有限公司（14） 陕西科技大学（14） 西北工业大学（14）
C22C（合金）	2528	北京科技大学（97） 中南大学（95） 东北大学（49） 中国科学院金属研究所（48） 西北有色金属研究院（41）	263	10.40%	西北有色金属研究院（41） 陕西斯瑞新材料股份有限公司（33） 西北工业大学（31） 西安交通大学（29） 西安理工大学（25）
B23K（钎焊或脱焊；焊接；用钎焊或焊接方法包覆或镀敷；局部加热切割，如火焰切割；用激光束加工）	4213	株式会社大亨（153） 松下集团（113） 哈尔滨工业大学（139） 株式会社神户制钢所（111） 北京工业大学（92）	128	3.04%	西安交通大学（43） 西安理工大学（19） 西北工业大学（12） 西安铂力特增材技术股份有限公司（9） 西安石油大学（4）

续表

IPC 技术分类	全国（截至 2022 年年底）		陕西（截至 2022 年年底）		
	授权量/件	主要申请主体	授权量/件	占全国比重	主要申请主体
C04B（石灰；氧化镁；矿渣；水泥；其组合物）	1194	西安交通大学（51） 广东工业大学（34） 济南大学（32） 华中科技大学（32） 武汉理工大学（30）	124	10.39%	西安交通大学（51） 陕西科技大学（25） 西北工业大学（21） 尧柏特种水泥技术研发有限公司（4） 西安增材制造国家研究院有限公司（3） 西安铂力特增材技术股份有限公司（3） 长安大学（3）
C23C（对金属材料的镀覆；用金属材料对材料的镀覆；表面扩散法，化学转化或置换法的金属材料表面处理；真空蒸发法、溅射法、离子注入法或化学气相沉积法的一般镀覆）	1721	中国科学院金属研究所（46） 西安交通大学（38） 北京工业大学（35） 广东工业大学（26） 武汉大学（23） 中国人民解放军装甲兵工程学院（23）	102	5.93%	西安交通大学（38） 西北工业大学（12） 西安瑞特快速制造工程研究有限公司（6） 西北有色金属研究院（5）
G06F（电数字数据处理）	1503	LG 集团（65） 西安交通大学（31） 三星集团（27） 索尼集团公司（24） 西北工业大学（22）	85	5.66%	西安交通大学（31） 西北工业大学（22） 西安电子科技大学（7） 中交第一公路勘察设计研究院有限公司（3） 西安理工大学（3）
C22F（改变有色金属或有色合金的物理结构）	435	中南大学（15） 中国科学院金属研究所（13） 江苏理工学院（13） 西安交通大学（12） 西北工业大学（12） 西北有色金属研究院（12）	61	14.02%	西安交通大学（12） 西北工业大学（12） 西北有色金属研究院（12） 陕西斯瑞新材料股份有限公司（5） 西安理工大学（3） 西安航天发动机有限公司（3）

续表

IPC 技术分类	全国（截至 2022 年年底）		陕西（截至 2022 年年底）		
	授权量/件	主要申请主体	授权量/件	占全国比重	主要申请主体
B28B（黏土或其他陶瓷成分、熔渣或含有水泥材料的混合物）	726	西安交通大学（28） 通用电气公司（22） 华中科技大学（18） 河北工业大学（14） 山东大学（12） 龙泉市金宏瓷业有限公司（12）	61	8.40%	西安交通大学（28） 西北工业大学（6） 陕西科技大学（5） 西安铂力特增材技术股份有限公司（4） 西安工业大学（3） 西安瑞特快速制造工程研究有限公司（3）

2. 国外专利数据

2022 年，陕西在增材制造技术领域申请的国外专利公开量合计 20 件。其中，美国专利 7 件，PCT 国际专利 7 件，欧洲专利 6 件。

申请主体中，西安交通大学的国外专利公开量为 6 件，其中 PCT 国际专利 5 件、美国专利 1 件，涉及增材制造成形切片方法、增材制造系统等技术方向；陕西斯瑞新材料股份有限公司申请欧洲专利和美国专利各 1 件，主要涉及粉末打印工艺方法、复合材料制备方法等技术方向；自然人黄卫东申请欧洲专利和美国专利各 1 件，主要涉及 3D 打印装备技术方向；其余机构的国外专利公开量各 1 件（表 4-9）。

表 4-9 2022 年陕西增材制造技术领域申请的国外专利公开数据

序号	专利名称	申请主体	主分类号	同族专利数/件
1	3D printing system and method for improving interlayer connection strength by using irradiation heating	西安交通大学	B29C	2
2	Dynamic slicing method for additive manufacturing forming with variable forming direction	西安交通大学	G05B	4
3	Partial discharge suppression method at flange of gis/gil supporting insulator	西安交通大学	H01B	3
4	Method for preparing three-layer gradient gis/gil support insulator	西安交通大学	H01B	3
5	Multifunctional additive manufacturing device and method for hollow-filled composite material wire	西安交通大学	B29C	3
6	Mask projection stereolithography system for flexible film bottom slurry pool	西安交通大学	B29C	2

续表

序号	专利名称	申请主体	主分类号	同族专利数/件
7	Preparation method of a cu-nano wc composite material	陕西斯瑞新材料股份有限公司	C22C	4
8	Technical method for printing similar structure of combustion chamber liner by using grcop-84 spherical powder	陕西斯瑞新材料股份有限公司	B22F	3
9	Apparatus for 3D printing and control method thereof	黄卫东	B29C	11
10	Device for 3D printing and control method thereof	黄卫东	B29C	11
11	Additive and subtractive composite manufacturing device and method	西安增材制造国家研究院有限公司	B33Y	5
12	Powder spreading quality test method and additive manufacturing device	西安铂力特增材技术股份有限公司	B29C	8
13	3D image display method and apparatus, and terminal	西安中兴新软件有限责任公司	H04N	5
14	Appareil de simulation physique tridimensionnelle	西安科技大学	G01N	2
15	3D rendering method and system	西安万像电子科技有限公司	G06F	2
16	Single screw extrusion sprayer of a 3D printer	陕西理工大学	B29C	4
17	Three-dimensional graphene antenna and preparation method thereof	西安工业大学	H01Q	3
18	Method of establishing an enhanced three-dimensional model of intracranial angiography	西安科锐盛创新科技有限公司	G06T	3
19	Variable-size fully-automatic 3D printing system based on cylindrical coordinate system	西安理工大学	B29C	4
20	Mask-based partition preheating device and partition preheating method therefor	西安康拓医疗技术股份有限公司	B29C	13

（二）数控机床

1. 国内专利数据

（1）总量数据

截至2022年年底，陕西在数控机床技术领域的国内发明专利累计许可公开量为3054件，位居全国第十，不足江苏的1/6；2022年当年陕西发明专利许可公开量为511件，位居全国第十一，数量约为江苏的1/8（图4-20）。陕西在该技术领域的发明专利累计授权量为1279件，位居全国第十，约为江苏的 1/5；2022 年当年发明专利授权量 186 件，位居全国第十一，不足江苏的 1/5（图 4-21）。

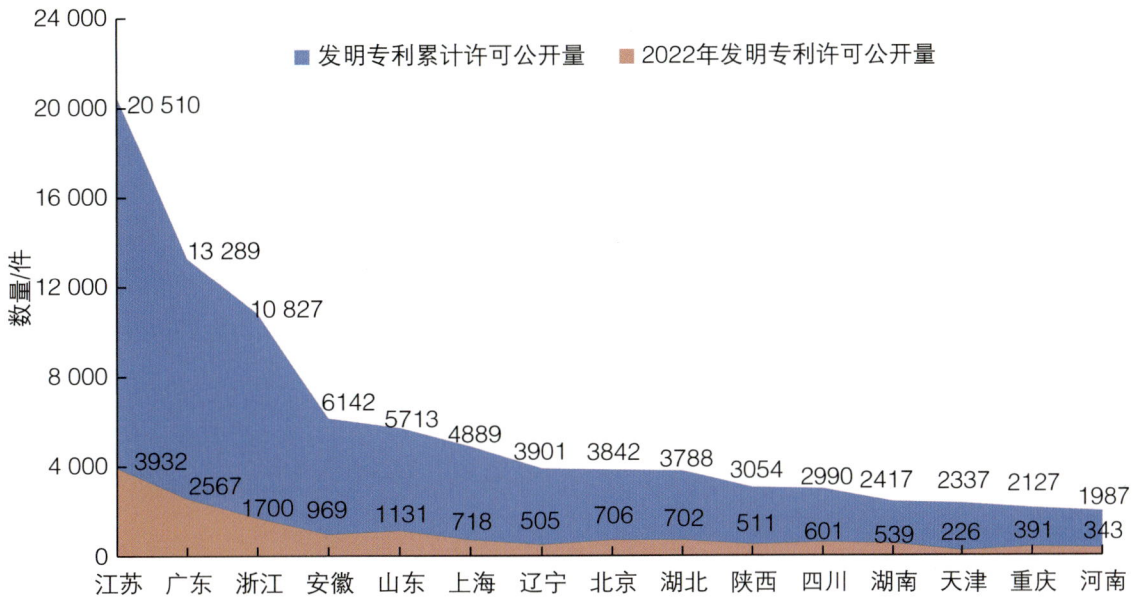

图 4-20　数控机床技术领域部分省（自治区、直辖市）的国内发明专利许可公开量数据

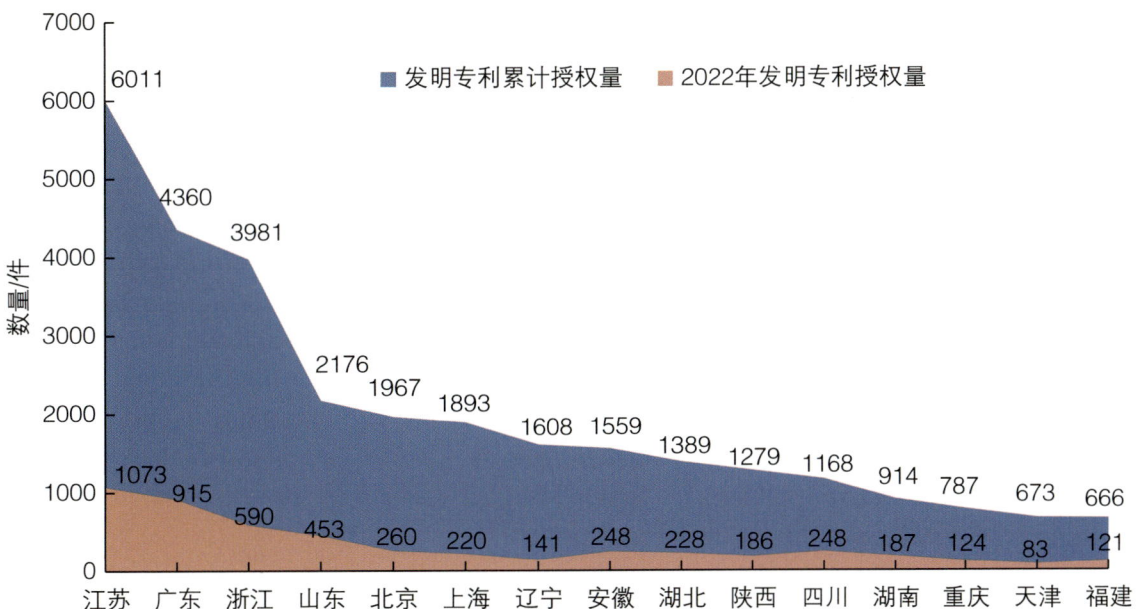

图 4-21　数控机床技术领域部分省（自治区、直辖市）的国内发明专利授权量数据

（2）申请主体数据

截至 2022 年年底，陕西在数控机床技术领域的国内发明专利许可公开量和授权量以高校占据绝对优势，发明专利申请机构 TOP 10 中，有 6 家高校、3 家企业、1 家科研院所。其中，

西安交通大学、西北工业大学两所高校的发明专利累计许可公开量占申请机构 TOP 10 许可公开总量的 60%，发明专利累计授权量占申请机构 TOP 10 授权总量的 67%；2022 年当年发明专利许可公开量和授权量数据显示，西安交通大学、西北工业大学仍稳居陕西前二（图 4-22）。

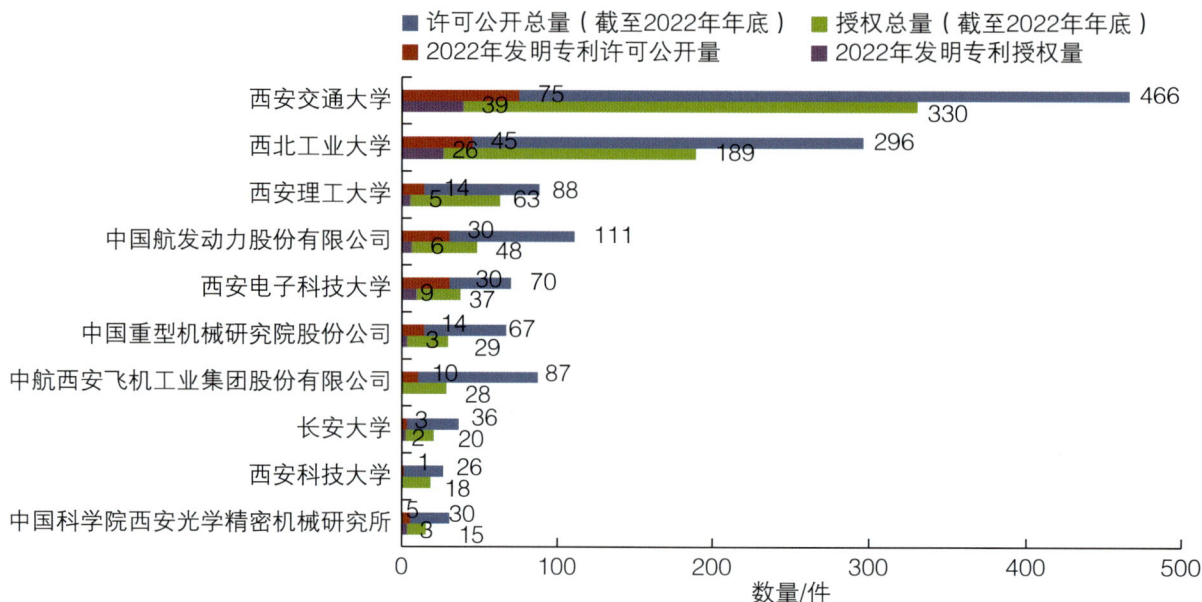

图 4-22　陕西数控机床技术领域国内发明专利申请机构 TOP 10

与陕西高校相比，陕西其他机构在数控机床技术领域的发明专利数量普遍较少，且该技术领域国内发明专利非高校主要申请机构以国有企业为主，有 7 家国有企业（图 4-23）。

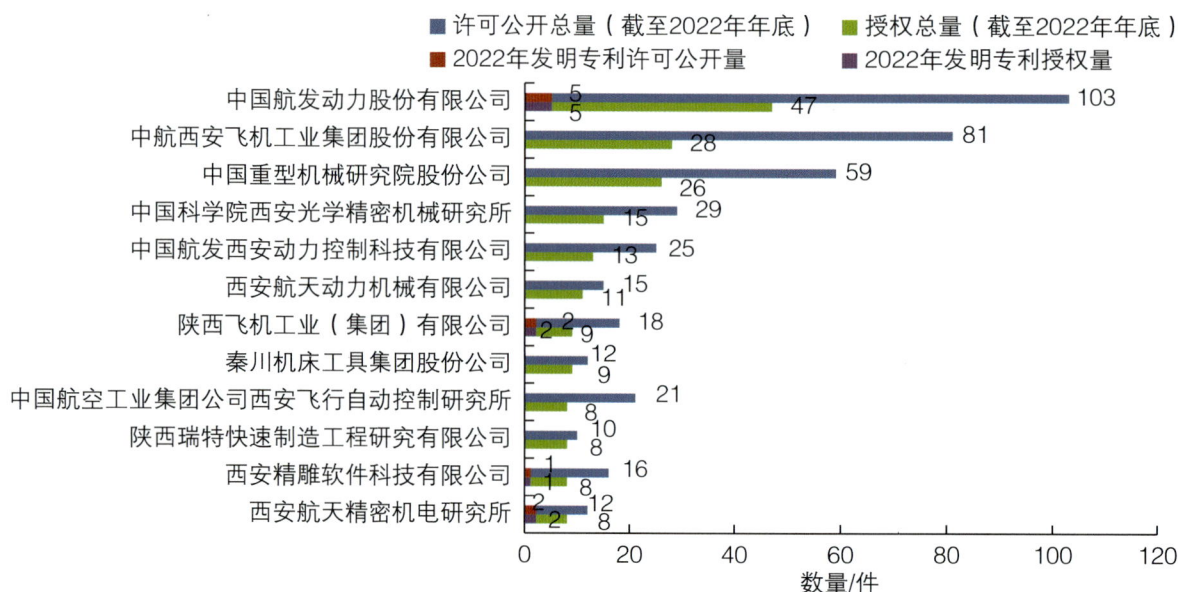

图 4-23　陕西数控机床技术领域国内发明专利非高校主要申请机构

（3）优势技术方向

按 IPC 分类，截至 2022 年年底，陕西在数控机床技术领域的国内授权发明专利主要集中在机床零部件、组合加工、通用机床、控制调节系统和钎焊、脱焊等技术方面。西安交通大学和西北工业大学表现突出，分别在 B23C（铣削）、G06F（电数字数据处理）、G01B（线性尺寸、角度和面积的计量等）、B21D（金属板或管、棒或型材的基本无切削加工或处理；冲压）4 个技术方向上进入全国主要申请主体行列（表 4-10）。

表 4-10　陕西数控机床技术领域授权发明专利主要 IPC 分类

IPC 技术分类	全国（截至 2022 年年底）		陕西（截至 2022 年年底）		
	授权量/件	主要申请主体	授权量/件	占全国比重	主要申请主体
B23Q（机床的零件、部件或附件，如仿形装置或控制装置）	8794	大连理工大学（86） 清华大学（78） 成都飞机工业（集团）有限责任公司（72） 广东普拉迪科技股份有限公司（70） 南京航空航天大学（65）	296	3.37%	西安交通大学（61） 西北工业大学（53） 西安理工大学（25） 中航西安飞机工业集团股份有限公司（14） 中国航发动力股份有限公司（12）
B23P（金属的其他加工；组合加工；万能机床）	6867	中国航发沈阳黎明航空发动机有限责任公司（44）沈阳飞机工业（集团）有限公司（40） 哈尔滨汽轮机厂有限责任公司（35） 华中科技大学（30） OPPO 广东移动通信有限公司（28）	191	2.78%	西北工业大学（18） 中国航发动力股份有限公司（16） 西安交通大学（15） 中航西安飞机工业集团股份有限公司（8） 西安理工大学（7） 西安远航真空钎焊技术有限公司（7）
B23K（钎焊或脱焊；焊接；用钎焊或焊接方法包覆或镀敷；局部加热切割；用激光束加工）	7122	江苏大学（138） 大族激光科技产业集团股份有限公司（101） 华中科技大学（84） 哈尔滨工业大学（79） 上海交通大学（78）	163	2.29%	西安交通大学（42） 西北工业大学（16） 中国科学院西安光学精密机械研究所（15） 中国航发动力股份有限公司（6） 陕西丝路机器人智能制造研究院有限公司（5）

IPC 技术分类	全国（截至 2022 年年底）		陕西（截至 2022 年年底）		
	授权量/件	主要申请主体	授权量/件	占全国比重	主要申请主体
G05B（一般的控制或调节系统；这种系统的功能单元；用于这种系统或单元的监视或测试装置）	3149	华中科技大学（140） 三菱集团（130） 发那科株式会社（98） 大连理工大学（80） 上海交通大学（67）	153	4.86%	西安交通大学（60） 西北工业大学（36） 西安理工大学（6） 中国航发动力股份有限公司（6） 长安大学（4）
B23C（铣削）	1125	西北工业大学（23） 中国航发沈阳黎明航空发动机有限责任公司（23） 大连理工大学（21） 沈阳飞机工业（集团）有限公司（21） 成都飞机工业（集团）有限责任公司（17）	86	7.64%	西北工业大学（23） 西安交通大学（15） 中国航发动力股份有限公司（7） 西安增材制造国家研究院有限公司（5） 中航西安飞机工业集团股份有限公司（5）
B23B（车削；镗削）	2644	中国航发沈阳黎明航空发动机有限责任公司（23） 南京航空航天大学（19） 北京航空航天大学（16） 浙江大学（15） 珠海格力电器股份有限公司（14）	70	2.65%	西安理工大学（10） 西安交通大学（7） 西北工业大学（6） 中国航发西安动力控制科技有限公司（3） 宝鸡忠诚机床股份有限公司（3）
G06F（电数字数据处理）	687	华中科技大学（37） 大连理工大学（28） 西安交通大学（24） 西北工业大学（17） 上海交通大学（16）	62	9.02%	西安交通大学（24） 西北工业大学（17） 西安电子科技大学（4） 陕西瑞特快速制造工程研究有限公司（2） 西安科技大学（2） 长安大学（2）
B24B（用于磨削或抛光的机床、装置或工艺）	2042	上海交通大学（23） 湖南大学（19） 北京航空航天大学（17） 哈尔滨工业大学（17） 大连理工大学（15）	56	2.74%	西北工业大学（10） 西安交通大学（10） 西安理工大学（4） 秦川机床工具集团股份公司（3） 中国航发动力股份有限公司（3） 宝鸡宇喆工业科技有限公司（3）

续表

| IPC 技术分类 | 全国（截至 2022 年年底） | | 陕西（截至 2022 年年底） | | |
	授权量/件	主要申请主体	授权量/件	占全国比重	主要申请主体
G01B（长度、厚度或类似线性尺寸的计量；角度的计量；面积的计量；不规则的表面或轮廓的计量）	601	西安交通大学（25） 大连理工大学（22） 华中科技大学（13） 成都飞机工业（集团）有限责任公司（11） 昆山思拓机器有限公司（10） 上海交通大学（10） 天津大学（10）	47	7.82%	西安交通大学（25） 西北工业大学（4） 宝鸡忠诚机床股份有限公司（2） 宝鸡欧亚金属科技有限公司（2） 西安多维机器视觉检测技术有限公司（2） 中国科学院西安光学精密机械研究所（2） 陕西科技大学（2）
B21D（金属板或管、棒或型材的基本无切削加工或处理；冲压）	1871	江苏大学（20） 西安交通大学（15） 上海交通大学（14） 奥美森智能装备股份有限公司（14） 南通超力卷板机制造有限公司（11）	46	2.46%	西安交通大学（15） 西北工业大学（10） 西安理工大学（3） 中车西安车辆有限公司（2） 陕西科技大学（2） 陕西能源职业技术学院（2）

2. 国外专利数据

2022 年，陕西在数控机床技术领域申请的国外专利公开量共计 6 件。其中，美国专利 3 件，欧洲专利 2 件，日本专利 1 件。申请主体中，陕西金兆航空科技有限公司与外省高校、企业联合在车削、镗削技术方面申请 3 件美国专利；六环传动（西安）科技有限公司在减速电机、智能切换技术方面分别申请 1 件日本专利和 1 件欧洲专利；西安泾渭钻探机具制造有限公司在金刚石切削技术方面申请 1 件欧洲专利（表 4–11）。

表 4–11　2022 年陕西数控机床技术领域申请的国外专利公开数据

序号	专利名称	申请主体	主分类号	同族专利数/件
1	Internal cooling/external cooling-switching milling minimum-quantity-lubrication intelligent nozzle system and method	青岛理工大学、陕西金兆航空科技有限公司、上海金兆节能科技有限公司	B23Q	6

续表

序号	专利名称	申请主体	主分类号	同族专利数/件
2	Aeronautical aluminum alloy minimum-quantity-lubrication milling machining device	青岛理工大学、陕西金兆航空科技有限公司、上海金兆节能科技有限公司	B23Q	6
3	Intelligent switching system for switching internal cooling and external cooling based on minimal quantity lubrication and method	青岛理工大学、陕西金兆航空科技有限公司、上海金兆节能科技有限公司	B23Q	6
4	The planetary reduction motor and multi joint robot which can implement complete closed-loop control	六环传动（西安）科技有限公司	B25J	7
5	Planetary reduction electrical machine capable of achieving full closed-loop control and articulated robot	六环传动（西安）科技有限公司	B25J	7
6	Diamond cutting pick and machining method therefor	西安泾渭钻探机具制造有限公司	B23K	5

（三）输变电装备

1. 国内专利数据

（1）总量数据

截至 2022 年年底，陕西在输变电装备技术领域的国内发明专利累计许可公开量为 3355 件，2022 年当年陕西发明专利许可公开量为 536 件，均位居全国第十一，均约为江苏的 1/5（图 4-24）。陕西在该技术领域的发明专利累计授权量为 1153 件，位居全国第九；2022 年当年发明专利授权量为 169 件，位居全国第十一（图 4-25）。

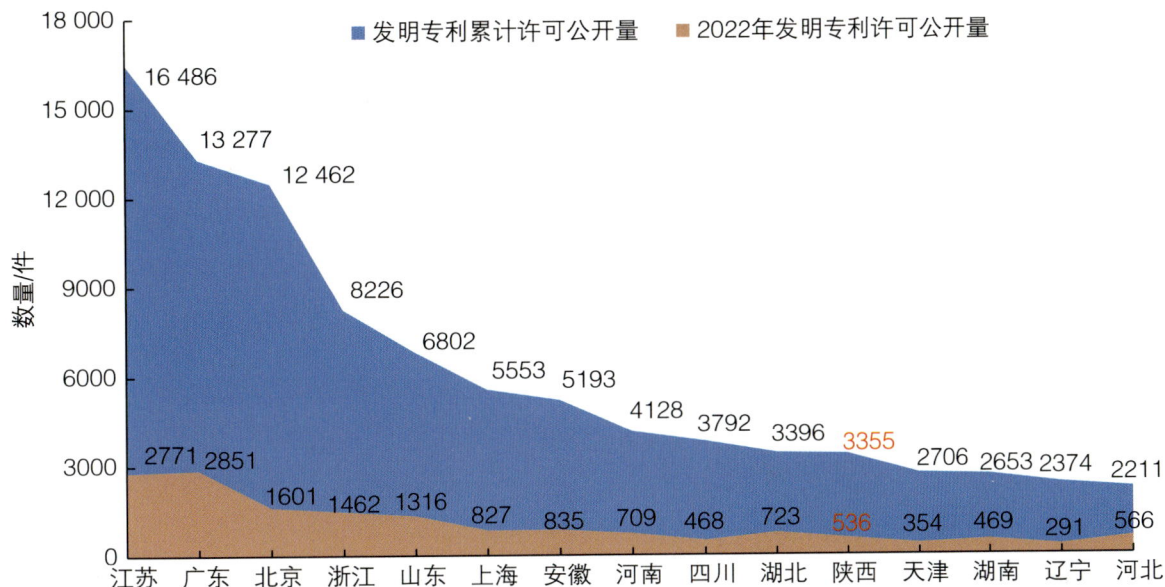

图 4-24 输变电装备技术领域部分省（自治区、直辖市）的国内发明专利许可公开量数据

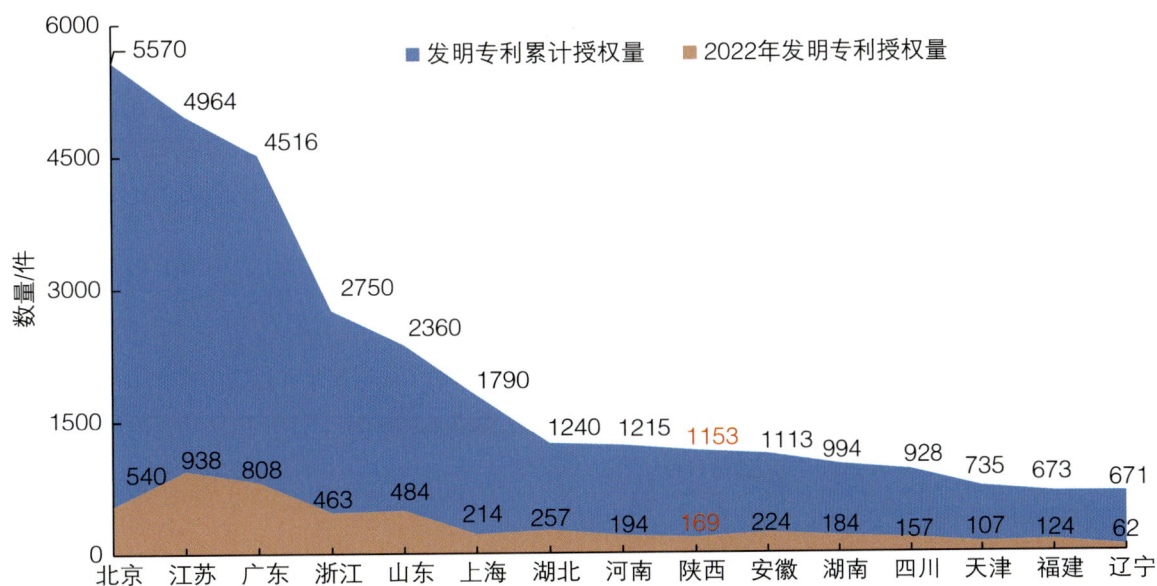

图 4-25 输变电装备技术领域部分省（自治区、直辖市）的国内发明专利授权量数据

（2）申请主体数据

截至 2022 年年底，陕西在输变电装备技术领域排名前列的主要申请机构中有 6 家高校、5 家企业。主要申请机构的发明专利许可公开量占陕西该技术领域发明专利许可公开总量的 49%，发明专利授权量占陕西该技术领域发明专利授权总量的 77%。高校以西安交通大学为领军者，企业以中国西电电气股份有限公司为领军者，其发明专利许可公开量和授权量遥遥领先于其他机构，显示出较强的研发实力（图 4-26）。

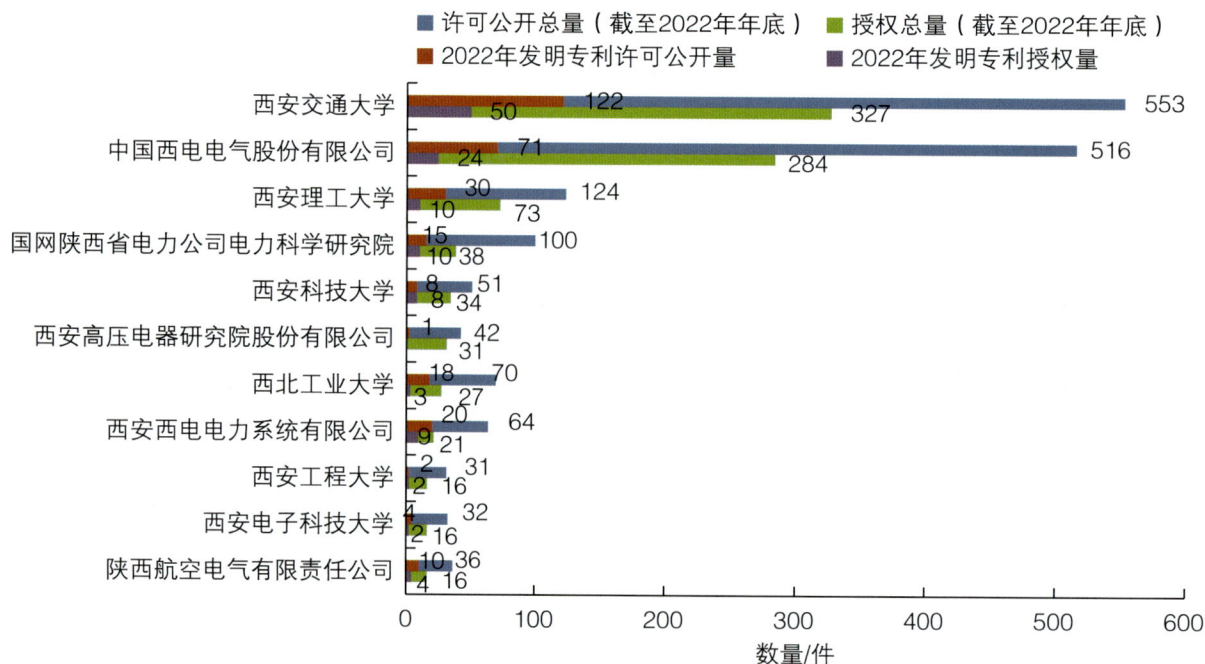

图 4-26 陕西输变电装备技术领域国内发明专利主要申请机构

陕西在输电装备技术领域中非高校申请机构 TOP 10 以国有企业为主，有 8 家国有企业、2 家科研院所。中国西电电气股份有限公司表现突出，其在该技术领域的发明专利许可公开和授权总量、2022 年当年发明专利许可公开量和授权量在非高校申请机构 TOP 10 中均位居第一，可见其在该领域的研发能力在陕西处于领先地位（图 4-27）。

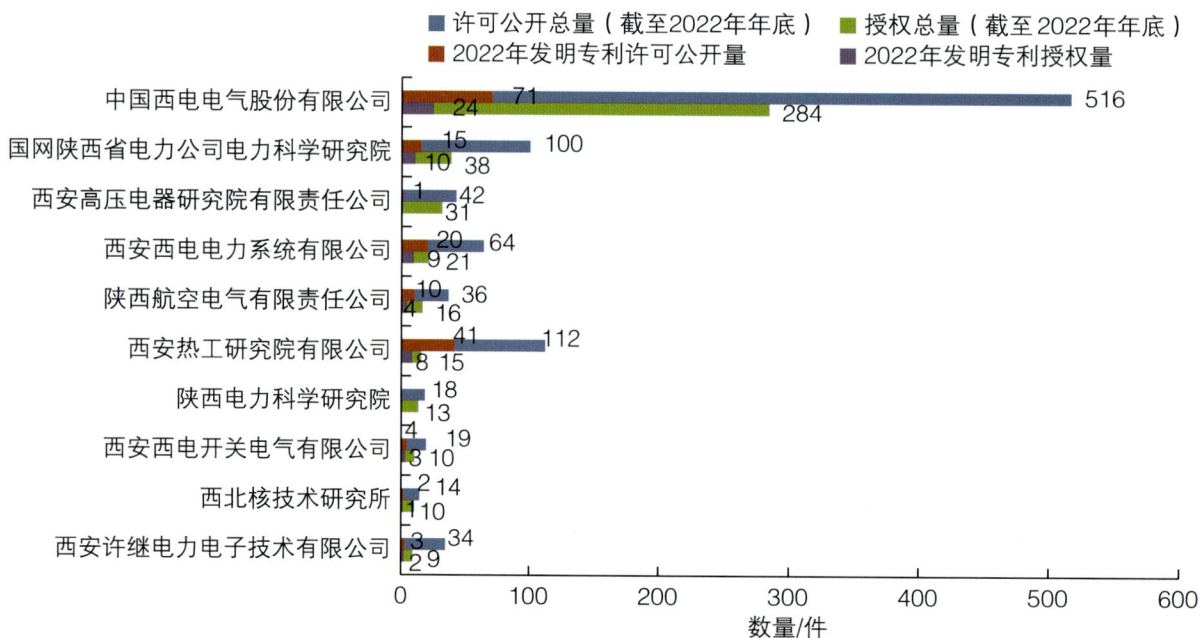

图 4-27 陕西输变电装备技术领域国内发明专利非高校主要申请机构 TOP 10

（3）优势技术方向

按 IPC 分类，截至 2022 年年底，陕西在输变电装备技术领域的国内授权发明专利主要集中在发电、变电或配电、基本电气元件、电变量（磁变量）测量及电数字数据处理等技术方面。

陕西企业中国西电电气股份有限公司表现不错，分别在 G01R（电变量磁变量测量）、H01F（磁体、电感、变压器等）、H01H（电开关、继电器等）和 H01G（电容器、整流器、检波器等）4 个技术方向上进入全国主要申请主体行列。

国家电网有限公司在输变电装备技术领域的 H02J、H02H、G01R、H01F、H01H、H02B、G06F 等 7 个技术方向上的授权发明专利数量居全国首位。值得注意的是，三菱集团、松下集团、西门子公司等国外企业在该技术领域 H02M、H01F、H01H、H02B、H02P 等 5 个技术方向上均有专利布局，说明国外大型集团企业通过专利申请在中国进行该技术领域专利市场布局，参与中国市场竞争（表 4–12）。

表 4–12　陕西输变电装备技术领域授权发明专利主要 IPC 分类

IPC 技术分类	全国（截至 2022 年年底）		陕西（截至 2022 年年底）		
	授权量/件	主要申请主体	授权量/件	占全国比重	主要申请主体
H02J（供电或配电的电路装置或系统；电能存储系统）	13 990	国家电网有限公司（2473）中国电力科学研究院有限公司（499）国网江苏省电力有限公司（375）国电南瑞科技股份有限公司（228）清华大学（215）	317	2.27%	西安交通大学（89）西安理工大学（32）中国西电电气股份有限公司（23）西安热工研究院有限公司（12）西安工程大学（11）
H02M（用于交流和交流之间、交流和直流之间或直流和直流之间的转换以及用于与电源或类似的供电系统一起使用的设备；直流或交流输入功率至浪涌输出功率的转换；以及它们的控制或调节）	9963	三菱集团（317）国家电网有限公司（251）南京航空航天大学（167）松下集团（155）浙江大学（129）	249	2.50%	西安交通大学（82）西安理工大学（22）中国西电电气股份有限公司（19）西安科技大学（14）西北工业大学（10）

续表

IPC 技术分类	全国（截至 2022 年年底）		陕西（截至 2022 年年底）		
	授权量/件	主要申请主体	授权量/件	占全国比重	主要申请主体
H02H（紧急保护电路装置）	7084	国家电网有限公司（934） 南京南瑞继保电气有限公司（174） 许继电气股份有限公司（166） 许继集团有限公司（145） 南京南瑞继保工程技术有限公司（137）	221	3.12%	西安交通大学（114） 西安理工大学（22） 中国西电电气股份有限公司（15） 国网陕西省电力公司电力科学研究院（14） 西北工业大学（10）
G01R（测量电变量；测量磁变量）	3718	国家电网有限公司（763） 中国电力科学研究院有限公司（99） 中国西电电气股份有限公司（85） 国网江苏省电力有限公司（83） 华北电力大学（63）	190	5.11%	中国西电电气股份有限公司（85） 西安交通大学（55） 西安高压电器研究所有限责任公司（26） 国网陕西省电力公司电力科学研究院（9） 西安理工大学（7）
H01F（磁体；电感；变压器；磁性材料的选择）	1560	国家电网有限公司（132） 中国西电电气股份有限公司（48） 哈尔滨工业大学（24） 山东大学（24） 西门子公司（19） 三菱集团（19）	74	4.74%	中国西电电气股份有限公司（48） 西安交通大学（13） 西安微机电研究所（2） 西安电子科技大学（2） 西安西电变压器有限责任公司（2）
H01H（电开关；继电器；选择器；紧急保护装置）	1466	国家电网有限公司（83） 三菱集团（78） 施耐德电气有限公司（69） 西门子公司（49） 中国西电电气股份有限公司（48）	74	5.05%	中国西电电气股份有限公司（48） 西安交通大学（16） 西安西电开关电气有限公司（2） 陕西工业技术研究院（2）

续表

IPC 技术分类	全国（截至 2022 年年底）		陕西（截至 2022 年年底）		
	授权量/件	主要申请主体	授权量/件	占全国比重	主要申请主体
H02B（供电或配电用的配电盘、变电站或开关装置）	5640	国家电网有限公司（794） 三菱集团（155） 西门子公司（97） 施耐德电气有限公司（96） 株式会社日立制作所（79）	55	0.98%	中国西电电气股份有限公司（16） 西安交通大学（3） 西安中车永电电气有限公司（2） 西安供电局（2） 西安神电高压电器有限公司（2） 西安西能电器新技术发展有限公司（2） 陕西博蔚实业有限公司（2）
H02P（电动机、发电机或机电变换器的控制或调节；控制变压器、电抗器或扼流圈）	2115	三菱集团（102） 中国计量大学（45） 国家电网有限公司（45） 松下集团（44） 发那科株式会社（42）	44	2.08%	西北工业大学（10） 西安交通大学（6） 陕西科技大学（5） 陕西航空电气有限责任公司（5） 中国西电电气股份有限公司（3） 西安陕鼓动力股份有限公司（3）
H01G（电容器；电解型的电容器、整流器、检波器、开关器件、光敏器件或热敏器件）	184	中国西电电气股份有限公司（19） 三菱集团（8） 京瓷株式会社（6） 株式会社村田制作所（5） 西安西电电力电容器有限责任公司（5）	26	14.13%	中国西电电气股份有限公司（19） 西安西电电力电容器有限责任公司（5） 西安交通大学（3） 西北核技术研究所（2） 西安电子科技大学（1） 西安西电电气研究院有限责任公司（1） 陕西四方华能电气设备有限公司（1）

续表

IPC 技术分类	全国（截至 2022 年年底）		陕西（截至 2022 年年底）		
	授权量/件	主要申请主体	授权量/件	占全国比重	主要申请主体
G06F（电数字数据处理）	1485	国家电网有限公司（418）国网江苏省电力有限公司（67）中国电力科学研究院（57）国电南瑞科技股份有限公司（50）国网福建省电力有限公司（33）	16	1.08%	西安交通大学（7）中国西电电气股份有限公司（3）国网陕西省电力公司电力科学研究院（2）西安理工大学（2）

2. 国外专利数据

2022 年，陕西在输变电装备技术领域申请的国外专利公开量共计 22 件。其中，PTC 国际专利 12 件，美国专利 4 件，欧洲专利 4 件，日本和韩国专利各 1 件。

申请主体中，西安中熔电气股份有限公司的国外专利公开量为 9 件，其中 PCT 国际专利 3 件、欧洲专利 4 件、美国专利 1 件、韩国专利 1 件，涉及熔断器、断路器等技术方向；西安热工研究院有限公司申请专利 5 件，其中 PCT 国际专利 4 件、日本专利 1 件，涉及断路器、微电网控制方法及输电系统线路等技术方向；西安交通大学申请美国专利 3 件，涉及继电器、直流断路器及真空灭弧脉冲电压调节等技术方向；中国西电电气股份有限公司申请 PCT 国际专利 2 件，涉及避雷器、开关装置及其灭弧室等技术方面；其余申请主体的国外专利公开量各 1 件（表 4–13）。

表 4–13　2022 年陕西输变电装备技术领域申请的国外专利公开数据

序号	专利名称	申请主体	主分类号	同族专利数/件
1	Switching device and arc extinguishing chamber thereof	中国西电电气股份有限公司	H02J	3
2	Lightning arrester and processing method therefor	中国西电电气股份有限公司	G01R	2
3	Fusing and mechanical force breaking melt type fuse	西安中熔电气股份有限公司	H01H	7

续表

序号	专利名称	申请主体	主分类号	同族专利数/件
4	Two-break excitation fuse having staged breaking	西安中熔电气股份有限公司	H02J	3
5	Multibreak excitation fuse having grouped breaking	西安中熔电气股份有限公司	H02H	3
6	Multi-breaking exciting fuse using a rotating structure	西安中熔电气股份有限公司	H01H	3
7	Liquid arc voltage transfer based direct current breaker and use method thereof	西安中熔电气股份有限公司	H01H	3
8	A fuse capable of breaking the fuse element by both melting and mechanical force	西安中熔电气股份有限公司	G01R	7
9	Mechanical breaking and fusing combined multi-fracture excitation fuse	西安中熔电气股份有限公司	H01H	8
10	Fuse and circuit system	西安中熔电气股份有限公司	H01H	5
11	Excitation fuse for sequentially disconnecting conductor and melt	西安中熔电气股份有限公司	H01H	7
12	Method for inspecting electrical wear state of circuit breaker contact using arc power	西安热工研究院有限公司	H01H	2
13	Method for controlling micro-grid grid-connected inverter using dynamic droop coefficient	西安热工研究院有限公司	H01H	2
14	Virtual synchronous machine control method for hybrid microgrid mmc interconnected converter	西安热工研究院有限公司	H02M	2
15	Method for locating wind power generation and transmission system line single-phase grounding fault	西安热工研究院有限公司	H02J	2
16	Output-voltage short circuit protective circuit structure	西安热工研究院有限公司	H01H	3

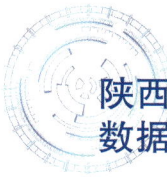

续表

序号	专利名称	申请主体	主分类号	同族专利数/件
17	Liquid arc extinguish chamber for direct current breaking, direct current breaker and method thereof	西安交通大学	H01H	4
18	Pulse voltage conditioning method of vacuum interrupter with automatic conditioning energy adjustment	西安交通大学	H02J	3
19	High voltage relay resistant to instantaneous high-current impact	西安交通大学	H01H	12
20	High-voltage output switching circuit	西安特锐德智能充电科技有限公司	H01H	2
21	Alternating current/direct current microgrid control method and device	西安领充创享新能源科技有限公司	H01H	2
22	Power alternating-current line for controllable transmission, and control method therefor	贺长虹	H01H	2

三、新材料 [①]

（一）钛材料

1. 国内专利数据

（1）总量数据

截至 2022 年年底，陕西在钛材料技术领域的国内发明专利累计许可公开量为 2575 件，2022 年当年陕西发明专利许可公开量为 462 件，均居全国首位，略领先于江苏、北京（图4-28）。陕西在该技术领域的发明专利累计授权量为 1280 件，2022 年当年发明专利授权量为 206 件，均位居全国第二，仅次于北京（图4-29）。

---

① 本部分从陕西省重点发展的若干种新材料中选择钛、钼、石墨烯等 3 种新材料进行分析。

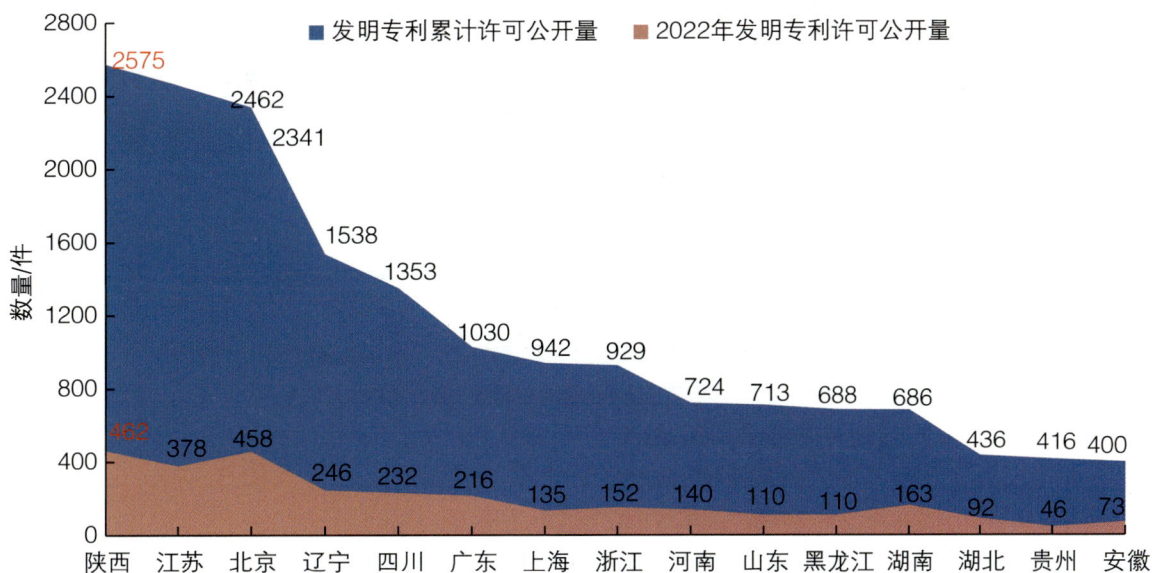

图 4-28 钛材料技术领域部分省（自治区、直辖市）的国内发明专利许可公开量数据

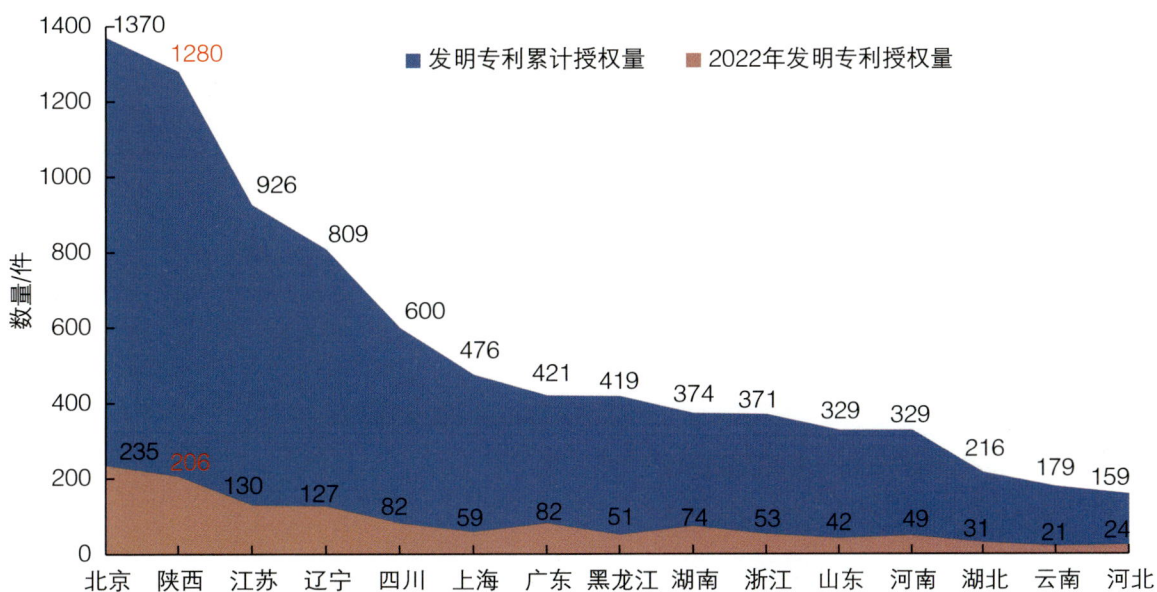

图 4-29 钛材料技术领域部分省（自治区、直辖市）的国内发明专利授权量数据

（2）申请主体数据

截至 2022 年年底，陕西在钛材料技术领域的国内发明专利主要申请机构中，企业数量略多于高校数量，与 2021 年相比，企业在该技术领域所占份额有所增加；企业以西北有色金属研究院为领军者，高校以西北工业大学为领军者（图 4-30）。

陕西企业的国内发明专利在该技术领域表现良好。位列前三的西北有色金属研究院及其参股或控股的西部超导材料科技股份有限公司、西部钛业有限责任公司的发明专利累计授

权量总和接近陕西该技术领域全部发明专利授权量的 1/3，显示出西北有色金属研究院在钛材料技术领域雄厚的研发实力。西安稀有金属材料研究院有限公司、西部金属材料股份有限公司在 2022 年表现突出，2022 年当年发明专利许可公开量占其许可公开总量的比例分别为 48.72% 和 35.29%（图 4–31）。

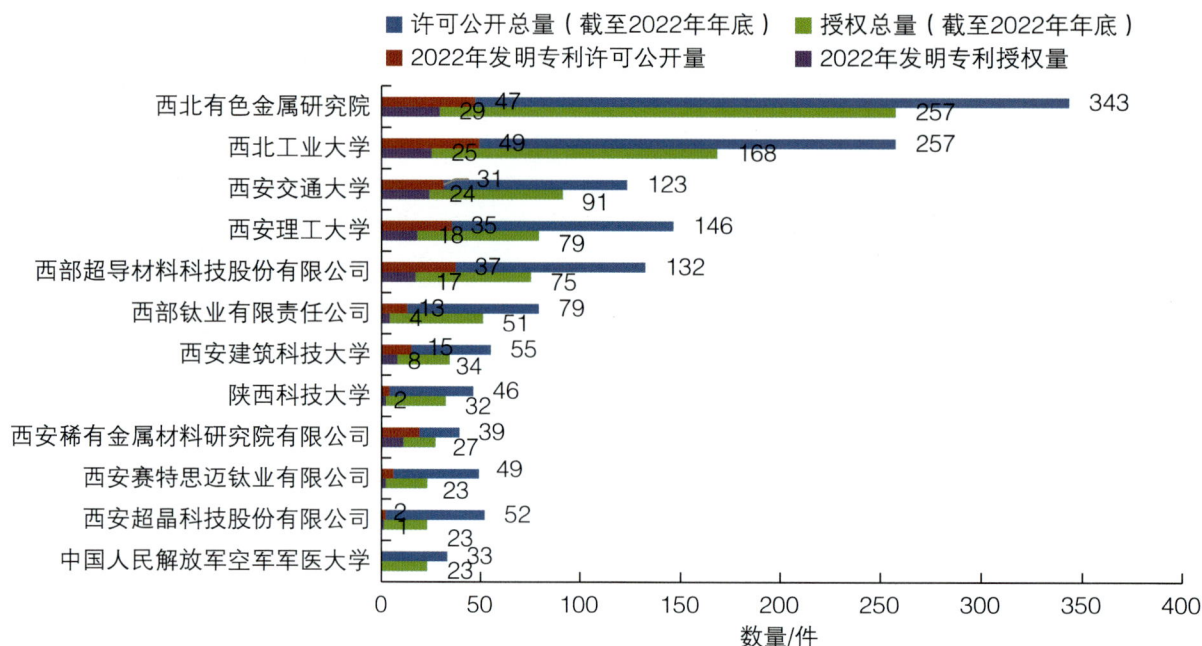

图 4–30　陕西钛材料技术领域国内发明专利主要申请机构

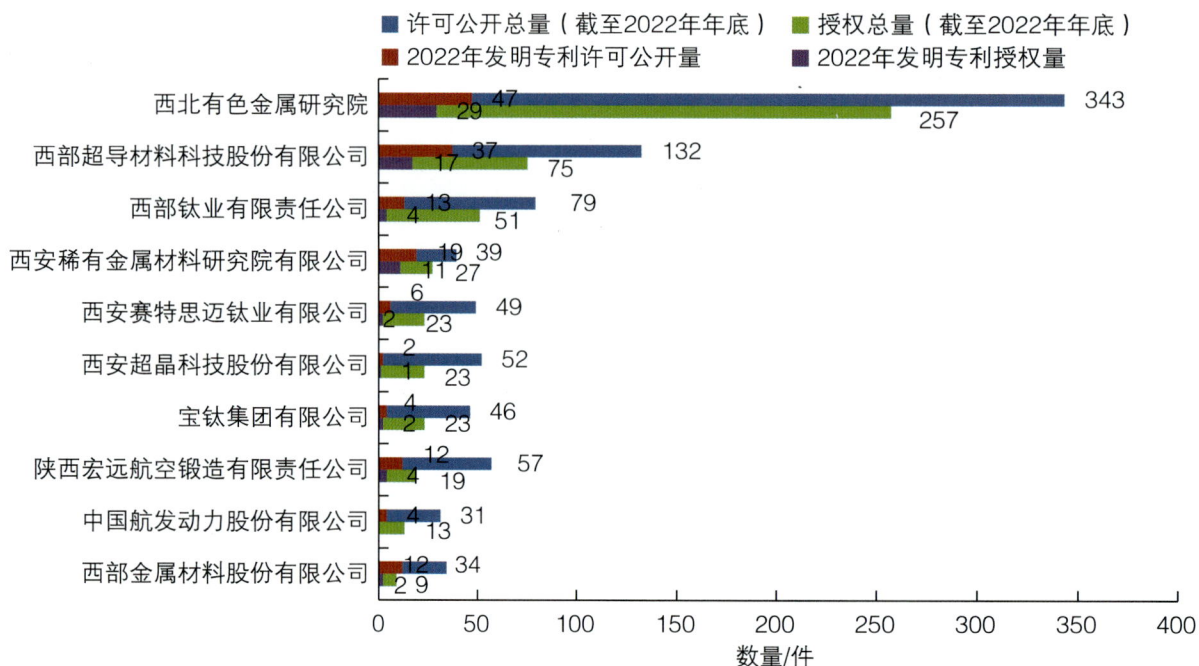

图 4–31　陕西钛材料技术领域国内发明专利申请企业 TOP 10

（3）优势技术方向

按 IPC 分类，截至 2022 年年底，陕西在钛材料技术领域的国内授权发明专利主要集中在金属加工技术方向。特别是在 B21J（锻造；锤击；压制；铆接；锻造炉）和 B21C（用非轧制的方式生产金属板、线、棒、管、型材或类似半成品；与基本无切削金属加工有关的辅助加工）技术方向处于全国领先地位，这 2 个技术方向的发明专利累计授权量占全国的比重均为 1/3 左右。

西北有色金属研究院在 8 个技术方向上进入全国授权发明专利数量 TOP 5，其中 B21J（锻造；锤击；压制；铆接；锻造炉）和 B21C（用非轧制的方式生产金属板、线、棒、管、型材或类似半成品；与基本无切削金属加工有关的辅助加工）2 个技术方向均居全国首位。西部钛业有限责任公司在 B21B（金属的轧制）技术方向位居全国第二。西北工业大学、西安理工大学、西部超导材料科技股份有限公司等机构也在部分技术分类中进入全国 TOP 5 机构，显示出较强的研发实力。但在 C23C（对金属材料的镀覆、表面处理等）技术方向，陕西没有机构进入全国申请机构 TOP 5 之列（表 4-14）。

表 4-14　陕西钛材料技术领域授权发明专利主要 IPC 分类

IPC 技术分类	全国（截至 2022 年年底）		陕西（截至 2022 年年底）		
	授权量/件	主要申请主体	授权量/件	占全国比重	主要申请主体
C22C（合金）	3646	中国科学院金属研究所（143） 西北有色金属研究院（129） 哈尔滨工业大学（108） 北京科技大学（93） 江苏麟龙新材料股份有限公司（80）	413	11.33%	西北有色金属研究院（129） 西北工业大学（39） 西安理工大学（31） 西安交通大学（28） 西部超导材料科技股份有限公司（26）
C22F（改变有色金属或有色合金的物理结构）	1704	中国科学院金属研究所（96） 西北有色金属研究院（87） 西北工业大学（59） 哈尔滨工业大学（48） 中国航发北京航空材料研究院（47）	352	20.66%	西北有色金属研究院（87） 西北工业大学（59） 西部超导材料科技股份有限公司（29） 西部钛业有限责任公司（22） 西安交通大学（21）
B22F（金属粉末的加工；由金属粉末制造制品；金属粉末的制造）	1256	北京科技大学（78） 中南大学（42） 哈尔滨工业大学（43） 西北有色金属研究院（33） 东北大学（24）	156	12.42%	西北有色金属研究院（33） 西安交通大学（17） 西安理工大学（17） 西北工业大学（16） 西安建筑科技大学（10）

续表

IPC 技术分类	全国（截至 2022 年年底）		陕西（截至 2022 年年底）		
	授权量/件	主要申请主体	授权量/件	占全国比重	主要申请主体
B21J（锻造；锤击；压制；铆接；锻造炉）	298	西北有色金属研究院（19） 中国航发北京航空材料研究院（17） 湖南湘投金天钛业科技股份有限公司（16） 西北工业大学（15） 西部超导材料科技股份有限公司（14）	109	36.58%	西北有色金属研究院（19） 西北工业大学（15） 西部超导材料科技股份有限公司（14） 陕西宏远航空锻造有限责任公司（13） 西部钛业有限责任公司（10）
B23K（钎焊或脱焊；焊接；用钎焊或焊接方法包覆或镀敷；局部加热切割，如火焰切割；用激光束加工）	890	哈尔滨工业大学（80） 中国航发北京航空材料研究院（25） 西安理工大学（24） 南京理工大学（22） 中国船舶重工集团公司第七二五研究所（21）	106	11.91%	西安理工大学（24） 西北工业大学（15） 西安交通大学（11） 西北有色金属研究院（9） 西部超导材料科技股份有限公司（5）
B21C（用非轧制的方式生产金属板、线、棒、管、型材或类似半成品；与基本无切削金属加工有关的辅助加工）	334	西北有色金属研究院（19） 中国科学院金属研究所（11） 中国航发北京航空材料研究院（10） 西部超导材料科技股份有限公司（9） 哈尔滨工业大学（9）	98	29.34%	西北有色金属研究院（19） 西部超导材料科技股份有限公司（9） 西部钛业有限责任公司（7） 西安赛特思迈钛业有限公司（6） 宝钛集团有限公司（6）
C23C（对金属材料的镀覆；用金属材料对材料的镀覆；表面扩散法，化学转化或置换法的金属材料表面处理；真空蒸发法、溅射法、离子注入法或化学气相沉积法的一般镀覆）	1344	江苏麟龙新材料股份有限公司（75） 安赛乐米塔尔集团（43） 南京航空航天大学（30） 中国科学院上海硅酸盐研究所（29） 太原理工大学（24）	90	6.70%	西安交通大学（22） 西北有色金属研究院（21） 西北工业大学（13） 西安理工大学（6） 长安大学（4）

续表

IPC 技术分类	全国（截至 2022 年年底）		陕西（截至 2022 年年底）		
	授权量/件	主要申请主体	授权量/件	占全国比重	主要申请主体
B21B（金属的轧制）	430	日本制铁株式会社（20） 西部钛业有限责任公司（18） 洛阳双瑞精铸钛业有限公司（18） 西北有色金属研究院（17） 哈尔滨工业大学（13） 攀钢集团攀枝花钢铁研究院有限公司（13）	81	18.84%	西部钛业有限责任公司（18） 西北有色金属研究院（17） 西安建筑科技大学（6） 西部超导材料科技股份有限公司（5） 西北工业大学（4）
A61L（材料或消毒的一般方法或装置；空气的灭菌、消毒或除臭；绷带、敷料、吸收垫或外科用品的化学方面；绷带、敷料、吸收垫或外科用品的材料）	902	中国科学院上海硅酸盐研究所（38） 中南大学（28） 西安交通大学（23） 中国科学院金属研究所（21） 浙江大学（21）	73	8.09%	西安交通大学（23） 中国人民解放军空军军医大学（17） 西北有色金属研究院（13） 西北工业大学（4） 西安理工大学（2） 陕西福泰医疗科技有限公司（2） 陕西科技大学（2）
B23P（金属的其他加工；组合加工；万能机床）	368	中国航发沈阳黎明航空发动机有限责任公司（14） 中国航空制造技术研究院（10） 沈阳飞机工业（集团）有限公司（10） 哈尔滨工业大学（10） 中国航空工业集团公司北京航空制造工程研究所（9） 西北有色金属研究院（9）	69	18.75%	西北有色金属研究院（9） 西北工业大学（4） 宝鸡市守善管件有限公司（3） 西安天力金属复合材料有限公司（3） 西部超导材料科技股份有限公司（3） 西部金属材料股份有限公司（3）
C21D（改变黑色金属的物理结构；黑色或有色金属或合金热处理用的一般设备；使金属具有韧性）	521	安赛乐米塔尔集团（52） 西北有色金属研究院（17） 东北大学（11） 宝山钢铁股份有限公司（11） 中国科学院金属研究所（10） 北京科技大学（10） 攀钢集团攀枝花钢铁研究院有限公司（10）	69	13.24%	西北有色金属研究院（17） 西北工业大学（8） 西部超导材料科技股份有限公司（6） 西部钛业有限责任公司（6） 西安交通大学（5）

2. 国外专利数据

2022 年，陕西在钛材料技术领域申请的国外专利公开量有 2 件。其中 PCT 国际专利 1 件、美国专利 1 件，申请机构分别为陕西理工学院和西安斯瑞先进铜合金科技有限公司，主要涉及周期性错位通孔钛合金层增韧钛基合金板材制备和铜钛母合金的制备等技术方面（表 4-15）。

表 4-15 2022 年陕西钛材料技术领域申请的国外专利公开数据

序号	专利名称	申请主体	主分类号	同族专利数/件
1	Toughened tial-based alloy sheet with periodically misaligned through-hole titanium alloy layers and preparation method thereof	陕西理工学院	B32B	4
2	Copper-titanium 50 intermediate alloy and method for preparing same by using magnetic suspension smelting process	西安斯瑞先进铜合金科技有限公司	C22C	3

（二）钼材料

1. 国内专利数据

（1）总量数据

截至 2022 年年底，陕西在钼材料技术领域的国内发明专利许可公开量为 503 件，2022 年当年陕西发明专利许可公开量为 75 件，均居全国首位，略高于江苏、北京（图 4-32）。陕西在该技术领域的发明专利累计授权量为 298 件，2022 年当年发明专利授权量为 35 件，均居全国首位（图 4-33）。

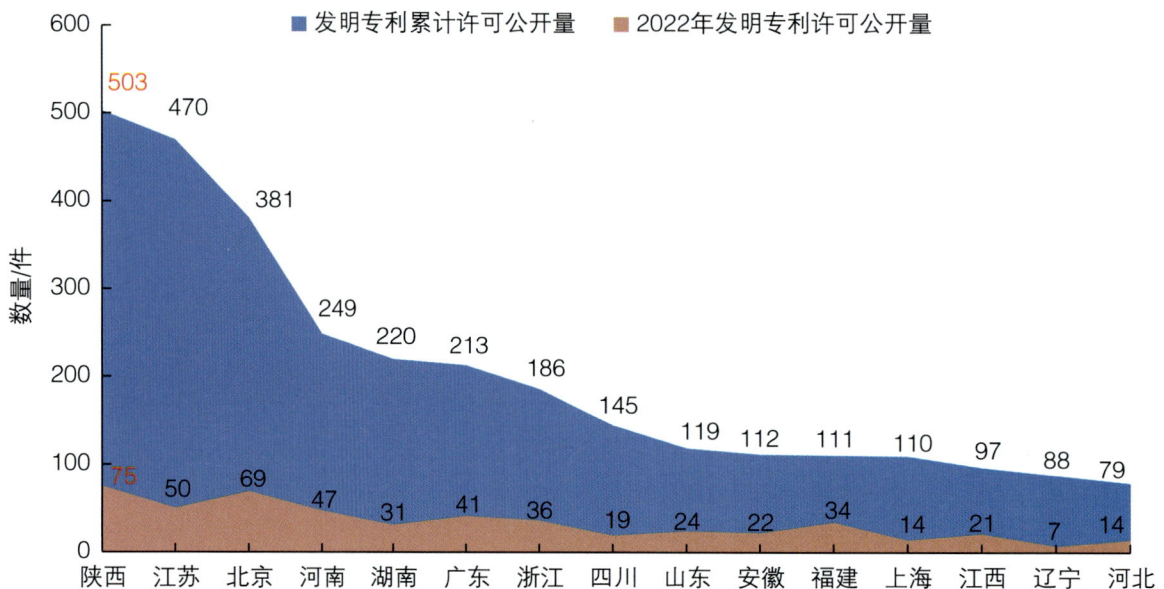

图 4-32 钼材料技术领域部分省（自治区、直辖市）的国内发明专利许可公开量数据

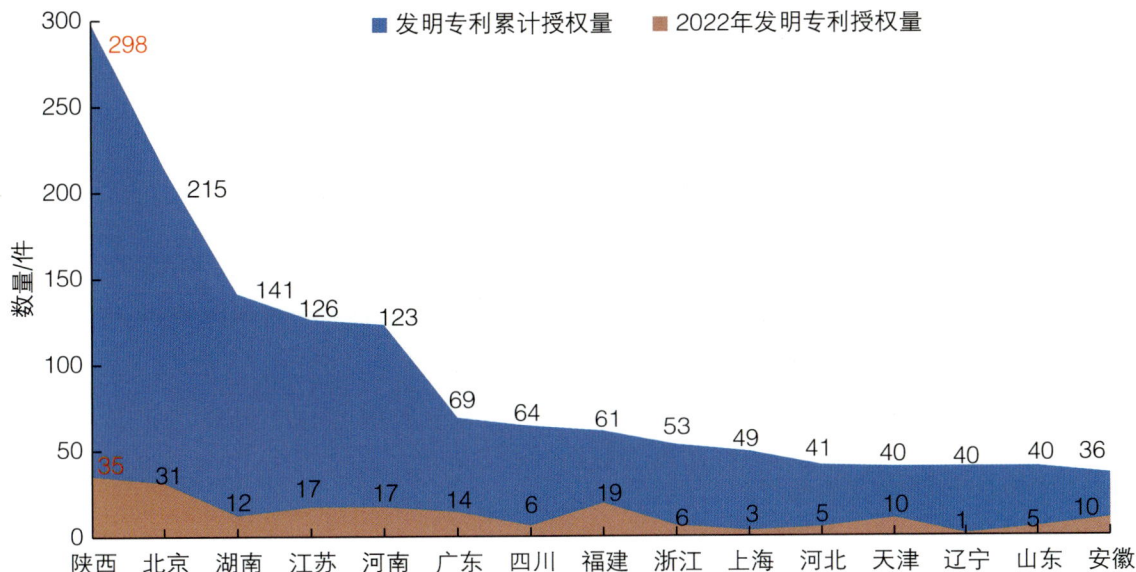

图 4-33 钼材料技术领域部分省（自治区、直辖市）的国内发明专利授权量数据

（2）申请主体数据

截至 2022 年年底，陕西在钼材料技术领域的国内发明专利申请主体中企业占据绝对优势，申请机构 TOP 10 中有 6 家企业，其中金堆城钼业股份有限公司在该技术领域的国内发明专利量遥遥领先，占比接近全省的一半，显示了其在省内的领军地位。西安交通大学在该技术领域的发明专利许可公开总量和授权总量均位居全省第二，但其发明专利授权总量仅约占金堆城钼业股份有限公司发明专利授权总量的 1/4（图 4-34）。

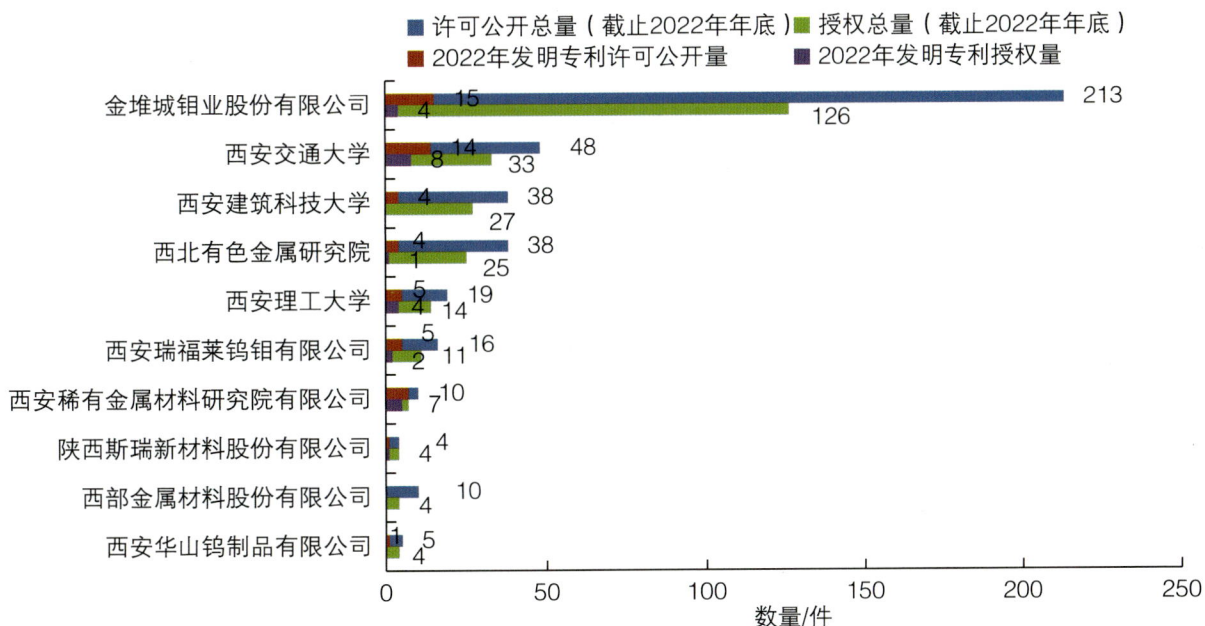

图 4-34 陕西钼材料技术领域国内发明专利申请机构 TOP 10

陕西民营企业在该技术领域的表现整体也较好。但是，值得注意的是，除金堆城钼业股份有限公司和西安稀有金属材料研究院有限公司外，其他 9 家机构在 2022 年的专利许可公开量和专利授权量都较少，其中有 6 家机构在 2022 年没有授权发明专利（图 4-35）。

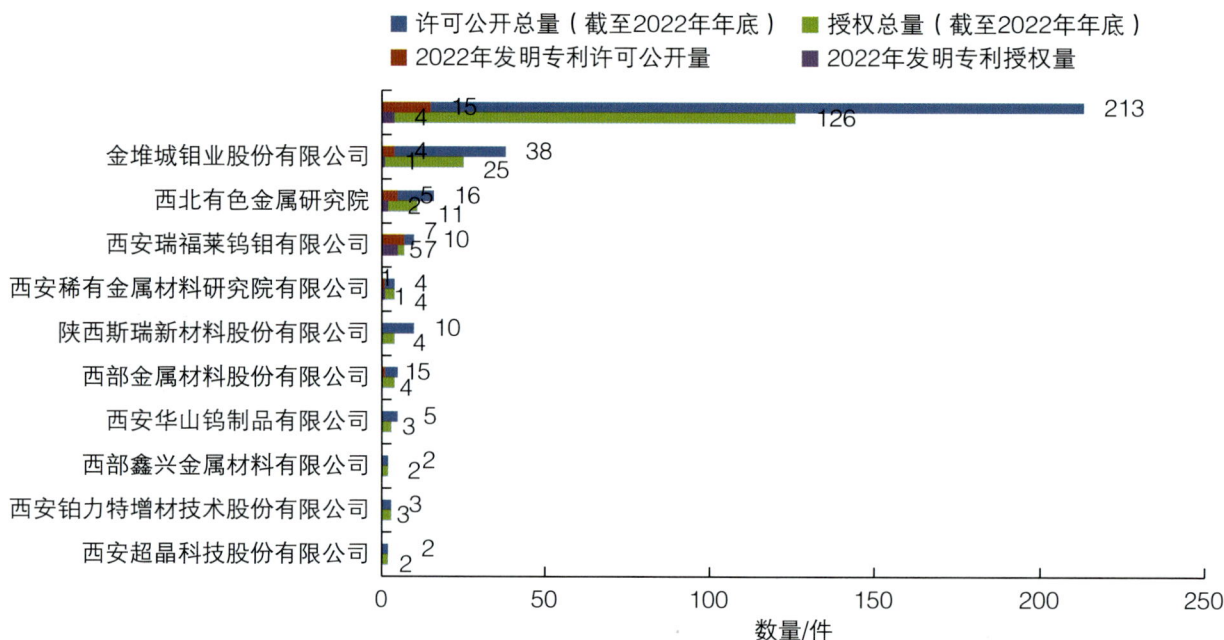

图 4-35　陕西钼材料技术领域国内发明专利申请企业 TOP 10

（3）优势技术方向

按 IPC 分类，截至 2022 年年底，陕西在钼材料技术领域国内授权发明专利主要集中在金属粉末制造制品、合金等技术方向。金堆城钼业股份有限公司表现突出，在 10 个技术方向均进入全国授权发明专利数量 TOP 5 机构，并在 B22F、C23C、C22F、B82Y、B21C、B03D 及 B21B 等 7 个技术方向均居全国首位。

陕西在钼材料技术领域的国内授权发明专利申请主体以企业为主，但高校也表现不俗。西安交通大学在 C22C、B23K 和 C22F 技术方向上进入全国授权发明专利数量 TOP 5 机构，并在 B23K 和 C22F 技术方向上位居第二；西安建筑科技大学在 C23C、C01G、B82Y 技术方向上进入全国授权发明专利数量 TOP 5 机构，并在 B82Y 技术方向上位居第二。

值得注意的是，越来越多的国外企业在钼技术领域有专利布局，如 H.C. 施塔克公司、日立金属株式会社、东芝集团、海恩斯国际公司 4 家机构在该技术领域均有发明专利授权，表明在钼材料技术领域越来越多的国外企业通过加快专利申请在中国进行市场布局，参与中国市场竞争（表 4-16）。

表 4-16 陕西钼材料技术领域授权发明专利主要 IPC 分类

IPC 技术分类	全国（截至 2022 年年底）		陕西（截至 2022 年年底）		
	授权量/件	主要申请主体	授权量/件	占全国比重	主要申请主体
B22F（金属粉末的加工；由金属粉末制造制品；金属粉末的制造）	539	金堆城钼业股份有限公司（58） 安泰科技股份有限公司（36） 洛阳科威钨钼有限公司（15） 北京科技大学（14） 中南大学（13）	127	23.56%	金堆城钼业股份有限公司（58） 西安交通大学（12） 西安理工大学（7） 西安瑞福莱钨钼有限公司（7） 西安稀有金属材料研究院有限公司（7）
C22C（合金）	660	安泰科技股份有限公司（32） 金堆城钼业股份有限公司（28） 河南科技大学（20） 西安交通大学（17） 东芝集团（15） 北京工业大学（15） 北京科技大学（15）	113	17.12%	金堆城钼业股份有限公司（28） 西安交通大学（17） 西安理工大学（13） 西北有色金属研究院（12） 西安建筑科技大学（8）
C23C（对金属材料的镀覆；用金属材料对材料的镀覆；表面扩散法，化学转化或置换法的金属材料表面处理；真空蒸发法、溅射法、离子注入法或化学气相沉积法的一般镀覆）	204	金堆城钼业股份有限公司（11） 洛阳科威钨钼有限公司（10） 日立金属株式会社（8） H. C. 施塔克公司（7） 西安建筑科技大学（6） 安泰科技股份有限公司（6） 洛阳高新四丰电子材料有限公司（6）	32	15.69%	金堆城钼业股份有限公司（11） 西安建筑科技大学（6） 西安理工大学（3） 西安瑞福莱钨钼有限公司（3） 西安稀有金属材料研究院有限公司（2）
C22B（金属的生产或精炼）	370	中南大学（66） 金堆城钼业股份有限公司（14） 郑州大学（11） 中国石油化工股份有限公司（9） 中国科学院过程工程研究所（9） H. C. 施塔克公司（9）	27	7.30%	金堆城钼业股份有限公司（14） 西北有色金属研究院（4） 西部鑫兴金属材料有限公司（3）

IPC 技术分类	全国（截至 2022 年年底）		陕西（截至 2022 年年底）		
	授权量/件	主要申请主体	授权量/件	占全国比重	主要申请主体
C22F（改变有色金属或有色合金的物理结构）	97	金堆城钼业股份有限公司（8） 西安交通大学（5） 洛阳科威钨钼有限公司（5） 安泰科技股份有限公司（4） 西北有色金属研究院（3） 海恩斯国际公司（3）	25	25.77%	金堆城钼业股份有限公司（8） 西安交通大学（5） 西北有色金属研究院（3） 西安华山钨制品有限公司（2） 西部金属材料股份有限公司（2）
B23K（钎焊或脱焊；焊接；用钎焊或焊接方法包覆或镀敷；局部加热切割，如火焰切割；用激光束加工）	68	山东大学（8） 西安交通大学（8） 安泰科技股份有限公司（5） 北京机电研究所有限公司（3） 山东建筑大学（3）	14	20.59%	西安交通大学（8） 西安瑞福莱钨钼有限公司（2）
C01G（含有不包含在 C01D 或 C01F 小类中之金属的化合物）	86	河北联合大学（12） 金堆城钼业股份有限公司（8） 中南大学（6） H.C.施塔克公司（6） 西安建筑科技大学（3） 国家地质实验测试中心（3） 成都虹波钼业有限责任公司（3）	14	16.28%	金堆城钼业股份有限公司（8） 西安建筑科技大学（3） 西北有色金属研究院（2）
B82Y（纳米结构的特定用途或应用；纳米结构的测量或分析；纳米结构的制造或处理）	50	河北联合大学（11） 西安建筑科技大学（6） 西安稀有金属材料研究院有限公司（3） 金堆城钼业股份有限公司（3） 厦门虹鹭钨钼工业有限公司（2） 济南大学（2）	12	24.00%	西安建筑科技大学（6） 西安稀有金属材料研究院有限公司（3） 金堆城钼业股份有限公司（3）

续表

IPC 技术分类	全国（截至 2022 年年底）		陕西（截至 2022 年年底）		
	授权量/件	主要申请主体	授权量/件	占全国比重	主要申请主体
B21C（用非轧制的方式生产金属板、线、棒、管、型材或类似半成品；与基本无切削金属加工有关的辅助加工）	34	金堆城钼业股份有限公司（7） 金堆城钼业光明（山东）股份有限公司（3） 西北有色金属研究院（2） 北京有色金属研究总院（2） 安泰科技股份有限公司（2） 东芝集团（2）	11	32.35%	金堆城钼业股份有限公司（7） 西北有色金属研究院（2）
B03D（浮选；选择性沉积法）	26	金堆城钼业股份有限公司（6） 洛阳栾川钼业集团股份有限公司（4） 郑州大学（4） 江西理工大学（2）	7	26.92%	金堆城钼业股份有限公司（6）
B21B（金属的轧制）	41	金堆城钼业股份有限公司（3） 上海六晶金属科技有限公司（3） 中南大学（3） 郑州通达重型机械制造有限公司（3） 四平市北威钼业有限公司（2） 安泰科技股份有限公司（2） 东芝集团（2） 西北有色金属研究院（2） 长沙升华微电子材料有限公司（2）	7	17.07%	金堆城钼业股份有限公司（3） 西北有色金属研究院（2）

2. 国外专利数据

2022 年，陕西在钼材料技术领域申请的国外专利公开量仅 1 件，为美国专利，申请主体为陕西科技大学，涉及纳米镍簇和碳化钒颗粒改性超薄碳层复合材料的制备方法（表 4-17）。

表 4-17　2022 年陕西钼材料技术领域申请的国外专利公开数据

序号	专利名称	申请主体	主分类号	同族专利数/件
1	Ultra-thin carbon-layer composite material modified by nickel nanoclusters and vanadium carbide particles and its preparation method and application	陕西科技大学	C25B	2

（三）石墨烯

1. 国内专利数据

（1）总量数据

截至 2022 年年底，陕西在石墨烯技术领域的国内发明专利累计许可公开量为 931 件，位居全国第九，约为江苏的 1/4；2022 年当年陕西发明专利许可公开量为 154 件，位居全国第八，不足江苏的 1/3（图 4-36）。陕西在该技术领域的发明专利累计授权量 435 件，位居全国第八；2022 年当年发明专利授权量为 84 件，位居全国第六（图 4-37）。

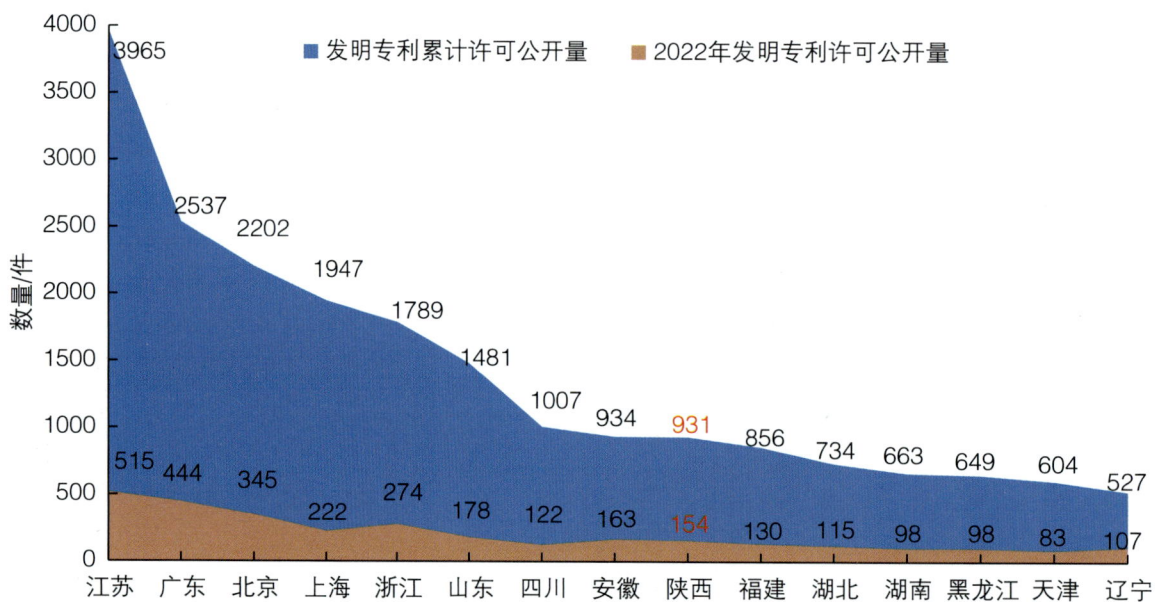

图 4-36　石墨烯技术领域部分省（自治区、直辖市）的国内发明专利许可公开量数据

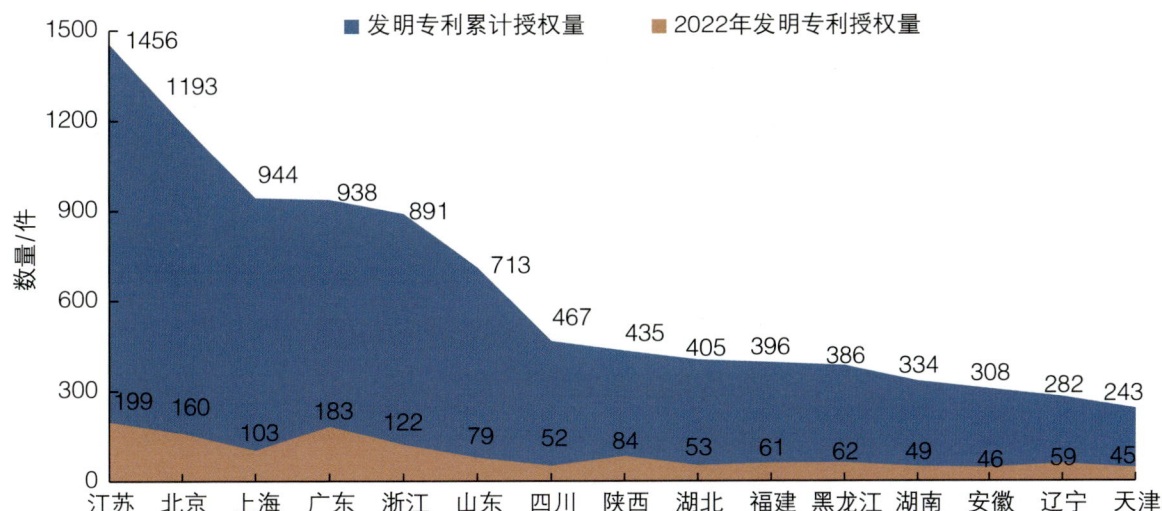

图 4-37　石墨烯技术领域部分省（自治区、直辖市）的国内发明专利授权量数据

（2）申请主体数据

截至 2022 年年底，陕西在石墨烯技术领域的国内发明专利累计授权量和许可公开量均以高校占据绝对优势，申请机构 TOP 10 中有 8 家高校、2 家企业。西安交通大学在该技术领域的国内发明专利授权量位居第一。截至 2022 年年底西北工业大学和陕西科技大学发明专利授权量保持高速增长，其 2022 年当年发明专利授权量占各自授权总量的比例分别为27.91% 和 17.65%（图 4-38）。

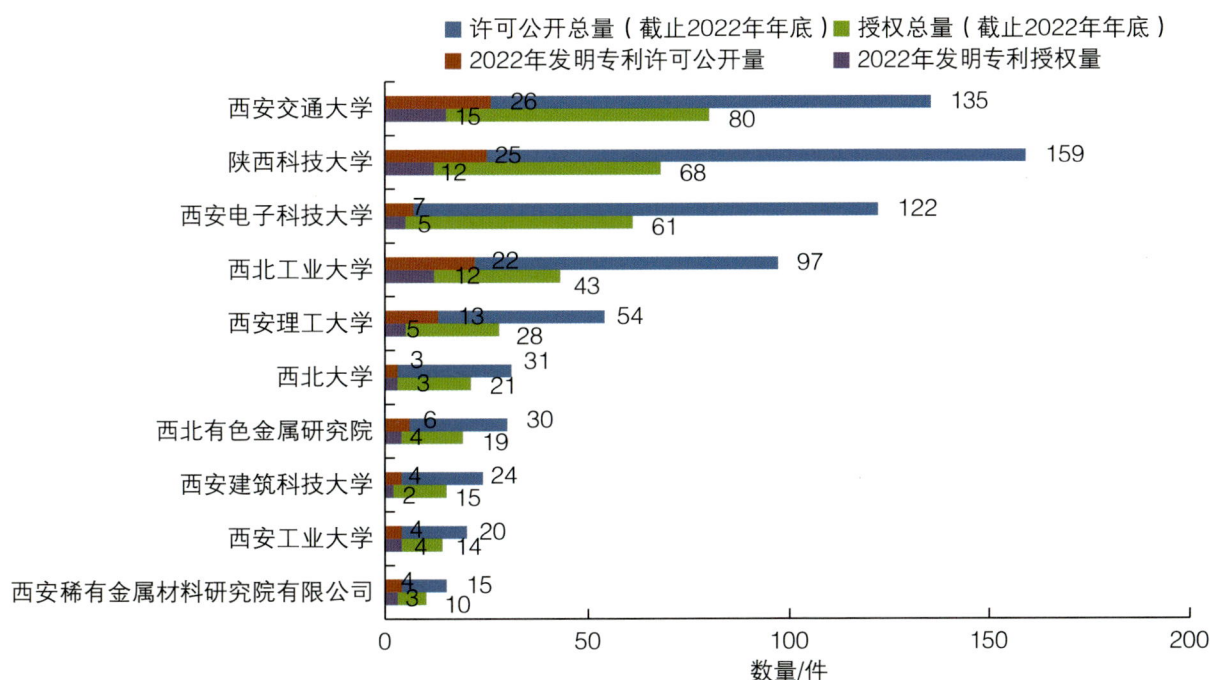

图 4-38　陕西石墨烯技术领域国内发明专利申请机构 TOP 10

陕西企业在该技术领域的表现远不如高校，非高校申请机构 TOP 10 中包括 5 家企业、5 家科研院所，西北有色金属研究院在企业中位居第一；陕西企业在该技术领域的发明专利许可公开量和授权量与省内高校相比还存在较大差距（图 4-39）。

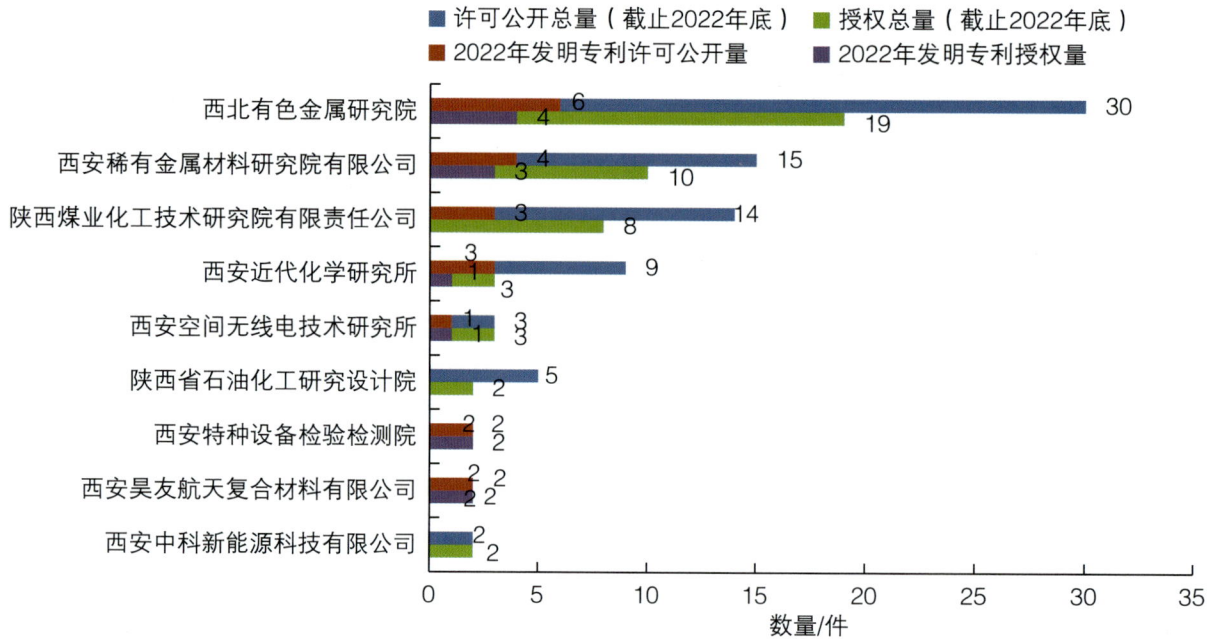

图 4-39　陕西石墨烯技术领域国内发明专利非高校主要申请机构

（3）优势技术方向

按 IPC 分类，截至 2022 年年底，陕西在石墨烯技术领域国内授权发明专利主要集中在非金属元素及其化合物等技术方向。西安电子科技大学在 H01L（半导体器件等）技术方向表现较好，授权发明专利数量位居全国第二。西安稀有金属材料研究院有限公司在 B22F（金属粉末制造制品及加工）和 C22C（合金）2 个技术方向进入全国授权发明专利数量 TOP 5 机构（表 4-18）。

表 4-18　陕西石墨烯技术领域授权发明专利主要 IPC 分类

IPC 技术分类	全国（截至 2022 年年底）		陕西（截至 2022 年年底）		
	授权量/件	主要申请主体	授权量/件	占全国比重	主要申请主体
C01B（非金属元素；其化合物）	5165	浙江大学（91） 哈尔滨工业大学（90） 成都新柯力化工科技有限公司（83） 中国科学院宁波材料技术与工程研究所（71） 海洋王照明科技股份有限公司（70）	164	3.18%	西安交通大学（31） 陕西科技大学（27） 西安电子科技大学（18） 西安理工大学（15） 西北工业大学（10）
B82Y（纳米结构的特定用途或应用；纳米结构的测量或分析；纳米结构的制造或处理）	1328	海洋王照明科技股份有限公司（34） 浙江大学（31） 清华大学（26） 上海交通大学（24） 东南大学（22）	51	3.84%	陕西科技大学（11） 西安交通大学（7） 西北大学（4） 西北工业大学（4） 西安建筑科技大学（4） 西安电子科技大学（4）
H01M（用于直接转变化学能为电能的方法或装置，如电池组）	1546	浙江大学（46） 中南大学（40） 海洋王照明科技股份有限公司（34） 哈尔滨工业大学（28） 上海交通大学（25）	49	3.17%	陕西科技大学（20） 西安交通大学（10） 西北大学（3） 西安理工大学（3）
H01L（半导体器件；其他类目中不包括的电固体器件）	566	中国科学院上海微系统与信息技术研究所（36） 西安电子科技大学（28） 中国科学院微电子研究所（26） 北京大学（23） 复旦大学（20）	41	7.24%	西安电子科技大学（28） 西安交通大学（8） 西安工业大学（1） 西安工程大学（1） 西安微电子技术研究所（1） 陕西师范大学（1） 陕西科技大学（1）
B01J（化学或物理方法，如催化作用、胶体化学；其有关设备）	945	江苏大学（31） 华南理工大学（21） 福州大学（19） 湖南大学（16） 浙江大学（14）	36	3.81%	陕西科技大学（9） 西安建筑科技大学（6） 西北工业大学（4） 西安交通大学（4） 西北大学（3） 西安石油大学（3）

续表

IPC 技术分类	全国（截至 2022 年年底）		陕西（截至 2022 年年底）		
	授权量/件	主要申请主体	授权量/件	占全国比重	主要申请主体
C08K（使用无机物或非高分子有机物作为配料）	1160	四川大学（34） 北京化工大学（33） 中国科学院宁波材料技术与工程研究所（19） 南京理工大学（19） 哈尔滨工业大学（19） 青岛科技大学（19）	34	2.93%	西北工业大学（8） 西安理工大学（6） 陕西科技大学（4） 西北大学（3） 西安交通大学（3）
C23C（对金属材料的镀覆；用金属材料对材料的镀覆；表面扩散法，化学转化或置换法的金属材料表面处理；真空蒸发法、溅射法、离子注入法或化学气相沉积法的一般镀覆）	486	中国科学院上海微系统与信息技术研究所（18） 中国科学院重庆绿色智能技术研究院（14） 重庆墨希科技有限公司（11） 中国科学院上海硅酸盐研究所（10） 北京大学（9）	34	7.00%	西安电子科技大学（8） 西安交通大学（7） 西安理工大学（4） 西北工业大学（3） 西北有色金属研究院（3）
H01G（电容器；电解型的电容器、整流器、检波器、开关器件、光敏器件或热敏器件）	881	哈尔滨工业大学（25） 东华大学（22） 海洋王照明科技股份有限公司（19） 福州大学（17） 中国科学院宁波材料技术与工程研究所（16）	32	3.63%	西安交通大学（12） 陕西科技大学（4） 西北工业大学（3） 西安电子科技大学（3） 西北有色金属研究院（2） 西安理工大学（2）
C08L（高分子化合物的组合物）	1022	北京化工大学（32） 四川大学（31） 中国科学院宁波材料技术与工程研究所（18） 南京理工大学（18） 哈尔滨工业大学（18）	27	2.64%	西北工业大学（6） 西安理工大学（5） 西北大学（3） 陕西科技大学（3）

续表

IPC 技术分类	全国（截至 2022 年年底）		陕西（截至 2022 年年底）		
	授权量/件	主要申请主体	授权量/件	占全国比重	主要申请主体
B22F（金属粉末的加工；由金属粉末制造制品；金属粉末的制造）	362	哈尔滨工业大学（15） 中北大学（13） 天津大学（11） 西安稀有金属材料研究院有限公司（8） 哈尔滨理工大学（6）	25	6.91%	西安稀有金属材料研究院有限公司（8） 西北有色金属研究院（5） 西安交通大学（4） 西安理工大学（4） 西北工业大学（2） 陕西科技大学（2）
C22C（合金）	356	哈尔滨工业大学（23） 中北大学（14） 上海交通大学（10） 昆明理工大学（10） 天津大学（9） 西安稀有金属材料研究院有限公司（9）	25	7.02%	西安稀有金属材料研究院有限公司（9） 西北有色金属研究院（7） 西安交通大学（4） 西北工业大学（3） 西安理工大学（3）

2. 国外专利数据

2022 年，陕西在石墨烯技术领域申请的国外专利公开量为 3 件。其中，PCT 国际专利 1 件、美国专利 2 件，申请机构分别为西安交通大学、西安工业大学和陕西理工大学，涉及三维石墨烯天线制备方法、石墨烯/硅肖特基结光电探测器及石墨烯过滤生产饮用水的海水淡化装置等技术方向（表 4-19）。

表 4-19　2022 年陕西石墨烯技术领域申请的国外专利公开数据

序号	专利名称	申请主体	主分类号	同族专利数/件
1	Three-dimensional graphene antenna and preparation method thereof	西安工业大学	C01B	3
2	Desalination device with graphene filtering for the production of drinking water	陕西理工大学	C02F	4
3	Intercalation-containing graphene/silicon schottky junction photodetector and manufacturing process	西安交通大学	H01L	3

（四）陶瓷基复合材料

1. 国内专利数据

（1）总量数据

截至 2022 年年底，陕西在陶瓷基复合材料技术领域的国内发明专利累计许可公开量为 1059 件，位居全国第六，约为江苏的 1/2；2022 年当年陕西发明专利许可公开量为 235 件，位居全国第四，落后于江苏、北京和广东（图 4-40）。陕西在该技术领域的发明专利累计授权量为 591 件，位居全国第三，落后于北京、江苏；2022 年当年发明专利授权量为 106 件，位居全国第四（图 4-41）。

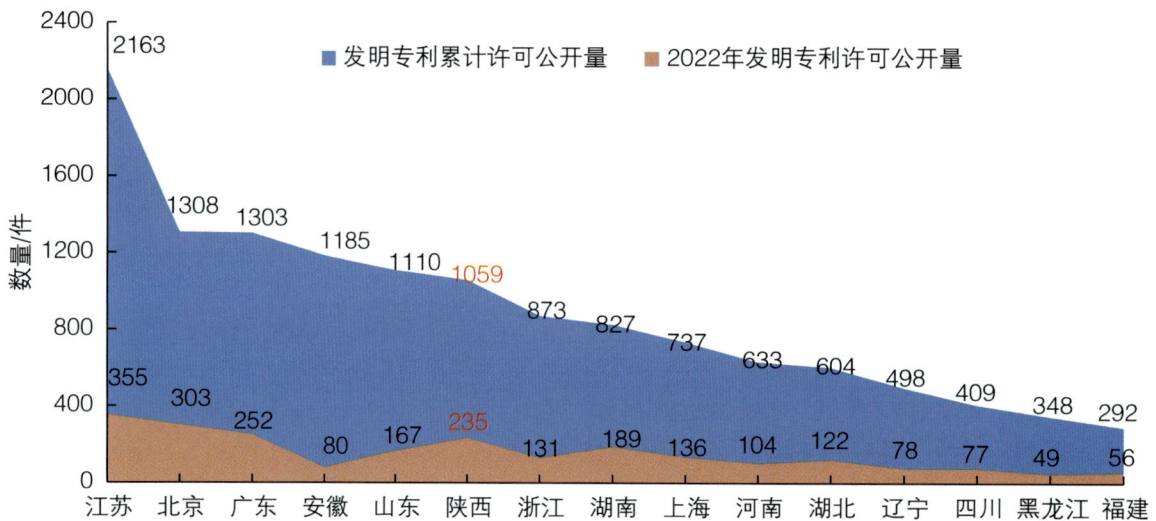

图 4-40　陶瓷基复合材料技术领域部分省（自治区、直辖市）的国内发明专利许可公开量数据

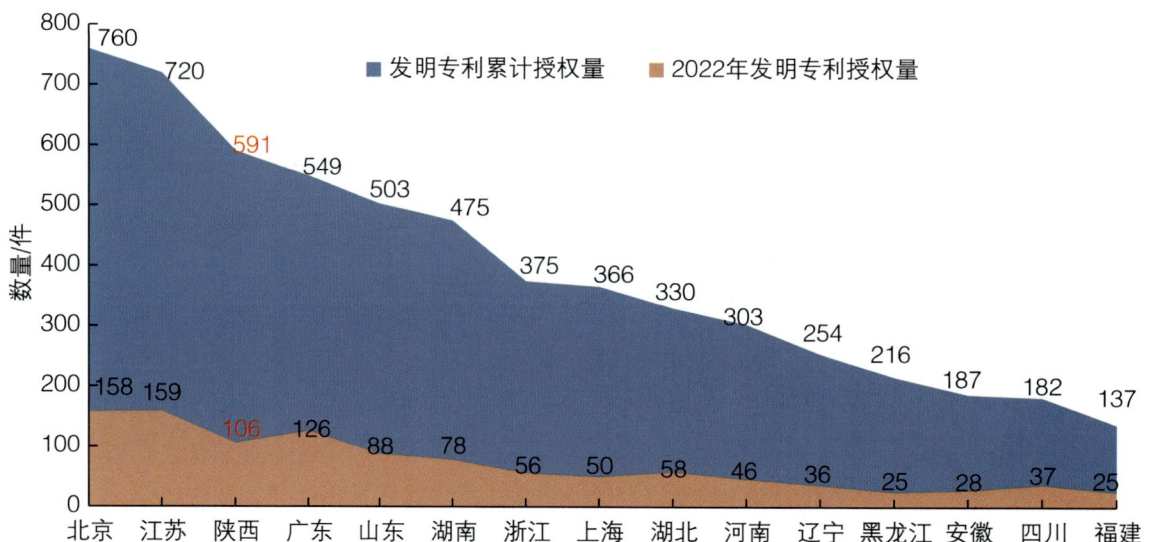

图 4-41　陶瓷基复合材料技术领域部分省（自治区、直辖市）的国内发明专利授权量数据

（2）申请主体数据

截至 2022 年年底，陕西在陶瓷基复合材料技术领域的国内发明专利申请机构 TOP 10 中，有高校 7 家、企业 3 家。其中高校的发明专利累计许可公开量和授权量分别占陕西总量的 71% 和 80%，贡献远大于企业；特别是西北工业大学在该技术领域的国内发明专利量遥遥领先，显示了其在省内的领军地位（图 4-42）。西安鑫垚陶瓷复合材料有限公司依托西北工业大学陶瓷基复合材料工程中心成立，国内发明专利量位居非高校申请机构第一，充分彰显了陕西产学研协同创新的显著成果。

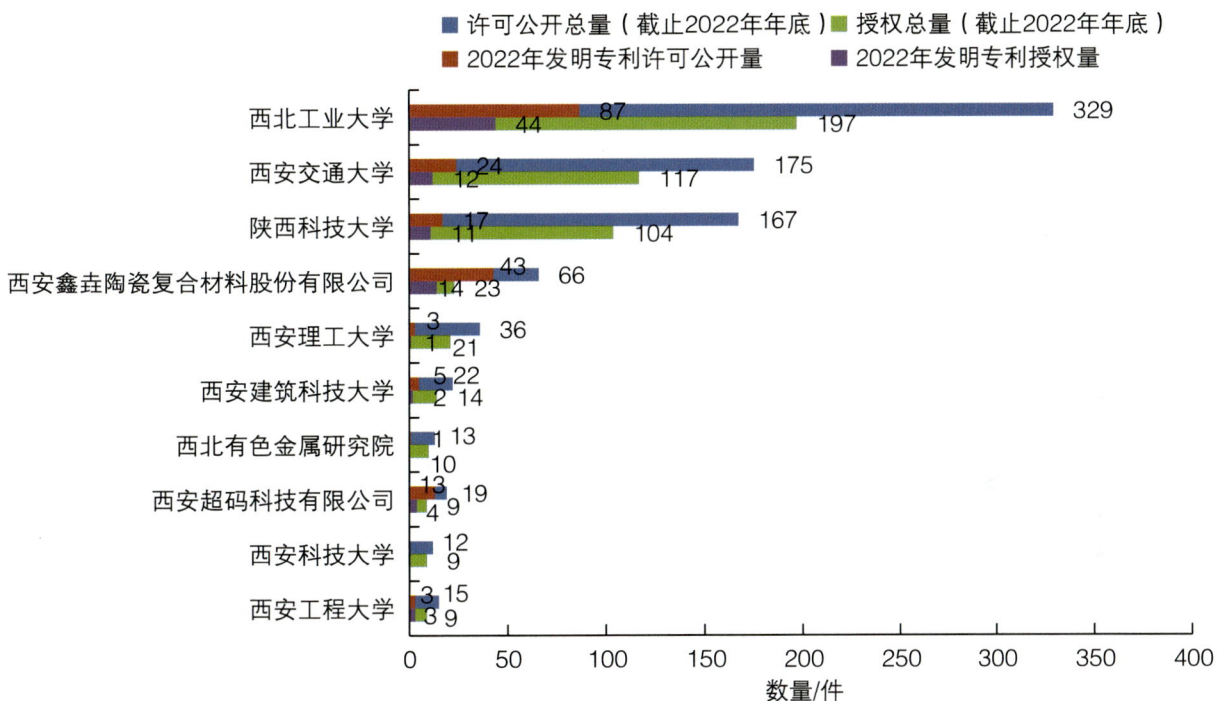

图 4-42　陕西陶瓷基复合材料技术领域国内发明专利申请机构 TOP 10

陕西企业的国内发明专利在该技术领域表现也不错，进入非高校主要申请机构的有 8 家企业、1 家科研院所，说明陕西企业在陶瓷基复合材料技术领域具有一定的技术创新能力（图 4-43）。

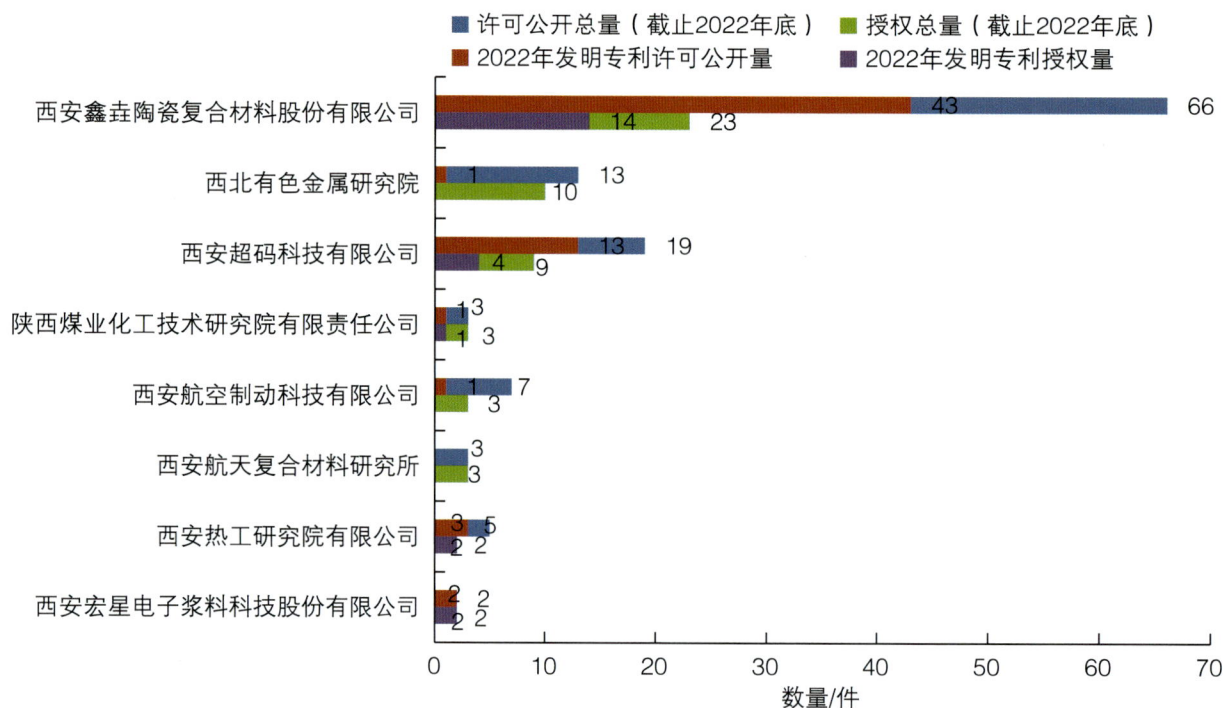

图 4-43　陕西陶瓷基复合材料技术领域国内发明专利非高校主要申请机构

（3）优势技术方向

按 IPC 分类，截至 2022 年年底，陕西在陶瓷基复合材料技术领域国内授权发明专利主要集中在建筑材料、陶瓷、耐火材料的处理、金属材料镀覆、金属粉末制造制品以及合金等技术方向。特别是 B22D（金属铸造等）方向和 B82Y（纳米结构的特定用途或应用、制造或处理、测量或分析）技术方向在全国处于领先地位，这 2 个技术方向的发明专利累计授权量占全国的比重分别是 17.54% 和 12.61%。

西安交通大学在陶瓷基复合材料技术领域的 C23C、C22C、B22D、B22F、B28B 等 5 个技术方向进入全国 TOP 5 之列；其中，C23C、B22D、B22F 等 3 个技术方向居全国首位。西北工业大学在 C04B、C01B、B82Y、B32B 等 4 个技术方向进入全国 TOP 5 之列；其中，C04B 和 B82Y 等 2 个技术方向居全国首位。陕西科技大学在 C03C 技术分类中居全国首位，西安理工大学在 B22D 技术分类中进入全国 TOP 5 之列，均显示出较强的研发实力（表 4-20）。

表 4-20　陕西陶瓷基复合材料技术领域授权发明专利主要 IPC 分类

IPC 技术分类	全国（截至 2022 年年底）		陕西（截至 2022 年年底）		
	授权量/件	主要申请主体	授权量/件	占全国比重	主要申请主体
C04B（石灰；氧化镁；矿渣；水泥；其组合物）	5611	西北工业大学（169） 哈尔滨工业大学（143） 航天特种材料及工艺技术研究所（109） 中国科学院上海硅酸盐研究所（109） 中南大学（104）	465	8.29%	西北工业大学（169） 陕西科技大学（100） 西安交通大学（73） 西安鑫垚陶瓷复合材料有限公司（18） 西安理工大学（12）
C23C（对金属材料的镀覆；用金属材料对材料的镀覆；表面扩散法，化学转化或置换法的金属材料表面处理；真空蒸发法、溅射法、离子注入法或化学气相沉积法的一般镀覆）	1031	西安交通大学（37） 中南大学（26） 北京科技大学（18） 山东大学（16） 中国科学院宁波材料技术与工程研究所（16） 中国科学院金属研究所（13）	86	8.34%	西安交通大学（37） 西北工业大学（12） 西安理工大学（9） 西北有色金属研究院（6） 陕西科技大学（4）
C22C（合金）	276	中南大学（15） 兰克西敦技术公司（110） 西安交通大学（11） 山东大学（7） 北京科技大学（6） 广西长城机械股份有限公司（6）	24	8.70%	西安交通大学（11） 西北有色金属研究院（2） 西安建筑科技大学（2） 西安科技大学（2） 陕西理工大学（2）
B22D（金属铸造；用相同工艺或设备的其他物质的铸造）	114	西安交通大学（10） 西安理工大学（8） 兰克西敦技术公司（6） 北京科技大学（4） 广西长城机械股份有限公司（4） 晋城市富基新材料有限公司（4）	20	17.54%	西安交通大学（10） 西安理工大学（8）

续表

IPC技术分类	全国（截至2022年年底）		陕西（截至2022年年底）		
	授权量/件	主要申请主体	授权量/件	占全国比重	主要申请主体
B22F（金属粉末的加工；由金属粉末制造制品；金属粉末的制造）	184	西安交通大学（7） 中南大学（6） 北京科技大学（6） 广西长城机械股份有限公司（5） 中南钻石有限公司（4） 吉林大学（4）	15	8.15%	西安交通大学（7） 西安建筑科技大学（2）
C01B（非金属元素；其他化合物）	183	中国科学院上海硅酸盐研究所（10） 西北工业大学（8） 哈尔滨工业大学（7） 吉林大学（6） 河北工业大学（5）	15	8.20%	西北工业大学（8） 中国人民解放军火箭军工程大学（2） 西安科技大学（2）
B82Y（纳米结构的特定用途或应用；纳米结构的测量与分析；纳米结构的制造或处理）	111	西北工业大学（4） 中国科学院苏州纳米技术与纳米仿生研究所（4） 浙江大学（4） 河北工业大学（4） 吉林大学（3） 哈尔滨工业大学（3） 陕西科技大学（3） 武汉工程大学（3）	14	12.61%	西北工业大学（4） 陕西科技大学（3） 西安交通大学（2）
C03C（玻璃、釉或搪瓷釉的化学成分；玻璃的表面处理；由玻璃、矿物或矿渣制成的纤维或细丝的表面处理；玻璃与玻璃或与其他材料的接合）	231	陕西科技大学（7） 九牧厨卫股份有限公司（6） 佛山欧神诺陶瓷有限公司（6） 航天特种材料及工艺技术研究所（6） 中国科学院上海硅酸盐研究所（4） 天津大学（4） 江西新明珠建材有限公司（4）	13	5.63%	陕西科技大学（7） 西北工业大学（2） 西北有色金属研究院（2）

续表

IPC 技术分类	全国（截至 2022 年年底）		陕西（截至 2022 年年底）		
	授权量/件	主要申请主体	授权量/件	占全国比重	主要申请主体
B28B（黏土或其他陶瓷成分、熔渣或含有水泥材料的混合物）	154	航天特种材料及工艺技术研究所（6） 西安交通大学（4） 株式会社村田制作所（4） 南京理工大学（4） 中国科学院金属研究所（3） 中国航发北京航空材料研究院（3） 山东理工大学（3） 西北工业大学（3） 陕西科技大学（3）	11	7.14%	西安交通大学（4） 西北工业大学（3） 陕西科技大学（3）
B32B（层状产品，即由扁平的或非扁平的薄层）	250	中国人民解放军国防科学技术大学（10） 山东理工大学（10） 溧阳市科技开发中心（6） 西北工业大学（5） 山东工业陶瓷研究设计院有限公司（4） 航天特种材料及工艺技术研究所（4） 苏州宏久航空防热材料科技有限公司（4） 通用电气公司（4）	11	4.40%	西北工业大学（5） 西安交通大学（2） 西安鑫垚陶瓷复合材料有限公司（2）
H01B（电缆；导体；绝缘体；导电、绝缘或介电材料的选择）	106	株式会社村田制作所（6） 电子科技大学（6） 同济大学（5） 天津大学（5） 西安交通大学（5）	11	10.38%	西安交通大学（5） 西安宏星电子浆料科技股份有限公司（2）

2. 国外专利数据

2022 年，陕西在陶瓷基复合材料技术领域申请的国外专利公开量为 3 件，其中，美国专利 2 件、PCT 国际专利 1 件。申请主体为陕西科技大学、西安热工研究院有限公司和西安交通大学，涉及纤维增强复合材料装备及方法、复合涂层制备方法以及复合薄膜热电偶等技术方向（表 4-21）。

表 4-21　2022 年陕西陶瓷基复合材料技术领域申请的国外专利公开数据

序号	专利名称	申请主体	主分类号	同族专利数/件
1	Apparatus and method for efficiently preparing multi-directional continuous fiber-reinforced composite material	陕西科技大学	B29C	4
2	Silicon carbide-calcium oxide stabilized zirconia composite thermal barrier coating and preparation method	西安热工研究院有限公司	C04B	3
3	Tungsten-rhenium composite thin film thermocouple based on surface micropillar array with gas holes	西安交通大学	G01K	3

四、新能源化工

（一）太阳能光伏

1. 国内专利数据

（1）总量数据

截至 2022 年年底，陕西在太阳能光伏技术领域的国内发明专利累计许可公开量 6585 件，2022 年当年陕西发明专利许可公开量为 941 件，均位居全国第八（图 4-44）。陕西在该技术领域的发明专利累计授权量为 1455 件，2022 年当年授权量 224 件，均位居全国第八，不足江苏的 1/6（图 4-45）。

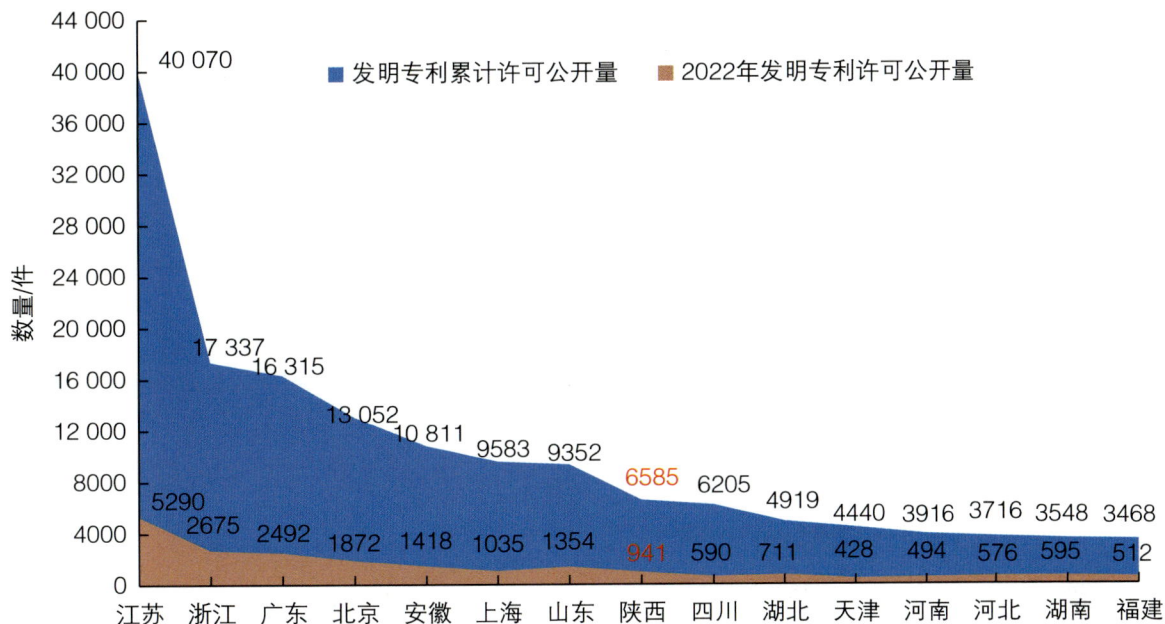

图 4-44　太阳能光伏技术领域部分省（自治区、直辖市）的国内发明专利许可公开量数据

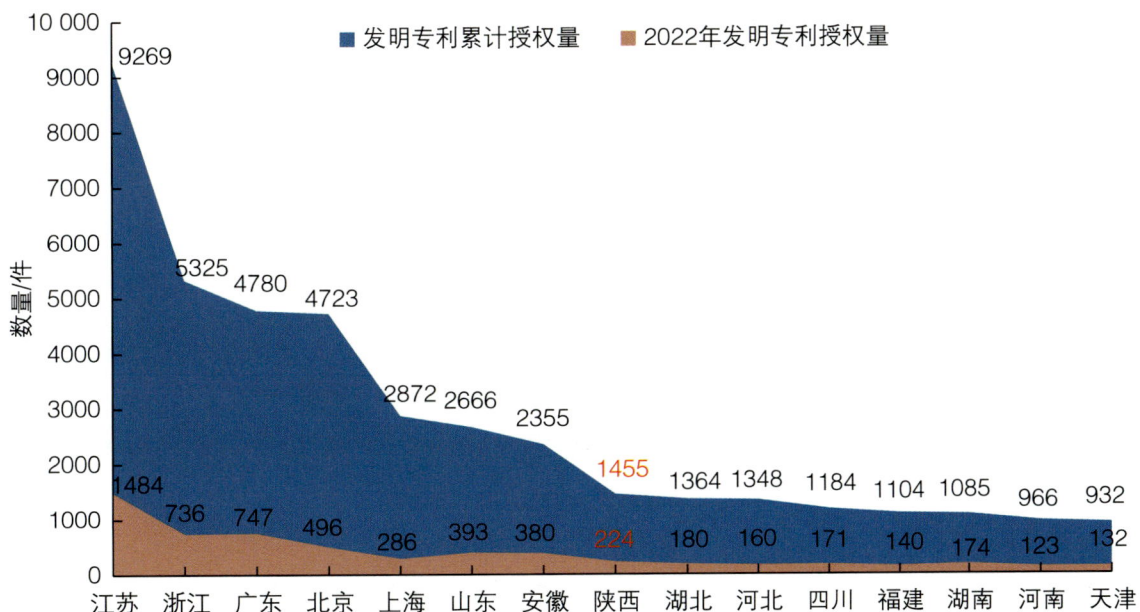

图 4-45　太阳能光伏技术领域部分省（自治区、直辖市）的国内发明专利授权量数据

（2）申请主体数据

截至 2022 年年底，陕西太阳能光伏技术领域的国内发明专利累计授权量和累计许可公开量均以高校占据绝对优势，申请机构 TOP 10 中有 8 家高校、2 家企业。咸阳中电彩虹集团控股有限公司虽然发明专利累计授权量排名第二，但 2022 年当年发明专利许可公开量为 3 件，发明专利授权量为 0 件，表现欠佳（图 4-46）。

陕西企业在该技术领域的国内发明专利表现远不如省内高校，进入 TOP 10 的非高校申请机构中，咸阳中电彩虹集团控股有限公司在该技术领域的国内发明专利许可公开量遥遥领先，但近两年在专利方面的布局呈衰退之势；有 5 家民营企业进入非高校申请机构 TOP 10，其中，隆基绿能科技股份有限公司的发明专利累计授权量在陕西企业中排名第二，2022 年当年发明专利许可公开量 140 件，说明其在太阳能技术领域有一定研发实力（图 4-47）。

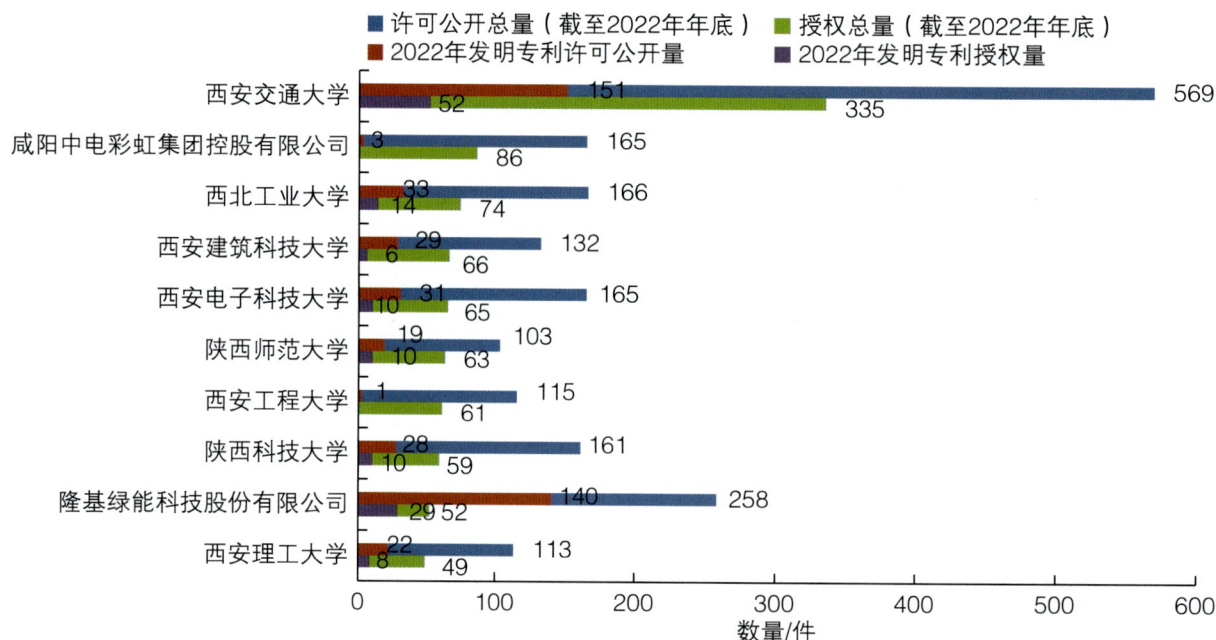

图 4-46　陕西太阳能光伏技术领域国内发明专利申请机构 TOP 10

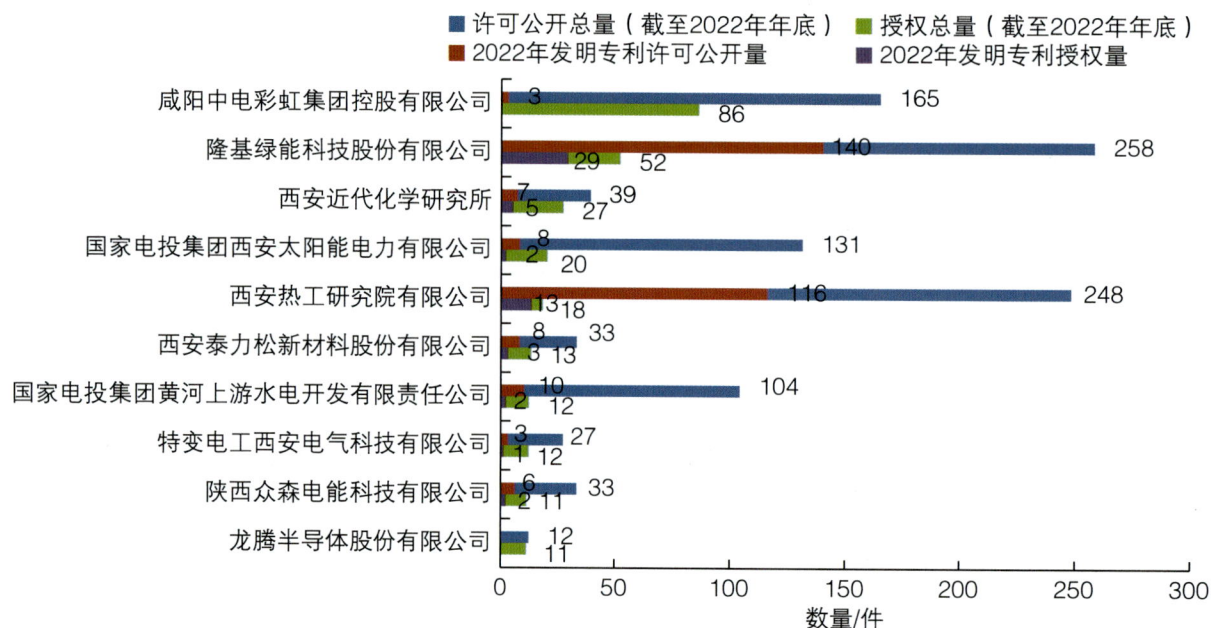

图 4-47　陕西太阳能光伏技术领域国内发明专利非高校申请机构 TOP 10

（3）优势技术方向

按 IPC 分类，截至 2022 年年底，陕西在太阳能光伏技术领域的国内授权专利主要集中在光转化为能量的装置及器件技术方向。咸阳中电彩虹集团控股有限公司在 H01G（电容器、整流器、检波器等）、西安工程大学在 F24F（空气调节、增湿、通风等）、西安交通大学在 F03G（弹力、重力、惯性或类似的发动机等）技术方向上的授权发明专利数量居全国首位。

陕西在太阳能光伏技术领域国内授权发明专利的主要申请主体为省内几所主要高校和咸阳中电彩虹集团控股有限公司等国有企业；隆基绿能科技股份有限公司等少数民营企业也表现不错（表 4-22）。

表 4-22　陕西太阳能技术领域授权发明专利主要 IPC 分类

IPC 技术分类	全国（截至 2022 年年底）		陕西（截至 2022 年年底）		
	授权量/件	主要申请主体	授权量/件	占全国比重	主要申请主体
H01L（半导体器件；其他类目中不包括的电固体器件）	17 792	LG 集团（381） 苏州阿特斯阳光电力科技有限公司（164） 佳能株式会社（156） 太阳能公司（142） 比亚迪股份有限公司（140）	398	2.24%	西安交通大学（80） 咸阳中电彩虹集团控股有限公司（66） 隆基绿能科技股份有限公司（42） 陕西师范大学（37） 西安电子科技大学（28）
H02S（由红外线辐射、可见光或紫外光转换产生电能）	8794	国家电网有限公司（186） 阳光电源股份有限公司（98） 河海大学常州校区（63） 河海大学 80 北京印刷学院（59） 常州天合光能有限公司（50）	172	1.96%	西安交通大学（48） 西安工程大学（11） 西安电子科技大学（7） 陕西众森电能科技有限公司（7） 西北工业大学（6） 西安理工大学（6）
H02J（供电或配电的电路装置或系统；电能存储系统）	6261	国家电网有限公司（568） 中国电力科学研究院有限公司（157） 阳光电源股份有限公司（144） 合肥工业大学（82） 东南大学（72）	138	2.20%	西安交通大学（27） 西安理工大学（18） 特变电工西安电气科技有限公司（9） 西安工程大学（6） 西安科技大学（5）

续表

IPC 技术分类	全国（截至 2022 年年底）			陕西（截至 2022 年年底）		
	授权量/件	主要申请主体		授权量/件	占全国比重	主要申请主体
F24S（太阳能热收集器；太阳能热系统）	5399	北京环能海臣科技有限公司（76） 北京印刷学院（58） 浙江大学（54） 山东大学（54） 东南大学（49）		131	2.43%	西安交通大学（48） 西安建筑科技大学（20） 陕西科技大学（9） 西安热工研究院有限公司（8） 西安科技大学（5）
H01G（电容器；电解型的电容器、整流器、检波器、开关器件、光敏器件或热敏器件）	1725	咸阳中电彩虹集团控股有限公司（48） 湘潭大学（31） 中国科学院化学研究所（27） 中国科学院上海硅酸盐研究所（27） 复旦大学（27）		98	5.68%	咸阳中电彩虹集团控股有限公司（48） 陕西师范大学（9） 陕西理工学院（7） 西安交通大学（6） 西安电子科技大学（6）
F24F（空气调节；空气增湿；通风；空气流作为屏蔽的应用）	766	西安工程大学（46） 珠海格力电器股份有限公司（34） 上海交通大学（23） 东南大学（18） 西安建筑科技大学（11）		71	9.27%	西安工程大学（46） 西安建筑科技大学（11） 西安交通大学（7） 中国建筑西北设计研究院有限公司（3） 西安科技大学（2）
H01M（用于直接转变化学能为电能的方法或装置，如电池组）	1157	咸阳中电彩虹集团控股有限公司（44） 中国科学院物理研究所（25） 复旦大学（21） 中国科学院化学研究所（18） 清华大学（17）		65	5.62%	咸阳中电彩虹集团控股有限公司（44） 西安交通大学（12） 西北工业大学（2）
F03G（弹力、重力、惯性或类似的发动机；不包含在其他类目中的机械动力产生装置或机构，或不包含在其他类目中的能源利用）	785	西安交通大学（29） 中国科学院工程热物理研究所（19） 华北电力大学（17） 浙江大学（15） 国家电网有限公司（14）		53	6.75%	西安交通大学（29） 西安石油大学（5） 西安热工研究院有限公司（4） 西安电子科技大学（2） 国网陕西省电力公司电力科学研究院（2） 西安航空动力股份有限公司（2）

续表

IPC 技术分类	全国（截至 2022 年年底）			陕西（截至 2022 年年底）		
	授权量/件	主要申请主体		授权量/件	占全国比重	主要申请主体
C02F（水、废水、污水或污泥的处理）	1290	浙江大学（37） 北京理工大学（30） 山东大学（23） 上海交通大学（21） 西安交通大学（21）		48	3.72%	西安交通大学（21） 陕西科技大学（8） 西安建筑科技大学（4） 西北工业大学（3） 长安大学（2） 陕西省环境科学研究院（2）

2. 国外专利数据

（1）总量数据

2022 年，陕西在太阳能光伏领域申请的国外专利公开量为 83 件，合计 79 个 DWPI 同族专利。其中，PCT 国际专利 57 件，美国专利 15 件，欧洲专利 6 件，韩国专利 4 件，日本专利 1 件。申请主体中，隆基绿能科技股份有限公司的专利公开量 31 件，陕西莱特光电材料股份有限公司 20 件，西安交通大学 12 件，西安热工研究院有限公司、西安华科光电有限公司各 3 件，西安领充创享新能源科技有限公司、西安思摩威新材料有限公司各 2 件，通号（西安）轨道交通工业集团有限公司、中国能源建设集团西北电力建设工程有限公司、西北工业大学、西安工业大学、西安航天动力研究所、西安华运天成通讯科技有限公司、西安金百泽电路科技有限公司、西安铁路信号有限责任公司及自然人刘和燕、吴官霖各 1 件。

按 IPC 分类，主要分布在 H01L（半导体器件等）、C07D（杂环化合物）、H02S（由红外线辐射、可见光或紫外光转换产生电能）等技术方向。

（2）PCT 国际专利

2022 年，陕西在太阳能光伏领域申请的 PCT 专利公开量为 57 件，主要集中在 H01L（半导体器件等）、C07D（杂环化合物）等技术方向。

主要申请主体中，隆基绿能科技股份有限公司和陕西莱特光电材料股份有限公司表现突出，专利公开量分别为 26 件和 16 件，均集中在 H01L（半导体器件等）、C07D（杂环化合物）等技术方向。

（3）美国专利

2022年，陕西在太阳能光伏领域申请的美国专利公开量为15件，主要集中在F24S（太阳能热收集器及热系统）、F01K（蒸汽机装置、贮汽器等）等技术方向。

主要申请主体中，西安交通大学表现突出，专利公开量为11件，集中在F24S（太阳能热收集器及热系统）、F03G（弹力、重力、惯性或类似的发动机等）和F01K（蒸汽机装置、贮汽器等）等技术方向。

（4）欧洲专利

2022年，陕西在太阳能光伏领域申请的欧洲专利的公开量为6件，主要集中在H01L（半导体器件等）等技术方向。

主要申请主体中，隆基绿能科技股份有限公司表现突出，专利公开量为4件，集中在H01L（半导体器件等）等技术方向。

（5）韩国专利

2022年，陕西在太阳能光伏领域申请的韩国专利的公开量为4件，申请主体为陕西莱特光电材料股份有限公司和西安华科光电有限公司，专利公开量各2件，集中在H01L（半导体器件等）、C07D（杂环化合物）、F41G（武器瞄准器；制导）、H05B（电热）等技术方向。

（6）日本专利

2022年，陕西在太阳能光伏领域申请的日本专利公开量为1件，为陕西莱特光电材料股份有限公司在C07D（杂环化合物）技术方向的专利。

（二）氢能

1.国内专利数据

（1）总量数据

截至2022年年底，陕西在氢能领域的国内发明专利累计许可公开量为1366件，位居全国第十，不足北京的1/4；2022年当年陕西的发明专利许可公开量为448件，位居全国第九，约为北京的1/4（图4-48）。陕西在该技术领域的发明专利累计授权量和2022年当年发明专利授权量分别588件和136件，均位居全国第十（图4-49）。

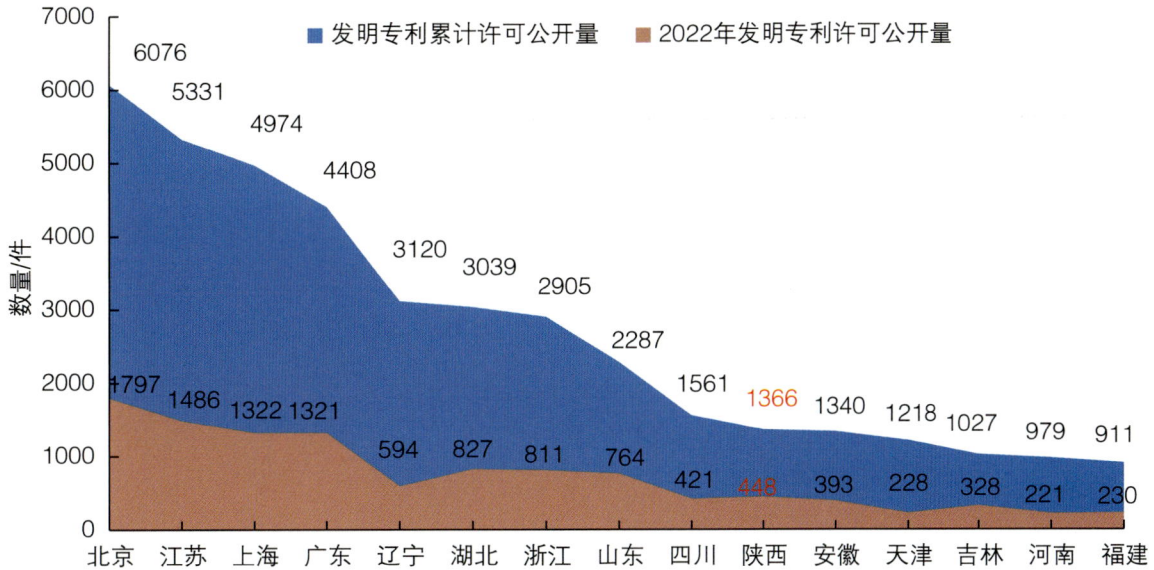

图 4-48　氢能技术领域部分省（自治区、直辖市）的国内发明专利许可公开量数据

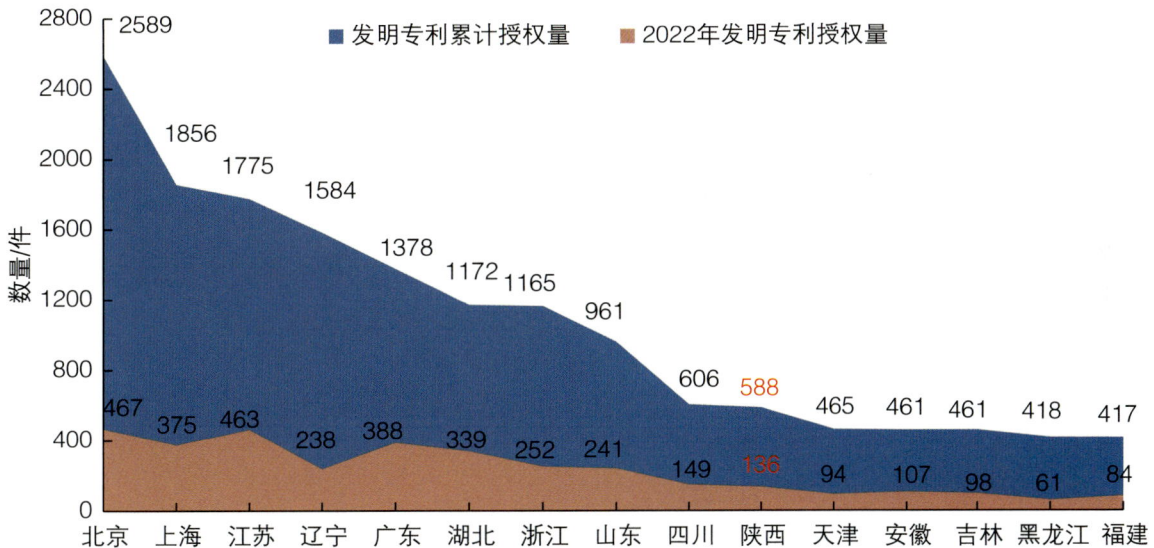

图 4-49　氢能技术领域部分省（自治区、直辖市）的国内发明专利授权量数据

（2）申请主体数据

截至 2022 年年底，陕西在氢能技术领域的国内发明专利累计许可公开和授权量的主要贡献者为高校，TOP 10 申请机构中仅有 1 家企业。TOP 10 申请机构的发明专利授权量之和占陕西该领域发明专利授权总量的 81%。申请主体前 3 名分别为西安交通大学、陕西科技大学和西北工业大学。其中，西安交通大学在该技术领域的国内发明专利量遥遥领先，发明专利累计许可公开量超过全省累计公开总量的 1/3，发明专利累计授权量接近全省总量的 1/2，显示了其在省内的领军地位（图 4-50）。

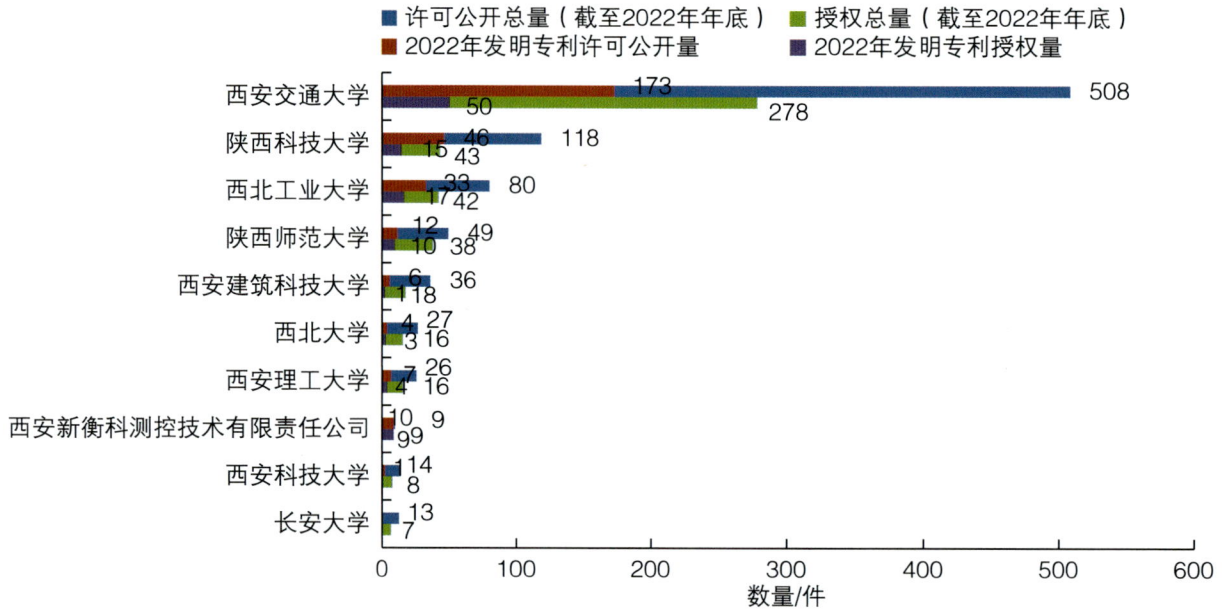

图 4-50　陕西氢能技术领域国内发明专利申请机构 TOP 10

　　陕西企业在氢能领域的国内发明专利表现不如省内高校，非高校申请机构 TOP 10 中有 3 家国有企业，7 家民营企业，1 家科研院所。西安新衡科测控技术有限责任公司发明专利累计授权量和 2022 年当年发明专利授权量在企业中位居第一，但与省内高校相比还存在较大差距；值得注意的是，主要申请企业的发明专利授权量较少，西安热工研究院有限公司发明专利累计许可公开量和 2022 年当年发明专利许可公开量分别为 83 件和 32 件，但发明专利累计授权量仅有 6 件，有 6 家机构在 2022 年均没有授权专利（图 4-51）。

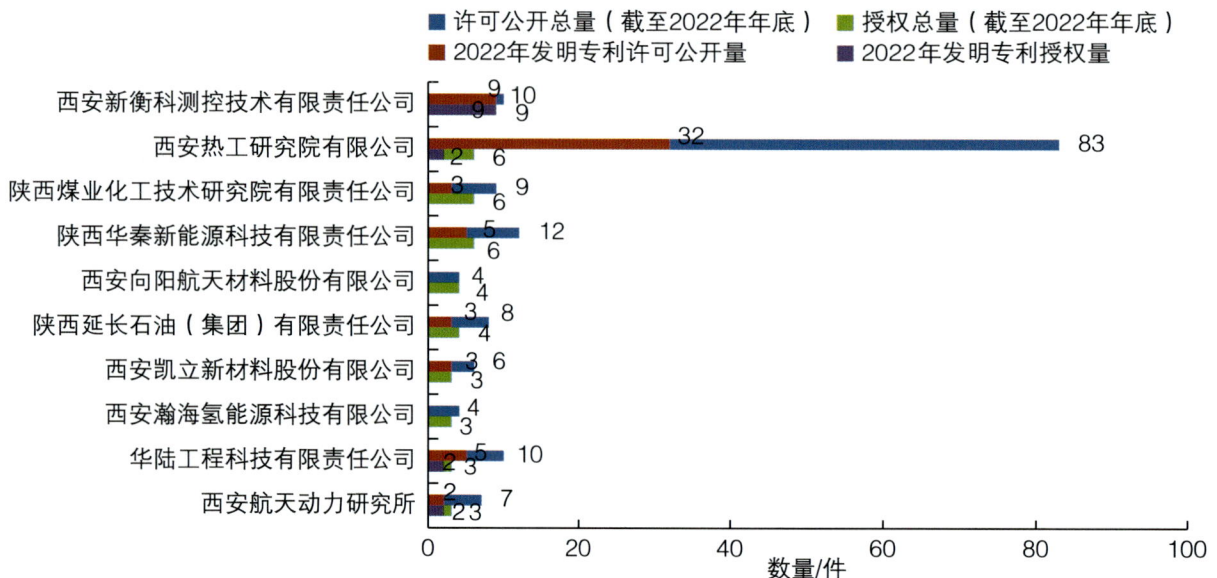

图 4-51　陕西氢能技术领域国内发明专利非高校申请机构 TOP 10

（3）优势技术方向

按 IPC 分类，截至 2022 年年底，陕西在氢能技术领域的国内授权发明专利主要集中在 H01M（用于直接转变化学能为电能的方法或装置）、C01B（非金属元素；其化合物）及 B01J（化学或物理方法等）等技术方面，占该技术领域陕西发明专利累计授权量的 80%。国外公司在 H01M（用于直接转变化学能为电能的方法或装置）技术方向的专利创新活动较活跃，如丰田集团、日产自动车株式会社、通用汽车公司和松下集团在该技术方向的授权发明专利数量位居全国 TOP 5 之列（表 4-23）。

表 4-23　陕西氢能技术领域授权发明专利主要 IPC 分类

IPC 技术分类	全国（截至 2022 年年底）		陕西（截至 2022 年年底）		
	授权量/件	主要申请主体	授权量/件	占全国比重	主要申请主体
H01M（用于直接转变化学能为电能的方法或装置，如电池组）	16 227	丰田集团（1247） 通用汽车公司（631） 中国科学院大连化学物理研究所（549） 日产自动车株式会社（397） 松下集团（390）	215	1.32%	西安交通大学（120） 西北工业大学（20） 陕西师范大学（13） 陕西科技大学（10） 西安新衡科测控技术有限责任公司（9）
C01B（非金属元素；其化合物）	3867	浙江大学（113） 中国石油化工股份有限公司（108） 中国科学院大连化学物理研究所（81） 福州大学（70） 西安交通大学（68）	130	3.36%	西安交通大学（68） 西北大学（9） 陕西科技大学（7） 西安建筑科技大学（7） 西安理工大学（5）
B01J（化学或物理方法，如催化作用、胶体化学；其有关设备）	3647	中国科学院大连化学物理研究所（152） 福州大学（86） 中国石油化工股份有限公司（78） 浙江大学（71） 华南理工大学（61）	123	3.37%	西安交通大学（55） 陕西科技大学（13） 西北大学（10） 西北工业大学（8） 陕西师范大学（8）
C25B（生产化合物或非金属的电解工艺或电泳工艺；其所用的设备）	1583	中国科学院大连化学物理研究所（37） 清华大学（27） 太原理工大学（27） 天津大学（23） 西安交通大学（22）	71	4.49%	西安交通大学（22） 陕西科技大学（18） 陕西华秦新能源科技有限责任公司（6） 陕西师范大学（5） 西北工业大学（4）

续表

IPC 技术分类	全国（截至 2022 年年底）		陕西（截至 2022 年年底）		
	授权量/件	主要申请主体	授权量/件	占全国比重	主要申请主体
B82Y（纳米结构的特定用途或应用；纳米结构的测量与分析；纳米结构的制造或处理）	957	中国科学院大连化学物理研究所（41） 福州大学（26） 武汉理工大学（20） 济南大学（17） 大连理工大学（16） 哈尔滨工业大学（16）	43	4.49%	西安交通大学（11） 陕西师范大学（9） 陕西科技大学（8） 西北工业大学（3） 西北大学（2） 西安理工大学（2） 西安科技大学（2）
C22C（合金）	658	包头稀土研究院（29） 浙江大学（17） 内蒙古科技大学（14） 燕山大学（14） 杰富意钢铁株式会社（14）	24	3.65%	陕西科技大学（8） 西北有色金属研究院（4） 西北工业大学（3） 西安建筑科技大学（3） 榆林学院（3）
B22F（金属粉末的加工；由金属粉末制造制品；金属粉末的制造）	328	内蒙古科技大学（11） 华南理工大学（9） 燕山大学（8） 中国科学院大连化学物理研究所（8） 南开大学（6）	20	6.10%	西安建筑科技大学（4） 榆林学院（3） 陕西科技大学（2） 西北工业大学（2） 西安交通大学（2） 陕西师范大学（2）
C07C（无环或碳环化合物）	643	巴斯夫欧洲公司（22） 中国科学院大连化学物理研究所（20） 中国石油化工股份有限公司（17） 浙江工业大学（17） 大连理工大学（12）	15	2.33%	陕西师范大学（9） 西安交通大学（2） 西安电子科技大学（2）
C01G（含有不包含在 C01D 或 C01F 小类中之金属的化合物）	359	浙江大学（15） 渤海大学（12） 南京工业大学（8） 武汉理工大学（7） 哈尔滨工业大学（7）	14	3.90%	陕西科技大学（5） 西安交通大学（3） 西北大学（3） 陕西师范大学（2）
C02F（水、废水、污水或污泥的处理）	757	大连理工大学（35） 哈尔滨工业大学（25） 浙江大学（20） 太原理工大学（14） 东南大学（13） 河海大学（13）	12	1.59%	西安交通大学（6） 西安建筑科技大学（3）

续表

IPC 技术分类	全国（截至 2022 年年底）		陕西（截至 2022 年年底）		
	授权量/件	主要申请主体	授权量/件	占全国比重	主要申请主体
C08G（用碳－碳不饱和键以外的反应得到的高分子化合物）	596	三星集团（24） 上海交通大学（23） 吉林大学（22） 大连理工大学（21） 常州大学（19）	12	2.01%	陕西师范大学（7） 西安交通大学（2） 西安理工大学（2）

2. 国外专利数据

2022 年，陕西在氢能技术领域申请的国外专利公开量仅为 4 件，涉及 3 家申请机构。其中西安交通大学 2 件，分别涉及一种基于新能源消耗的天然气含氢产品制备装置及方法和一种基于分频技术的太阳能光热耦合制氢装置等技术方向；陕西科技大学 1 件，涉及高效氮化钒/碳化钼异质结制氢电催化剂及其制备方法及应用等技术方向；西安航天动力研究所 1 件，涉及基于水光解制氢技术的月球基地能源供应及应用系统等技术方向（表 4-24）。

表 4-24　2022 年陕西氢能技术领域申请的国外专利公开数据

序号	专利名称	申请主体	主分类号	同族专利数/件
1	Apparatus and method for preparing hydrogen-containing product from natural gas on basis of new energy consumption	西安交通大学	C01B	2
2	Device for producing hydrogen through photothermal coupling of solar energy based on frequency division technology	西安交通大学	B01J	4
3	High-efficiency vanadium nitride/molybdenum carbide heterojunction hydrogen production electrocatalyst, and preparation method and application thereof	陕西科技大学	C25B	2
4	Lunar base energy supply and application system based on technology of hydrogen production by means of water photolysis	西安航天动力研究所	C25B	2

（三）煤制烯烃（芳烃）深加工

1. 国内专利数据

（1）总量数据

截至 2022 年年底，陕西在煤制烯烃（芳烃）深加工技术领域的国内发明专利累计许可公开量为 115 件，位居全国第五，约为北京的 1/10；2022 年当年陕西发明专利许可公开量为 10 件，位居全国第七，约为北京的 1/10（图 4-52）。陕西在该技术领域的发明专利累计授权量和 2022 年当年发明专利授权量分别为 63 件和 5 件，均位居全国第五（图 4-53）。

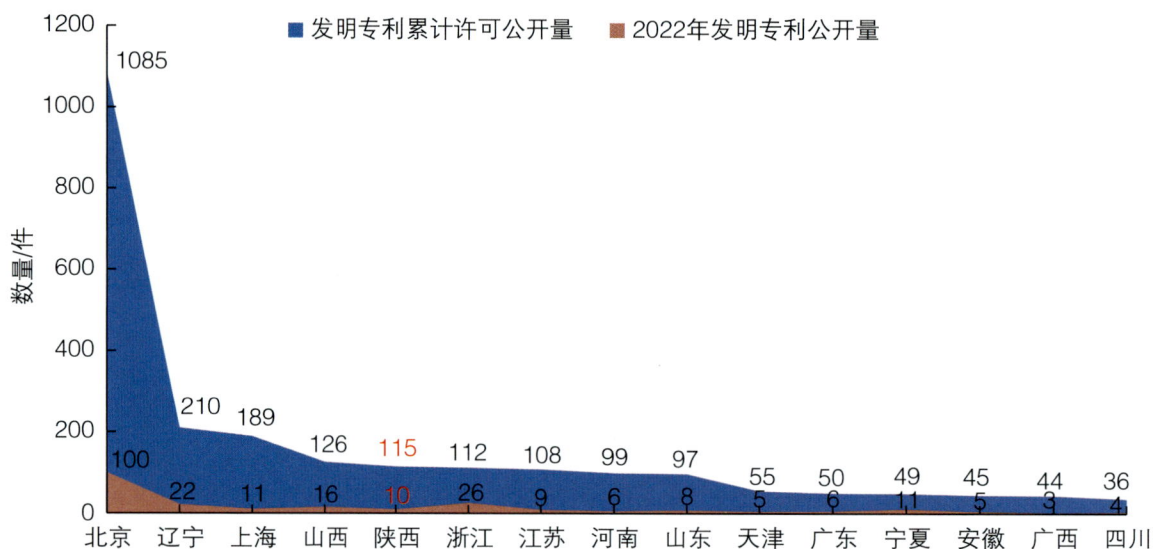

图 4-52　煤制烯烃（芳烃）深加工技术领域部分省（自治区、直辖市）的国内发明专利许可公开量数据

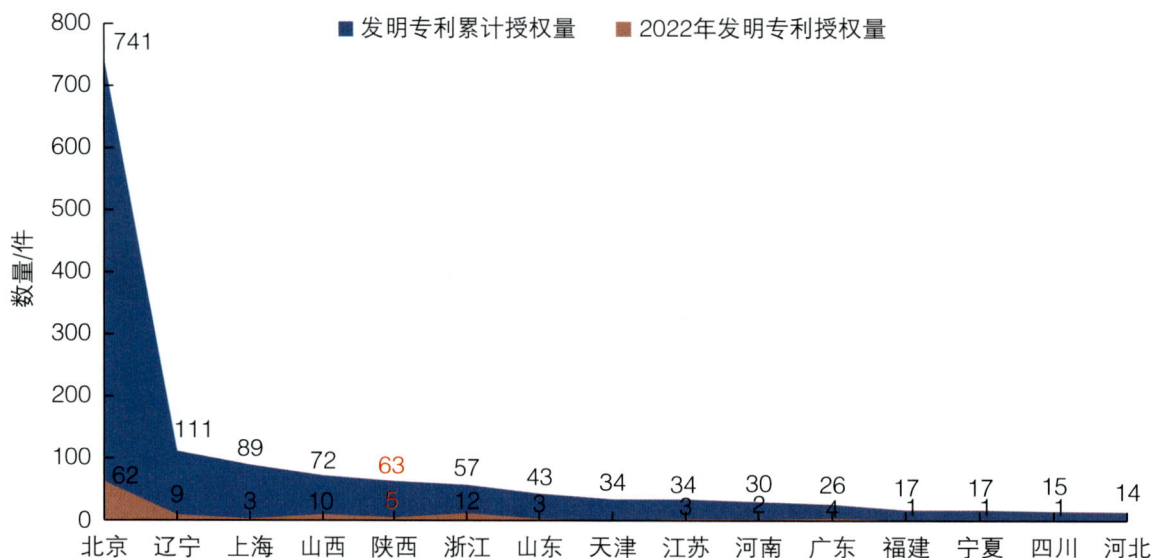

图 4-53　煤制烯烃（芳烃）深加工技术领域部分省（自治区、直辖市）的国内发明专利授权量数据

（2）申请主体数据

截至 2022 年年底，陕西在煤制烯烃（芳烃）深加工技术领域的国内授权发明专利中，主要申请机构的发明专利授权量占陕西该技术领域发明专利授权总量的 78%。位居前二的陕西煤业化工集团有限责任公司和西北大学的发明专利授权总量约为陕西该技术领域发明专利授权总量的 1/2，可见陕西煤业化工集团有限责任公司和西北大学在该领域的研发能力在陕西处于领先地位。主要申请机构中仅有 1 家为民营企业，可见民营企业在该领域的研发能力一般（图 4-54）。

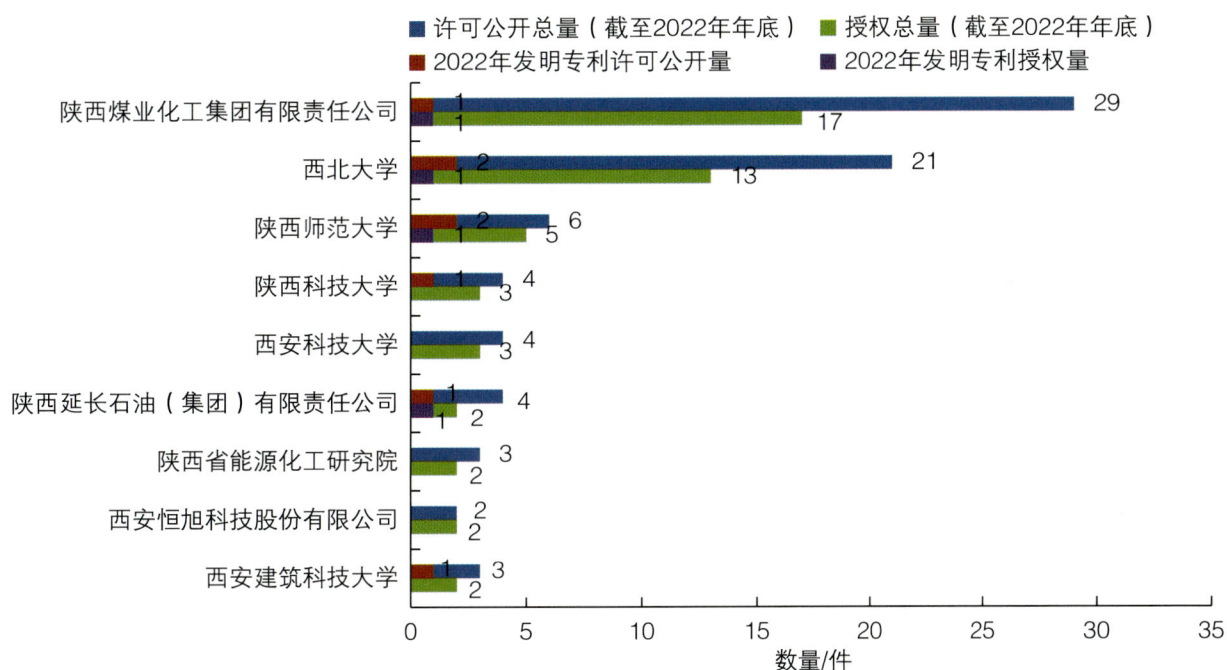

图 4-54　陕西煤制烯烃（芳烃）深加工技术领域国内发明专利主要申请机构

（3）优势技术方向

按 IPC 分类，截至 2022 年年底，陕西在煤制烯烃（芳烃）深加工技术领域的国内授权发明专利的 IPC 分类主要集中在 B01J（化学或物理方法等）和 C07C（无环或碳环化合物）等技术方向，占该领域陕西发明专利授权总量的 63.27%，其中中国石油化工股份有限公司上海石油化工研究院在这两个方面的专利创新活动非常活跃，其发明专利授权量遥遥领先其他机构，而陕西机构均未进入全国 TOP 5 之列，表现一般（表 4-25）。

表 4-25 陕西煤制烯烃（芳烃）深加工技术领域授权发明专利主要 IPC 分类

IPC 技术分类	全国（截至 2022 年年底）		陕西（截至 2022 年年底）		
	授权量 /件	主要申请主体	授权量 /件	占全国比重	主要申请主体
B01J（化学或物理方法，如催化作用、胶体化学；其有关设备）	819	中国石油化工股份有限公司上海石油化工研究院（201）中国科学院大连化学物理研究所（60）巴斯夫欧洲公司（28）浙江工业大学（22）中国石油化工股份有限公司石油化工科学研究院（22）	31	3.79%	陕西煤业化工集团有限责任公司（11）西北大学（9）西安科技大学（3）陕西师范大学（3）陕西省能源化工研究院（2）西安恒旭科技股份有限公司（2）
C07C（无环或碳环化合物）	1228	中国石油化工股份有限公司上海石油化工研究院（361）中国科学院大连化学物理研究所（72）中国神华煤制油化工有限公司（40）英国石油公司（29）中石化炼化工程（集团）股份有限公司（28）	31	2.52%	陕西煤业化工集团有限责任公司（16）西北大学（8）陕西师范大学（4）陕西省能源化工研究院（2）
C10G（烃油裂化；液态烃混合物的制备，如用破坏性加氢反应、低聚反应、聚合反应；从油页岩、油矿或油气中回收烃油；含烃类为主的混合物的精制；石脑油的重整；地蜡）	358	中国石油化工股份有限公司上海石油化工研究院（38）沙特基础工业公司（23）沙特阿拉伯石油公司（17）中国科学院大连化学物理研究所（16）国际壳牌研究有限公司（13）	12	3.35%	西北大学（6）西安恒旭科技发展有限公司（2）陕西延长石油（集团）有限责任公司（1）
C01B（非金属元素;其化合物）	150	国家能源投资集团有限责任公司（11）中国石油化工股份有限公司（10）庄信万丰股份有限公司（6）巴斯夫欧洲公司（5）国际壳牌研究有限公司（4）中国神华煤制油化工有限公司（4）	7	4.67%	陕西煤业化工集团有限责任公司（2）西北大学（2）陕西师范大学（1）榆林科大高新能源研究院有限公司（1）陕西省煤化工工程技术研究中心（1）

续表

IPC 技术分类	全国（截至 2022 年年底）		陕西（截至 2022 年年底）		
	授权量/件	主要申请主体	授权量/件	占全国比重	主要申请主体
C02F（水、废水、污水或污泥的处理）	61	中国石油化工股份有限公司（7） 中国神华煤制油化工有限公司（4） 江苏久吾高科技股份有限公司（3） 西安科技大学（3） 中石化洛阳工程有限公司（3）	6	9.84%	西安科技大学（3） 西安交通大学（1） 陕西师范大学（1） 陕西省微生物研究所（1）
C10L（不包含在其他类目中的燃料；天然气；不包含在 C10G 或 C10K 小类中的方法得到的合成天然气；液化石油气；在燃料或火中使用添加剂；引火物）	138	巴斯夫欧洲公司（21） 因诺斯佩克有限公司（9） 国际壳牌研究有限公司（6） 英菲诺姆国际有限公司（6） 伊蒂股份有限公司（4） 卡斯特罗尔有限公司（4） 埃克森化学专利公司（4） 山西新源煤化燃料有限公司（4）	4	2.90%	陕西科技大学（3） 陕西延长石油榆神煤化工有限公司（1）
C08F（仅用碳–碳不饱和键反应得到的高分子化合物）	68	巴斯夫欧洲公司（15） 三井化学株式会社（4） 阿克佐诺贝尔国际涂料股份有限公司（3） 北京化工大学（2） 巴塞尔聚烯烃股份有限公司（2） 索维公司（2） 道康宁公司（2）	3	4.41%	陕西科技大学（1） 陕西师范大学（1） 陕西万朗石油工程技术服务有限公司（1）

续表

IPC 技术分类	全国（截至 2022 年年底）		陕西（截至 2022 年年底）		
	授权量 / 件	主要申请主体	授权量 / 件	占全国比重	主要申请主体
C09K（不包含在其他类目中的各种应用材料；不包含在其他类目中的材料的各种应用）	72	科莱恩金融（BVI）有限公司（15） 巴斯夫欧洲公司（7） 可泰克斯公司（3） 埃默里油脂化学有限公司（2） 安赛乐米塔尔公司（2） 弗劳恩霍弗应用研究促进协会（2） 瓦克化学股份公司（2） 赢创德固赛有限公司（2）	2	2.78%	西安石油大学（1） 陕西万朗石油工程技术服务有限公司（1）
C23C（对金属材料的镀覆；用金属材料对材料的镀覆；表面扩散法，化学转化或置换法的金属材料表面处理；真空蒸发法、溅射法、离子注入法或化学气相沉积法的一般镀覆）	6	西安建筑科技大学（1） 西安理工大学（1） 佳能株式会社（1） 埃卡特有限公司（1） 气体产品与化学公司（1） 淮北矿务局科研所（1）	2	33.33%	西安建筑科技大学（1） 西安理工大学（1）

2. 国外专利数据

2022 年，陕西在煤制烯烃（芳烃）技术领域申请的国外专利公开量仅 1 件，为陕西延长石油延安能源化工有限责任公司申请的 PCT 国际专利，涉及甲醇制烯烃技术方向（表 4-26）。

表 4-26　2022 年陕西煤制烯烃（芳烃）深加工技术领域申请的国外专利公开数据

序号	专利名称	申请主体	主分类号	同族专利数/件
1	Deep purification device and method for methanol-to-olefin washing water	陕西延长石油延安能源化工有限责任公司	C02F	1

五、航空航天

1. 国内专利数据

（1）总量数据

截至 2022 年年底，陕西在航空航天技术领域的国内发明专利累计许可公开量为 28 170 件，2022 年当年陕西发明专利许可公开量为 6845 件，均位居全国第三，落后于北京、江苏（图 4-55）。陕西在该技术领域的发明专利累计授权量和 2022 年当年发明专利授权量分别为 12 658 件和 2986 件，均位居全国第二，仅次于北京（图 4-56）。

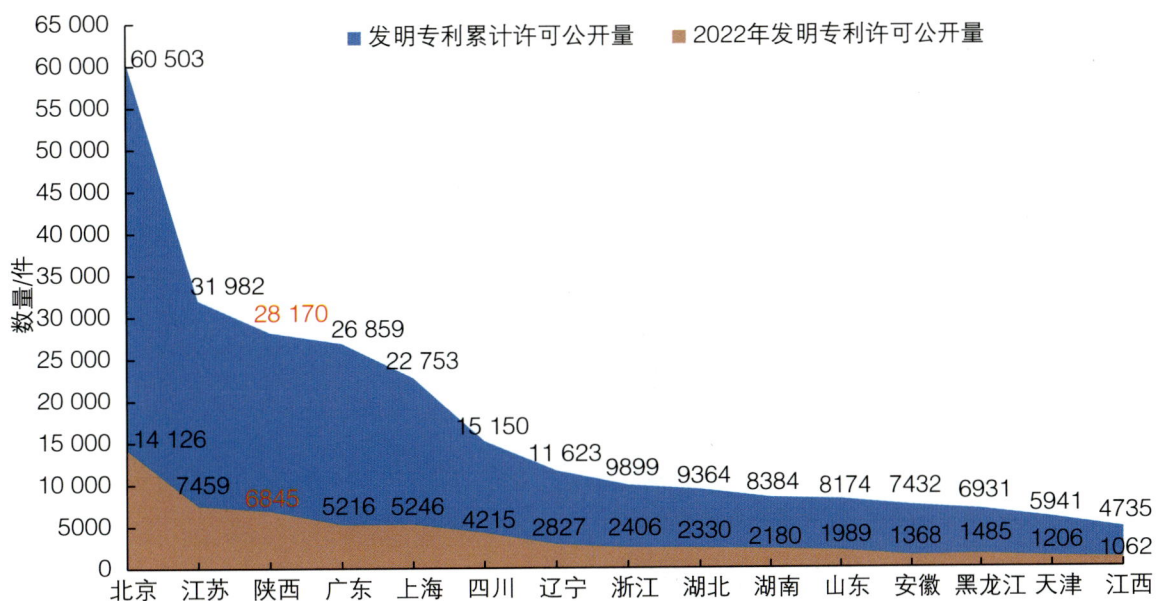

图 4-55　航空航天技术领域部分省（自治区、直辖市）的国内发明专利许可公开量数据

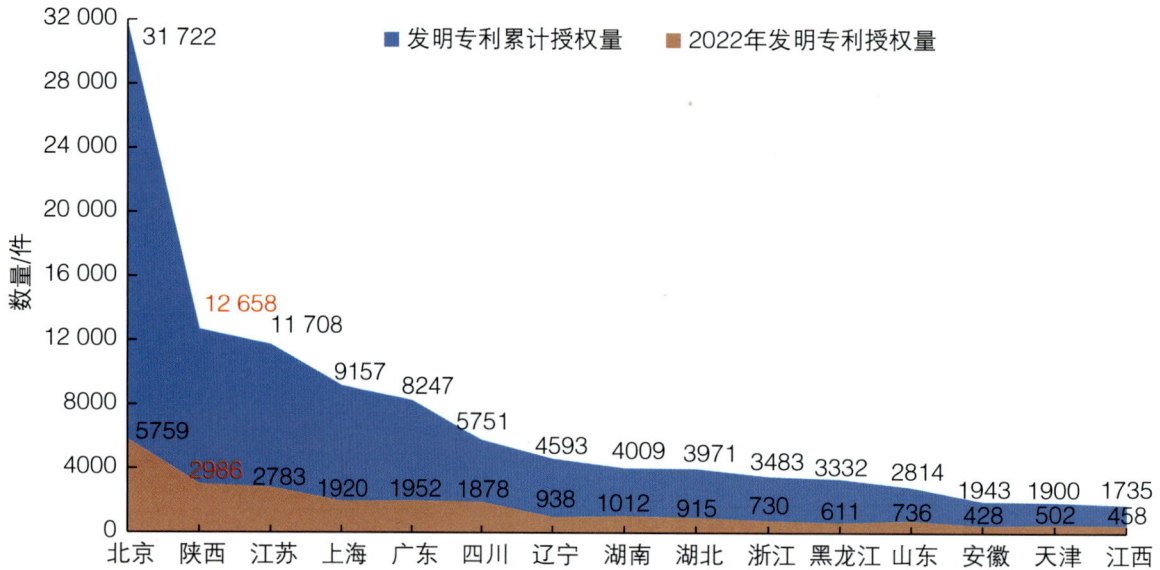

图 4-56　航空航天技术领域部分省（自治区、直辖市）的国内发明专利授权量数据

（2）申请主体数据

截至 2022 年年底，陕西在航空航天技术领域的国内授权发明专利申请机构中，TOP 10 机构的发明专利授权量占陕西该技术领域发明专利授权总量的 68%；其中，西北工业大学发明专利数量遥遥领先于其余机构；除此之外，以中国航空工业集团所属科研院所及企业为主力军，占据了申请机构 TOP 10 的一半。非高校申请机构 TOP 10 均为中国航天科技集团、中国航空工业集团、中国航空发动机集团下属单位（图 4-57、图 4-58）。

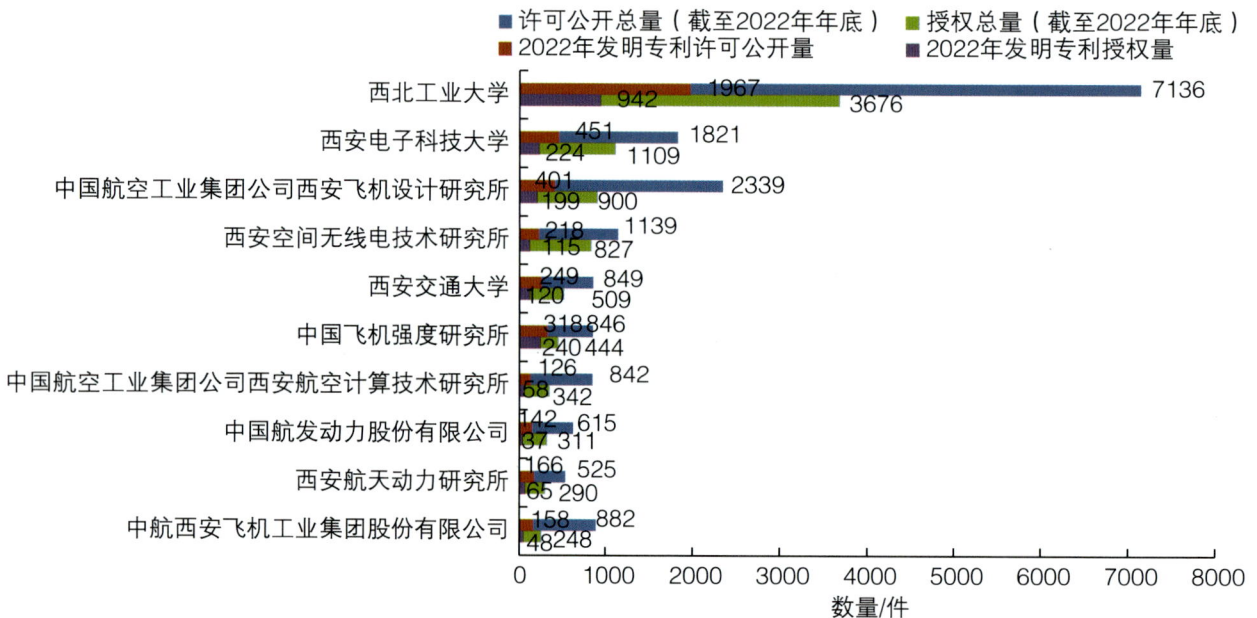

图 4-57　陕西航空航天技术领域发明专利申请机构 TOP 10

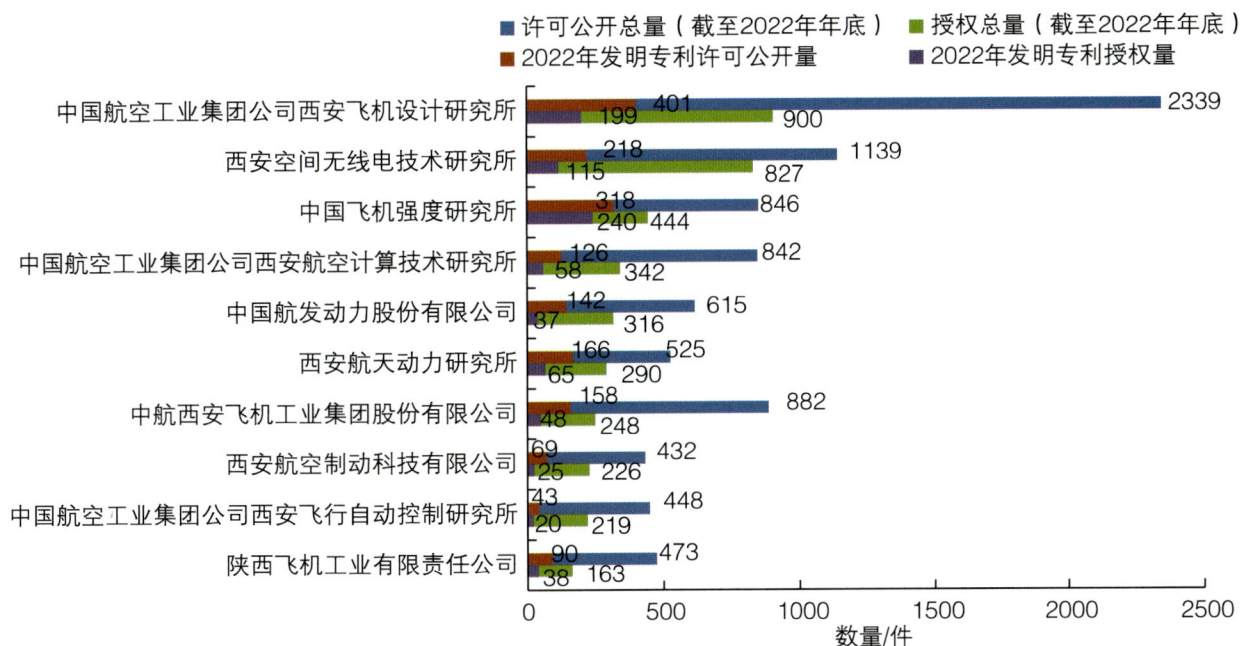

图 4-58　陕西航空航天技术领域发明专利非高校申请机构 TOP 10

（3）优势技术方向

按 IPC 分类，截至 2022 年年底，陕西在航空航天技术领域的国内授权发明专利主要集中在电数字数据处理、无线电定向导航、机器或结构部件的静或动平衡的测试以及飞机、直升机等技术方面。西北工业大学在 G06F、G01S、G01M、G01C、G05B、G05D 等 6 个技术方向的授权发明专利数量位居全国 TOP 5 之列；中国航空工业集团公司下属的西安飞机设计研究所和西安航空计算研究所分别在 G06F、B64F、H04L 等 3 个技术方向的授权发明专利数量位居全国 TOP 5 之列（表 4-27）。

陕西在航空航天领域的授权发明专利申请机构基本被省内几所高校、研究机构和大型国有企业垄断；民营企业仅有西安费斯达自动化工程有限公司在 G05B（一般的控制或调节系统等）技术方向，以及西安爱生技术集团有限公司在 G05D（非电变量的控制或调节系统）技术方向表现比较突出（表 4-27）。

表 4-27　陕西航空航天技术领域授权发明专利主要 IPC 分类

IPC 技术分类	全国（截至 2022 年年底）		陕西（截至 2022 年年底）		
	授权量/件	主要申请主体	授权量/件	占全国比重	主要申请主体
G06F（电数字数据处理）	12 204	北京航空航天大学（1152） 西北工业大学（629） 南京航空航天大学（550） 中国运载火箭技术研究院（243） 中国航空工业集团公司西安飞机设计研究所（227）	1585	12.99%	西北工业大学（629） 中国航空工业集团公司西安飞机设计研究所（227） 中国航空工业集团公司西安航空计算技术研究所（102） 西安电子科技大学（99） 中国飞机强度研究所（77）
G01S（无线电定向；无线电导航；采用无线电波测距或测速；采用无线电波的反射或再辐射的定位或存在检测；采用其他波的类似装置）	10 901	北京航空航天大学（650） 西安电子科技大学（333） 南京航空航天大学（277） 电子科技大学（244） 西北工业大学（183）	1007	9.24%	西安电子科技大学（333） 西北工业大学（183） 西安空间无线电技术研究所（172） 中国科学院国家授时中心（36） 中国人民解放军火箭军工程大学（32）
G01M（机器或结构部件的静或动平衡的测试；其他类目中不包括的结构部件或设备的测试）	5054	北京航空航天大学（342） 中国航天空气动力技术研究院（263） 南京航空航天大学（219） 西北工业大学（182） 中国飞机强度研究所（171）	739	14.62%	西北工业大学（182） 中国飞机强度研究所（171） 中国航空工业集团公司西安飞机设计研究所（82） 西安航天动力试验技术研究所（50） 中国航发动力股份有限公司（36）
B64C（飞机；直升飞机）	10 205	空中客车公司（930） 波音公司（378） 北京航空航天大学（357） 南京航空航天大学（279） 深圳市大疆创新科技有限公司（242）	715	7.01%	西北工业大学（212） 中国航空工业集团公司西安飞机设计研究所（143） 西安航空制动科技有限公司（93） 陕西飞机工业（集团）有限公司（33） 西安交通大学（29）

续表

IPC 技术分类	全国（截至 2022 年年底）		陕西（截至 2022 年年底）		
	授权量/件	主要申请主体	授权量/件	占全国比重	主要申请主体
G01C（测量距离、水准或者方位；勘测；导航；陀螺仪；摄影测量学或视频测量学）	11 995	北京航空航天大学（824） 南京航空航天大学（233） 北京控制工程研究所（230） 东南大学（216） 西北工业大学（181）	655	5.46%	西北工业大学（181） 中国航空工业西安飞行自动控制研究所（58） 西安电子科技大学（64） 西安交通大学（25） 西安航天精密机电研究所（23）
B64F（地面设施或航空母舰甲板设施）	4426	中国飞机强度研究所（233） 南京航空航天大学（135） 波音公司（131） 中国直升机设计研究所（122） 中国航空工业集团公司西安飞机设计研究所（116）	632	14.28%	中国飞机强度研究所（233） 中国航空工业集团公司西安飞机设计研究所（116） 西北工业大学（77） 中航飞机股份有限公司西安飞机分公司（39） 陕西飞机工业（集团）有限公司（35）
G05B（一般的控制或调节系统；这种系统的功能单元；用于这种系统或单元的监视或测试装置）	4257	北京航空航天大学（386） 南京航空航天大学（319） 西北工业大学（267） 中国运载火箭技术研究院（118） 北京控制工程研究所（108）	555	13.04%	西北工业大学（267） 中国航空工业集团公司西安飞机设计研究所（51） 西安费斯达自动化工程有限公司（37） 中国航空工业西安飞行自动控制研究所（18） 西安航空制动科技有限公司（15）
G05D（非电变量的控制或调节系统）	7293	北京航空航天大学（538） 南京航空航天大学（273） 西北工业大学（266） 深圳市大疆创新科技有限公司（222） 北京理工大学（189）	544	7.46%	西北工业大学（266） 西安电子科技大学（41） 中国飞机强度研究所（31） 中国航空工业西安飞行自动控制研究所（22） 西安爱生技术集团有限公司（22）

续表

IPC 技术分类	全国（截至 2022 年年底）		陕西（截至 2022 年年底）		
	授权量/件	主要申请主体	授权量/件	占全国比重	主要申请主体
H04B（传输）	5945	中国电子科技集团公司第五十四研究所（189） 西安空间无线电技术研究所（172） 北京航空航天大学（161） 北京邮电大学（123） 南京航空航天大学（123）	478	8.04%	西安空间无线电技术研究所（172） 西安电子科技大学（113） 西北工业大学（43） 西安交通大学（21） 中国人民解放军火箭军工程大学（14）
H04L（数字信息的传输，如电报通信）	4576	北京航空航天大学（248） 西安电子科技大学（117） 中国电子科技集团公司第五十四研究所（115） 西安空间无线电技术研究所（114） 中国航空工业集团公司西安航空计算技术研究所（102）	462	10.10%	西安电子科技大学（114） 西安空间无线电技术研究所（114） 中国航空工业集团公司西安航空计算技术研究所（102） 西北工业大学（41） 西安交通大学（9）

2. 国外专利数据

2022 年，陕西在航空航天技术领域申请的国外专利公开量共计 10 件。其中，美国专利 3 件，日本专利 3 件，PCT 国际专利 2 件，欧洲专利 2 件（表 4–28）。

申请主体中，西安空间无线电技术研究所申请国外专利 3 件，分别涉及基于"云端"架构的 PPP – RTK 增强方法与系统、基于地球 GNSS 和月球导航增强卫星的月球导航系统和分布式无中心天基时间基准建立与维护系统等技术方向。西安航天发动机有限公司申请国外专利 3 件，分别涉及六刃横切刀具的加工方法、阀芯开启装置和夹层直槽环形件的制造方法等技术方向。西安航天动力研究所、陕西航天科技有限公司、西安航天推进研究所、陕西金兆航空科技有限公司各申请国外专利 1 件。

表 4-28　2022 年陕西航空航天技术领域申请的国外专利公开数据

序号	专利名称	申请主体	主分类号	同族专利数/件
1	"Cloud-end" architecture-based ppp-rtk enhan-cement method and system	西安空间无线电技术研究所	G01S	4
2	Moon navigation system based on earth gnss and moon navigation enhancement satellite	西安空间无线电技术研究所	G01C	4
3	Aeronautical aluminum alloy minimum-quantity-lubrication milling machining device	陕西金兆航空科技有限公司；青岛工业大学	B23Q	6
4	Multi-redundancy electromechanical servo system for regulating liquid rocket engine and implementation method therefor	西安航天动力研究所	F02K	5
5	Pipeline separation device for liquid-propellant rocket	陕西航天科技有限公司	F16L	5
6	Method for predicting structural response of liquid-propellant rocket engine to impact load	西安航天推进研究所	F02K	3
7	Distributed centerless space-based time reference establishing and maintaining system	西安空间无线电技术研究所	G04F	3
8	Processing method of a six-blade cross-cutting cutter	西安航天发动机有限公司	B23H	3
9	Valve core opening device	西安航天发动机有限公司	B25B	39
10	The manufacturing method of a sandwiched-layer straight groove ring-shaped member	西安航天发动机有限公司	B22F	4

六、民用无人机

1. 国内专利数据

（1）总量数据

截至 2022 年年底，陕西在民用无人机技术领域的国内发明专利累计许可公开量为 3258 件，位居全国第六，不足广东的 1/3；2022 年当年陕西的发明专利许可公开量为 880 件，位居全国第五，不足广东的 1/2（图 4-59）。陕西在该技术领域的发明专利累计授权量和 2022 年当年发明专利授权量分别为 980 件和 372 件，均位居全国第四，落后于北京、广东、江苏（图 4-60）。

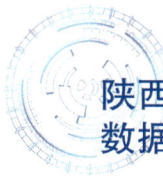

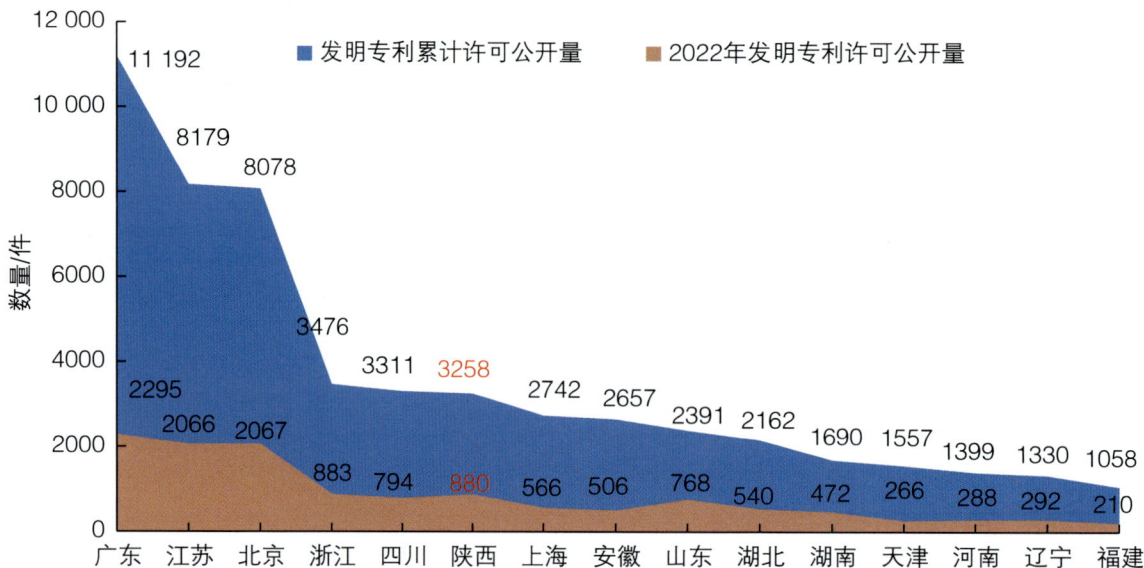

图 4-59　民用无人机技术领域部分省（自治区、直辖市）的国内发明专利许可公开量数据

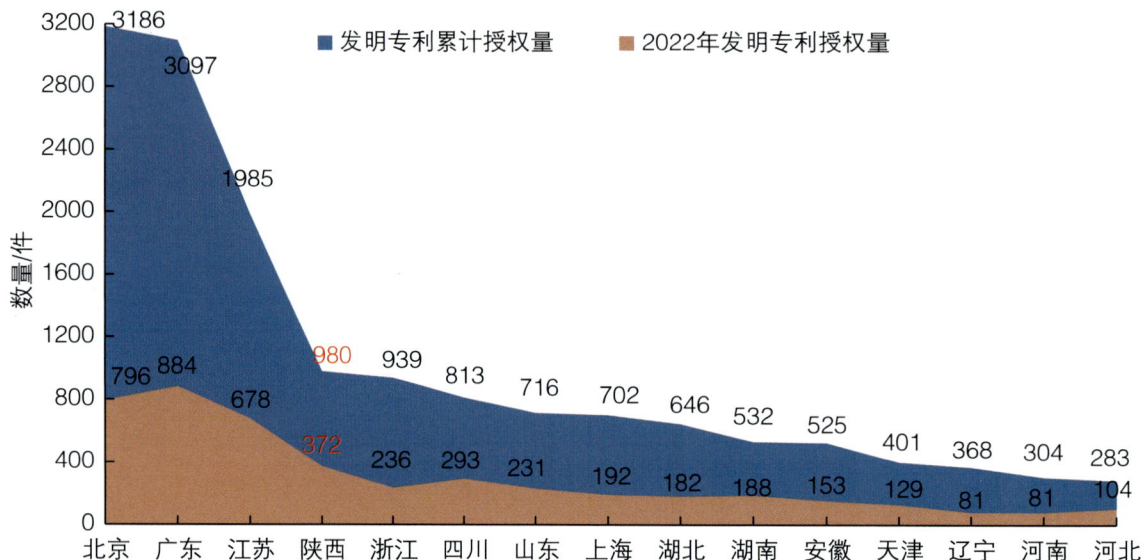

图 4-60　民用无人机技术领域部分省（自治区、直辖市）的国内发明专利授权量数据

（2）申请主体数据

截至 2022 年年底，陕西在民用无人机技术领域的国内发明专利累计许可公开量和授权量的主要贡献者为高校、TOP 10 机构中有 6 家高校、3 家企业、1 家科研院所。TOP 10 申请机构的发明专利授权量之和占陕西该领域发明专利授权总量的 73%。申请主体前 3 名分别为西北工业大学、西安电子科技大学和西安爱生技术集团有限公司。其中，西北工业大学在该技术领域的国内发明专利量遥遥领先，发明专利累计许可公开量约为全省累计许可公开总量的 1/4，发明专利累计授权量超过全省总量的 1/3，显示了其在省内的领军地位（图 4-61）。

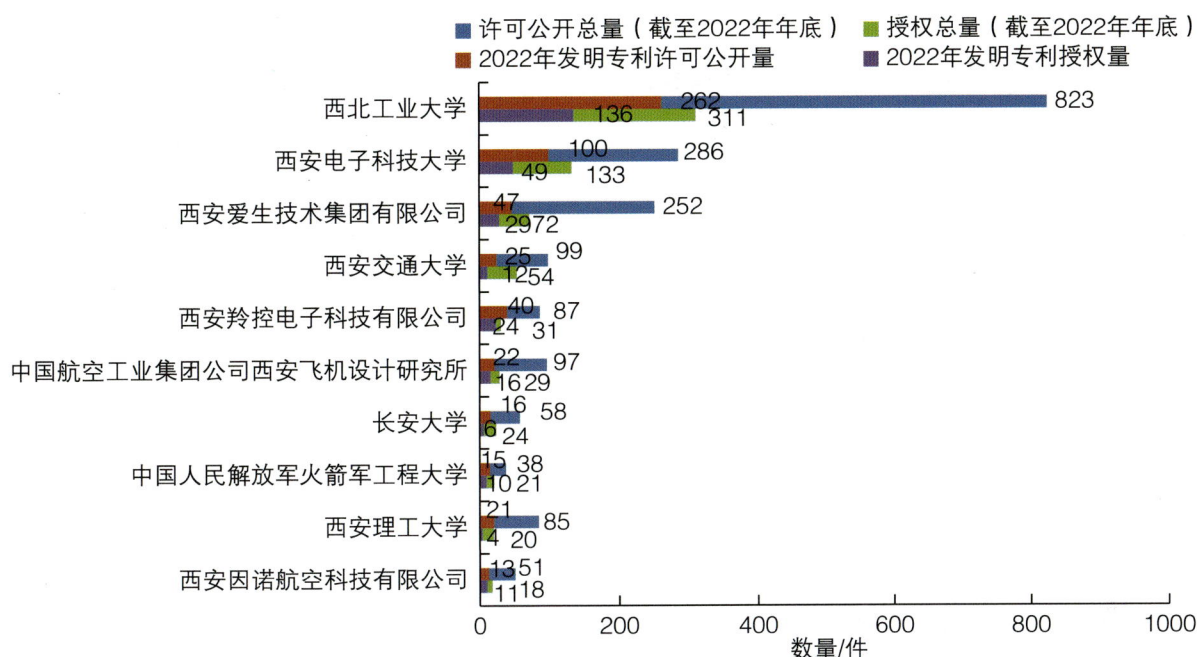

图 4-61　陕西民用无人机技术领域国内发明专利申请机构 TOP 10

　　陕西企业在民用无人机技术领域的国内发明专利表现不如省内高校，非高校申请机构 TOP 10 中有 6 家民营企业、4 家科研院所。西安爱生技术集团公司有限责任公司国内发明专利许可公开量及授权量在企业中位居第一，但与省内高校相比还存在较大差距。值得注意的是，主要申请企业的发明专利授权量较少（图 4-62）。

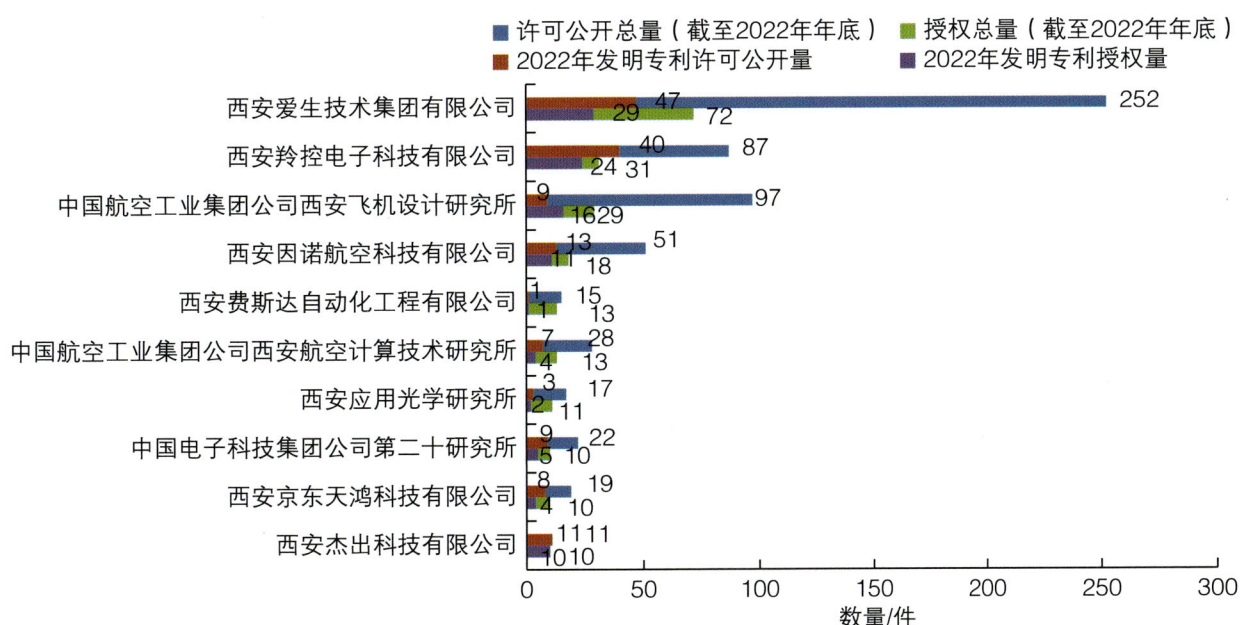

图 4-62　陕西民用无人机技术领域国内发明专利非高校申请机构 TOP 10

（3）优势技术方向

按 IPC 分类，截至 2022 年年底，陕西在民用无人机技术领域的国内授权发明专利主要集中在 G05D（非电变量的控制或调节系统）、B64C（飞机；直升飞机）、B64D（用于与飞机配合或装到飞机上的设备等）和 G01C（测量距离、水准或者方位等）等技术方向，占该领域陕西发明专利累计授权量的 53.98%。西北工业大学在 G05D、G01C、B64F、G06T、G06F 等 5 个技术方向的授权发明专利数量位居全国 TOP 5 之列；西安电子科技大学在 G01S、H04B 等 2 个技术方向的授权发明专利数量位居全国 TOP 5 之列（表 4-29）。

陕西民营企业西安爱生技术集团有限公司表现不错，在 G05D、B64C、B64D、G01C、B64F、H04B、G06F 等 7 个技术方向的授权发明专利位居陕西 TOP 5 之列。

表 4-29　陕西民用无人机技术领域授权发明专利主要 IPC 分类

IPC 技术分类	全国（截至 2022 年年底）		陕西（截至 2022 年年底）		
	授权量/件	主要申请主体	授权量/件	占全国比重	主要申请主体
G05D（非电变量的控制或调节系统）	3717	北京航空航天大学（219） 深圳市大疆创新科技有限公司（168） 南京航空航天大学（137） 西北工业大学（100） 北京理工大学（72）	221	5.95%	西北工业大学（100） 西安电子科技大学（34） 西安爱生技术集团有限公司（20） 西安交通大学（12） 西安羚控电子科技有限公司（9）
B64C（飞机；直升飞机）	3519	深圳市大疆创新科技有限公司（184） 北京航空航天大学（107） 易瓦特科技股份公司（55） 南京航空航天大学（54） 国家电网有限公司（53）	138	3.92%	西北工业大学（38） 西安交通大学（10） 西安羚控电子科技有限公司（10） 西安电子科技大学（6） 西安爱生技术集团有限公司（6）
B64D（用于与飞机配合或装到飞机上的设备；飞行衣；降落伞；动力装置或推进传动装置的配置或安装）	2895	深圳市大疆创新科技有限公司（151） 易瓦特科技股份公司（51） 北京航空航天大学（50） 国家电网有限公司（45） 华南农业大学（39）	124	4.28%	西北工业大学（23） 中国航空工业集团公司西安飞机设计研究所（16） 西安羚控电子科技有限公司（8） 西安爱生技术集团有限公司（8） 西安交通大学（7）

续表

IPC 技术分类	全国（截至 2022 年年底）		陕西（截至 2022 年年底）		
	授权量/件	主要申请主体	授权量/件	占全国比重	主要申请主体
G01C（测量距离、水准或者方位；勘测；导航；陀螺仪；摄影测量学或视频测量学）	1417	北京航空航天大学（96） 西北工业大学（45） 南京航空航天大学（33） 中国人民解放军国防科技大学（29） 深圳市大疆创新科技有限公司（27）	120	8.47%	西北工业大学（45） 西安电子科技大学（16） 西安因诺航空科技有限公司（8） 西安爱生技术集团有限公司（7） 长安大学（5）
B64F（地面设施或航空母舰甲板设施）	978	南京航空航天大学（29） 西北工业大学（23） 北京航空航天大学（20） 哈尔滨工业大学（16） 深圳市大疆创新科技有限公司（15）	66	6.75%	西北工业大学（23） 西安爱生技术集团有限公司（8） 中国航空工业集团公司西安飞机设计研究所（6） 西安羚控电子科技有限公司（4） 陕西蓝天上航空俱乐部有限公司（4）
G01S（无线电定向；无线电导航；采用无线电波测距或测速；采用无线电波的反射或再辐射的定位或存在检测；采用其他波的类似装置）	906	北京航空航天大学（33） 南京航空航天大学（25） 西安电子科技大学（19） 深圳市大疆创新科技有限公司（18） 广州极飞科技股份有限公司（16） 大连楼兰科技股份有限公司（16）	64	7.06%	西安电子科技大学（19） 西北工业大学（10） 西安理工大学（4） 中国人民解放军火箭军工程大学（3） 西安因诺航空科技有限公司（3）
G06T（一般的图像数据处理或产生）	1027	北京航空航天大学（40） 国家电网有限公司（24） 西北工业大学（20） 武汉大学（20） 深圳市大疆创新科技有限公司（17）	64	6.23%	西北工业大学（20） 西安电子科技大学（7） 长安大学（6） 西安因诺航空科技有限公司（3） 中国电子科技集团公司第二十研究所（3） 西安科技大学（3）

续表

IPC 技术分类	全国（截至 2022 年年底）		陕西（截至 2022 年年底）		
	授权量/件	主要申请主体	授权量/件	占全国比重	主要申请主体
H04W（无线通信网络）	1120	北京邮电大学（61） 高通股份有限公司（46） 北京小米移动软件有限公司（37） 北京航空航天大学（32） 深圳市大疆创新科技有限公司（29） 南京航空航天大学（29）	64	5.71%	西安电子科技大学（23） 西北工业大学（18） 西安交通大学（4） 中国人民解放军火箭军工程大学（4） 中国航空工业集团公司西安航空计算技术研究所（3） 中国人民解放军空军工程大学（3） 西北大学（3）
H04B（传输）	931	北京邮电大学（45） 北京航空航天大学（36） 南京航空航天大学（25） 西安电子科技大学（19） 深圳市大疆创新科技有限公司（21） 北京小米移动软件有限公司（20）	62	6.66%	西安电子科技大学（19） 西北工业大学（18） 西安交通大学（5） 西安理工大学（5） 中国人民解放军火箭军工程大学（3） 西安爱生技术集团有限公司（3）
G06F（电数字数据处理）	708	北京航空航天大学（35） 深圳市大疆创新科技有限公司（21） 西北工业大学（20） 南京航空航天大学（17） 合肥工业大学（12）	57	8.05%	西北工业大学（20） 西安电子科技大学（10） 西安交通大学（7） 西安羚控电子科技有限公司（4） 西安费斯达自动化工程有限公司（4） 西安爱生技术集团有限公司（4）

2. 国外专利数据

2022 年，陕西在民用无人机技术领域申请的国外专利公开量仅 3 件，分别为西安凌康科技有限公司的无人机软件远程升级与回退方法相关专利 1 件，西北工业大学的基于并行自演的空战机动方法相关专利 1 件，西安微电子技术研究所的强实时性双结构连续场景融合匹配导航定位方法及系统相关专利 1 件（表 4-30）。

表 4-30　2022 年陕西民用无人机技术领域申请的国外专利公开数据

序号	专利名称	申请主体	主分类号	同族专利数/件
1	Unmanned aerial vehicle software remote upgrade and rollback method	西安凌康科技有限公司	G06F	3
2	Air combat maneuvering method based on parallel self-play	西北工业大学	B64C	2
3	Strong real-time double-structure continuous scene fusion matching navigation positioning method and system	西安微电子技术研究所	G01C	3

七、生物医药[①]

1. 国内专利数据

（1）总量数据

截至 2022 年年底，陕西在生物医药技术领域的国内发明专利累计许可公开量为 27 245 件，居全国第十二位，不足江苏的 1/5；2022 年当年陕西发明专利许可公开量为 4139 件，居全国第十二位，约为江苏的 1/5（图 4-63）。陕西在该技术领域的发明专利累计授权量和 2022 年当年发明专利授权量分别为 8476 件和 1191 件，均居全国第十三位，与强省有一定差距（图 4-64）。

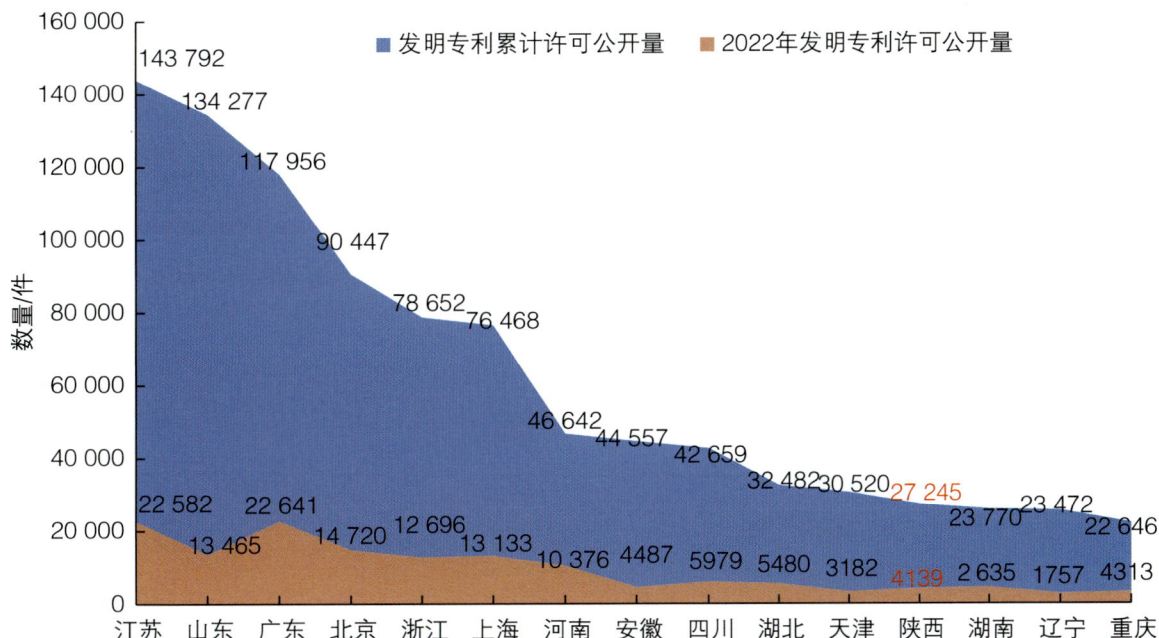

图 4-63　生物医药技术领域部分省（自治区、直辖市）的国内发明专利许可公开量数据

---

① 本书中生物医药范畴包括传统医药行业和生物技术在医药行业的应用技术两部分。

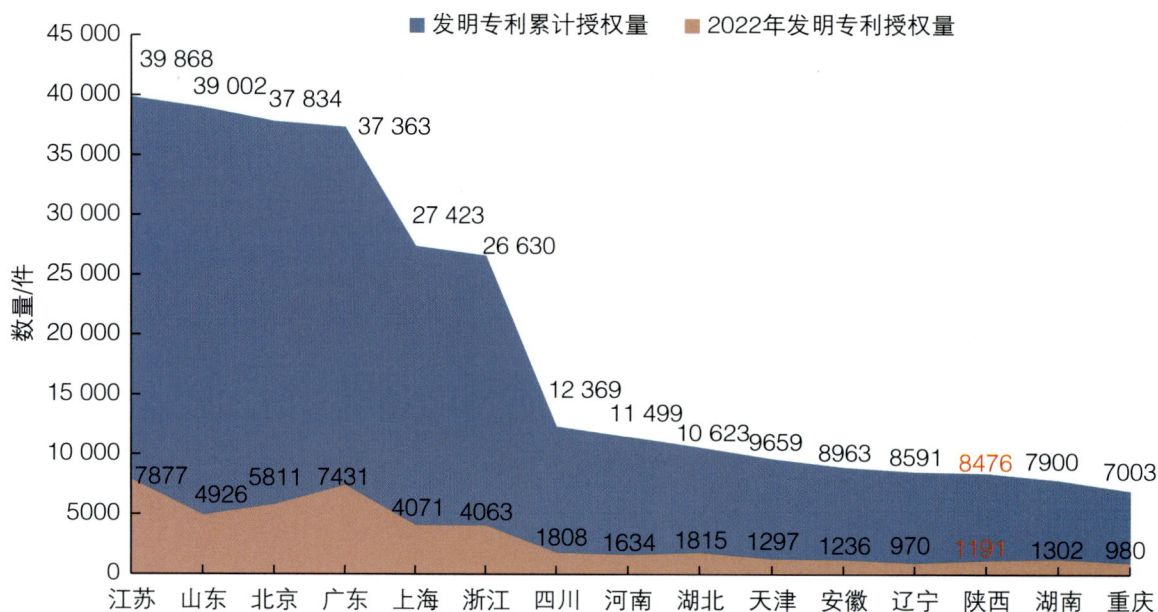

图 4-64　生物医药技术领域部分省（自治区、直辖市）的国内发明专利授权量数据

（2）申请主体数据

截至 2022 年年底，陕西在生物医药领域的国内发明专利累计授权量和许可公开量均以高校占据绝对优势，申请机构 TOP 10 中有 9 家高校。特别是西安交通大学在该技术领域的发明专利量高居榜首，突显了其在陕西该领域的"领头羊"地位；中国人民解放军空军军医大学和陕西师范大学分别居陕西第 2 位和第 3 位（图 4-65）。

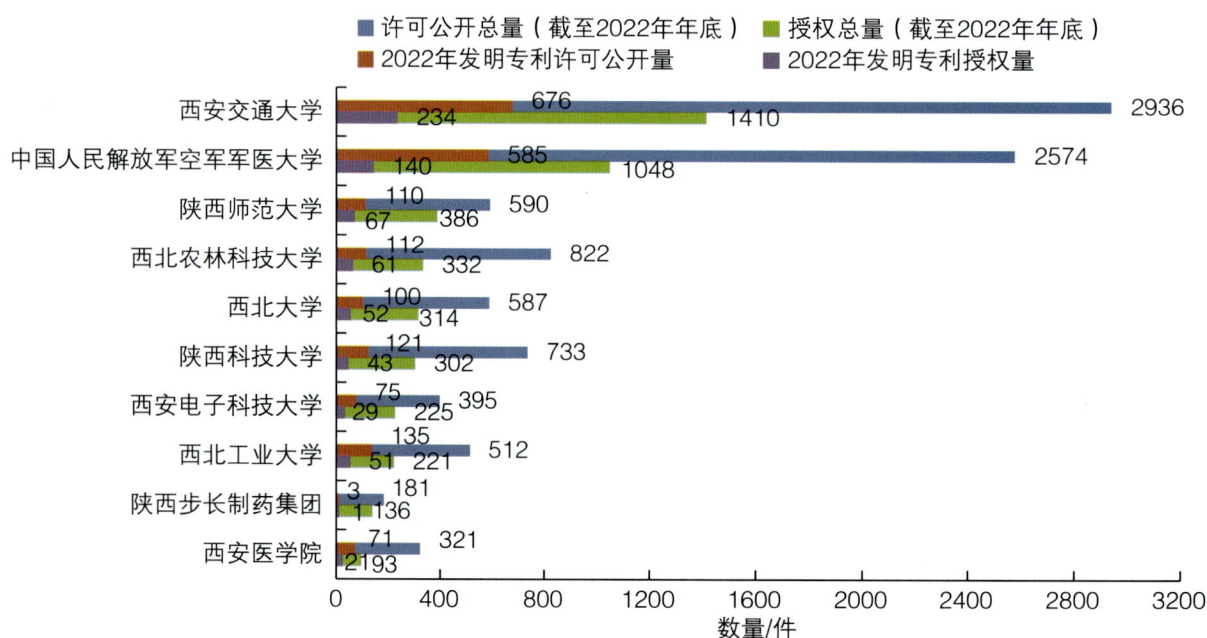

图 4-65　陕西生物医药技术领域国内发明专利申请机构 TOP 10

陕西企业在该技术领域的国内发明专利表现不如省内高校，仅陕西步长制药集团进入陕西该领域 TOP 10 机构。进入发明专利非高校申请机构 TOP 10 的企业，以民营企业居多（图 4-66），说明我省民营企业在生物医药领域中具有一定的研究实力。值得注意的是，陕西步长制药集团虽然累计发明专利授权量排名进入非高校申请机构 TOP 10，但是在 2022 年表现不尽人意，公开量为 3 件，授权量为 1 件。西安大医集团股份有限公司的发明专利累计授权量为 30 件，2022 年当年发明专利授权量为 11 件；发明专利累计许可公开量为 159 件，2022 年当年发明专利许可公开量为 73 件，显示出该企业近年的科技创新活跃度较高。

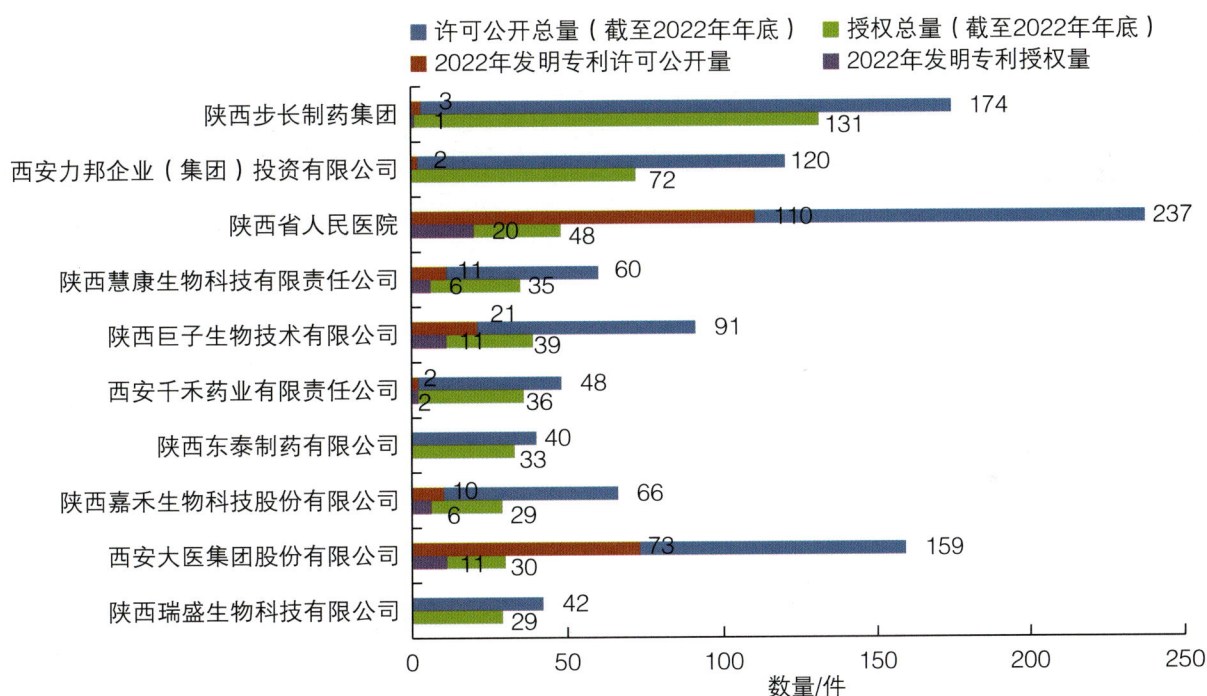

图 4-66　陕西生物医药技术领域国内发明专利非高校申请机构 TOP 10

（3）优势技术方向

按 IPC 分类，截至 2022 年年底，陕西在生物医药技术领域国内授权发明专利主要集中在医用、牙科用或梳妆用的配制品、化合物或药物制剂的特定治疗活性等技术方向。特别是中国人民解放军空军军医大学在 A61K（医用、牙科用或梳妆用的配制品）、A61P（化合物或药物制剂的特定治疗活性）等技术方向，在陕西处于领先地位。从整体上看，陕西机构在生物医药技术领域中的专利在全国表现并不突出，未见进入全国 TOP 5 的代表性机构。

在 A61B（诊断；外科；鉴定）、A61M（将介质输入人体内或输到人体上的器械）、A61F（可植入血管内的滤器等）等技术方向，发明专利授权量 TOP 5 机构基本被国外企业垄断，可见在该技术领域国外企业非常重视我国市场及在我国的知识产权保护。

陕西在生物医药技术领域的国内授权发明专利的申请主体基本为省内高校，但民营企业的专利活动也逐渐活跃。陕西步长制药集团在 A61K（医用、牙科用或梳妆用的配制品）、A61P（化合物或药物制剂的特定治疗活性）技术方向进入陕西申请机构 TOP 5 之列；西安力邦企业（集团）投资有限公司在 A61M（将介质输入人体内或输到人体上的器械）技术方向进入陕西申请机构 TOP 5 之列；陕西慧康生物科技有限责任公司之列在 C07K（肽）技术方向进入陕西申请机构 TOP 5 之列；陕西远光高科技有限公司在 A61M（将介质输入人体内或输到人体上的器械等）和 A61F（可植入血管内的滤器等）技术方向进入陕西申请机构 TOP 5 之列（表 4-31）。

表 4-31　陕西生物医药技术领域授权发明专利主要 IPC 分类

IPC 技术分类	全国（截至 2022 年年底）		陕西（截至 2022 年年底）		
	授权量/件	申请主体 TOP 5	授权量/件	占全国比重	申请主体 TOP 5
A61K（医用、牙科用或梳妆用的配制品）	193 714	罗氏公司（1606） 浙江大学（1308） 中国药科大学（1258） 中山大学（1124） 沈阳药科大学（877）	3352	1.73%	中国人民解放军空军军医大学（399） 西安交通大学（279） 西北农林科技大学（159） 陕西步长制药集团（127） 陕西师范大学（96）
A61P（化合物或药物制剂的特定治疗活性）	167 426	罗氏公司（1387） 中国药科大学（1224） 浙江大学（1192） 中山大学（1051） 中国科学院上海药物研究所（826）	3098	1.85%	中国人民解放军空军军医大学（386） 西安交通大学（269） 西北农林科技大学（152） 陕西步长制药集团（126） 陕西师范大学（89）
A61B（诊断；外科；鉴定）	74 651	奥林巴斯株式会社（2693） 皇家飞利浦有限公司（2590） 西门子公司（1532） 伊西康内外科公司（1434） 东芝医疗系统株式会社（1281）	1243	1.67%	西安交通大学（406） 中国人民解放军空军军医大学（204） 西安电子科技大学（98） 西北工业大学（38） 西北大学（17）
C07D（杂环化合物）	70 854	罗氏公司（1376） 浙江大学（700） 詹森药业有限公司（683） 上海医药工业研究院（539） 中国科学院上海药物研究所（510）	867	1.22%	陕西师范大学（184） 西安交通大学（112） 西北大学（92） 陕西科技大学（88） 中国人民解放军空军军医大学（49）

续表

IPC 技术分类	全国（截至 2022 年年底）		陕西（截至 2022 年年底）		
	授权量/件	申请主体 TOP 5	授权量/件	占全国比重	申请主体 TOP 5
C12N（微生物或酶；其组合物；繁殖、保藏或维持微生物；变异或遗传工程；培养基）	57 594	江南大学（1771） 浙江大学（901） 中国农业大学（542） 浙江工业大学（483） 中国科学院微生物研究所（473）	772	1.34%	中国人民解放军空军军医大学（184） 西北农林科技大学（133） 西安交通大学（78） 陕西师范大学（51） 陕西科技大学（32）
A61L（材料或消毒的一般方法或装置；空气的灭菌、消毒或除臭；绷带、敷料、吸收垫或外科用品的化学方面；绷带、敷料、吸收垫或外科用品的材料）	23 318	四川大学（479） 浙江大学（368） 东华大学（256） 华南理工大学（233） 清华大学（198）	704	3.02%	西安交通大学（167） 中国人民解放军空军军医大学（96） 西北大学（48） 西北工业大学（47） 陕西科技大学（42）
C07K（肽）	35 023	首都医科大学（379） 浙江大学（378） 中国农业大学（316） 江南大学（305） 华中农业大学（221）	460	1.31%	中国人民解放军空军军医大学（133） 西北农林科技大学（48） 西安交通大学（44） 陕西慧康生物科技有限责任公司（33） 陕西师范大学（22）
A61M（将介质输入人体内或输到人体上的器械）	30 181	赛诺菲－安万特德国有限公司（649） 贝克顿－迪金森公司（576） 皇家飞利浦有限公司（540） 泰尔茂株式会社（394） 北京谊安医疗系统股份有限公司（233）	444	1.47%	西安交通大学（130） 中国人民解放军空军军医大学（85） 陕西省人民医院（12） 西安力邦企业（集团）投资有限公司（7） 陕西远光高科技有限公司（6）

续表

IPC 技术分类	全国（截至 2022 年年底）			陕西（截至 2022 年年底）		
	授权量/件	申请主体 TOP 5		授权量/件	占全国比重	申请主体 TOP 5
A61F（可植入血管内的滤器；假体；为人体管状结构提供开口或防止其塌陷的装置）	27 086	尤妮佳股份有限公司（1496） 宝洁公司（791） 金伯利－克拉克环球有限公司（541） 花王株式会社（516） 大王制纸株式会社（280）		406	1.50%	西安交通大学（131） 中国人民解放军空军军医大学（81） 西北工业大学（12） 陕西科技大学（9） 陕西远光高科技有限公司（7）
G01N（借助于测定材料的化学或物理性质来测试或分析材料）	25 680	浙江大学（268） 罗氏公司（232） 清华大学（179） 济南大学（172） 江南大学（167）		373	1.45%	西安交通大学（67） 中国人民解放军空军军医大学（58） 陕西师范大学（33） 西北大学（25） 西北农林科技大学（21）

2. 国外专利数据

（1）总量数据

2022 年，陕西在生物医药领域申请的国外专利公开量为 181 件，合计 151 个同族专利。主要申请主体中，西安大医集团股份有限公司专利公开量为 63 件，陕西科技大学 12 件，西安交通大学 11 件，中国人民解放军空军军医大学 9 件，西安力邦企业（集团）投资有限公司 4 件。

按 IPC 分类，主要分布在 A61K（医用、牙科用或梳妆用的配制品）、A61N（电疗；磁疗；放射疗；超声波疗）、A61P（化合物或药物制剂的特定治疗活性）和 A61B（诊断；外科；鉴定）等技术方向。

（2）PCT 国际专利

2022 年，陕西在生物医药领域申请的 PCT 国际专利公开量为 61 件，比 2021 年减少了 5 件；主要集中在 A61N（电疗；磁疗；放射疗；超声波疗）技术方向。

主要申请主体中，西安大医集团股份有限公司表现突出，专利公开数量达 35 件，比 2021 年增加了 20 件，均集中在 A61N（电疗；磁疗；放射疗；超声波疗）和 A61B（诊断；外科；鉴定）等技术方向；西安交通大学和西安组织工程与再生医学研究所各 4 件。

（3）美国专利

2022 年，陕西在生物医药领域申请的美国专利公开量为 75 件，比 2021 年增加了 11 件；主要分布在 A61N（电疗；磁疗；放射疗；超声波疗）、A61B（诊断；外科；鉴定）、A61K（医用、牙科用或梳妆用的配制品）、A61P（化合物或药物制剂的特定治疗活性）等技术方向。

主要申请主体中，西安大医集团股份有限公司专利公开量为 27 件，陕西科技大学 12 件，西安交通大学 7 件，中国人民解放军空军军医大学 5 件。

（4）欧洲专利

2022 年，陕西在生物医药领域申请的欧洲专利公开量为 27 件，比 2021 年增加 3 件；主要分布在 A61K（医用、牙科用或梳妆用的配制品）、A61B（诊断；外科；鉴定）、A61P（化合物或药物制剂的特定治疗活性）等技术方向。

主要申请主体中，西安力邦企业（集团）投资有限公司的国外专利公开量为 4 件，陕西慧康生物科技有限责任公司 3 件。

（5）日本专利

2022 年，陕西在生物医药领域申请的日本专利公开量为 14 件，比 2021 年增加了 2 件；主要分布在 A61K（医用、牙科用或梳妆用的配制品）、A61B（诊断；外科；鉴定）等技术方向。

主要申请主体中，西安力邦企业（集团）投资有限公司国外专利公开量为 4 件，美釉（西安）生物技术有限公司 2 件，西安康远晟生物医药科技有限公司 2 件。

（6）韩国专利

2022 年，陕西在生物医药领域申请的韩国专利公开量为 4 件，与 2021 年持平；主要分布在 A61K（医用、牙科用或梳妆用的配制品）技术方向。

申请主体中，中国人民解放军空军军医大学、陕西麦科奥特科技有限公司、西安奥立泰医药科技有限公司、西安康拓医疗技术股份有限公司的国外专利公开量各 1 件。

（整理编写：周立秋、刘璞、李越、任佳妮、李鹤、龚娟、钱虹、武茜、胡启萌）

第五章

陕西高价值专利竞争力

为更加客观地反映陕西省各地市各区/县的专利竞争力水平，聚焦高价值专利申请地市及区/县，从专利数量和质量两大方面构建高价值专利评价指标体系，采用2022年公开的专利数据对陕西省各地市各区/县的高价值专利竞争力进行综合评价。

一、高价值专利竞争力评价指标

陕西省区域高价值专利竞争力评价采用专利公开量为数据基础，以代表专利价值强度的"合享价值度[①]"评价指标为基础选取高价值专利，涉及的指标包括专利技术稳定度、技术先进性和保护范围3个二级指标，综合考虑了专利类型、被引证次数、同族数量、同族国家数量、权利要求数量、发明人数量、涉及IPC大组数量、专利剩余有效期等20余个要素后计算所得。"合享价值度"指标强度分值为1~10分，分数越高，专利价值越高。价值度为9~10分的专利为高价值专利。

陕西省区域高价值专利竞争力评价指标考虑了高价值专利数量和对整个区域的贡献度以及各区域的"专利含金量[②]"。各区域高价值专利贡献度为该区域高价值专利数量与该区域所在上一级区域的整体高价值专利数量和之比。

二、高价值专利竞争力

1. 各省（自治区、直辖市）高价值专利竞争力

2022年，陕西公开的专利中，高价值专利数量为10 905件[③]，约占陕西所有专利的9%。

---

① 北京合享智慧科技有限公司的incoPat专利平台中的价值度评价指标。

② 各区域的专利含金量为该区域高价值专利数量与该区域专利总数量之比。

③ 专利的价值度星级会随着时间发生变化，因此高价值专利数量也会随之改变，本书中数据的检索日期为2023年4月26日。

陕西高价值专利竞争力综合排名位居全国第九，其中专利含金量位居全国第三（图 5-1），充分展现了陕西专利的竞争力和创新活动的高质量发展态势。

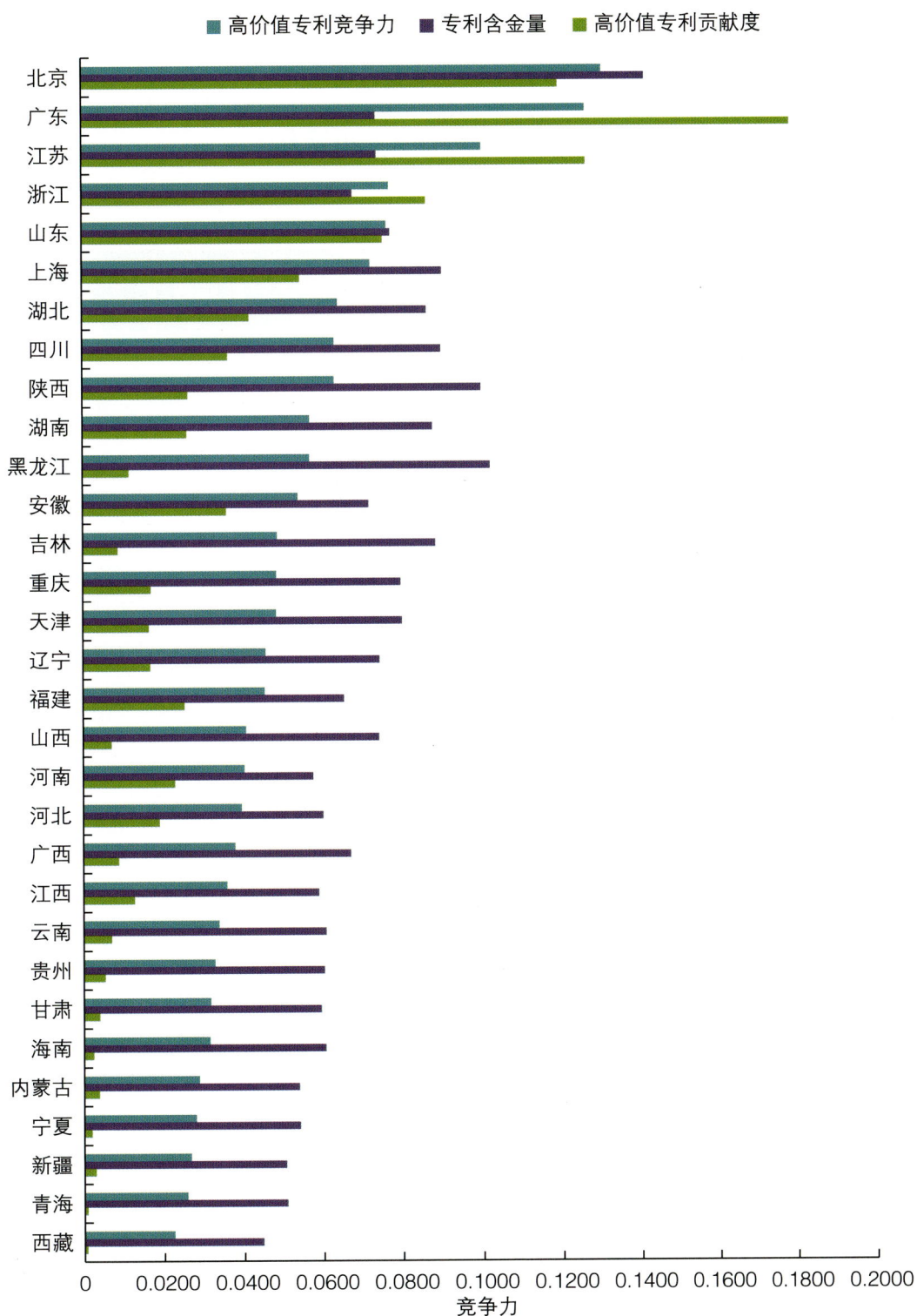

图 5-1 2022 年各省（自治区、直辖市）高价值专利竞争力

2. 陕西省各市（区）高价值专利竞争力指数

（1）总体概况

2022年陕西11个市（区）的高价值专利竞争力如表5-1所示，11个市（区）的高价值专利竞争力梯次明显。西安的高价值专利竞争力指数远高于其他市（区），遥遥领先，稳居榜首。排第二的杨凌示范区虽然专利含金量与西安差距不大，但其高价值专利数量却仅为西安市的1.83%，导致其高价值专利竞争力指数与西安差距较大。

表5-1　2022年陕西省各市（区）的高价值专利竞争力

市（区）	高价值专利竞争力指数	排名	高价值专利数量/件	高价值专利贡献度/%	排名	专利含金量/%	排名
西安	50.67	1	9875	90.55	1	10.79	1
杨凌	6.06	2	181	1.66	3	10.46	2
咸阳	3.41	3	237	2.17	2	4.66	4
汉中	3.35	4	122	1.12	6	5.58	3
宝鸡	2.36	5	130	1.19	4	3.53	7
商洛	2.26	6	26	0.24	10	4.28	5
延安	2.07	7	58	0.53	8	3.61	6
榆林	2.06	8	129	1.18	5	2.93	10
渭南	1.97	9	84	0.77	7	3.18	8
安康	1.76	10	39	0.36	9	3.16	9
铜川	1.55	11	24	0.22	11	2.88	11

注：高价值专利贡献度 = 高价值专利数量 ×100/全省高价值专利总数量；
专利含金量 = 高价值专利数量 ×100/该区域专利总数量（下面类似表格中含义相同，不再赘述）。

（2）机构竞争力

2022年，陕西高价值专利竞争力TOP 10机构中企业表现突出（表5-2），共有7家企业，高价值专利竞争力指数排在全省前两位的是高新技术企业，得益于其排名全省前二的专利含金量。有两家高校进入TOP 10机构之列，分别为西安电子科技大学和西北工业大学，得益于其排名靠前的高价值专利贡献度。值得一提的是高价值专利贡献度全省第二的西安交通大学，因专利含金量排名仅为全省第46名，未能进入高价值专利竞争力TOP 10机构之列。

表 5-2　2022 年陕西省高价值专利竞争力 TOP 10 机构[①]

机构名称	高价值专利竞争力指数	排名	高价值专利数量 / 件	高价值专利贡献度 /%	排名	专利含金量 /%	排名
西安宏星电子浆料科技股份有限公司	23.24	1	36	0.33	36	46.15	1
陕西中天火箭技术股份有限公司	20.90	2	15	0.14	72	41.67	2
西安电子科技大学	20.00	3	1103	10.16	3	29.84	12
陕西莱特光电材料股份有限公司	19.88	4	60	0.55	27	39.22	3
西北工业大学	18.62	5	1158	10.66	1	26.58	20
神华神东煤炭集团有限责任公司	16.72	6	11	0.10	88	33.33	4
西安长远电子工程有限责任公司	16.71	7	9	0.08	104	33.33	5
西安爱生技术集团有限公司	16.33	8	24	0.22	52	32.43	6
中国人民解放军 32035 部队	16.11	9	9	0.08	105	32.14	7
西安闪光能源科技有限公司	15.76	10	11	0.10	89	31.43	8

　　陕西高校拥有的高价值专利数量约占全省高价值专利总量的六成。高价值专利竞争力 TOP 10 高校均在西安（表 5-3），其中西安电子科技大学的高价值专利竞争力指数居全省高校首位，归功于其全省首位的专利含金量。高价值专利竞争力指数排名第二的西北工业大学，其高价值专利贡献度和专利含金量均表现不俗。排名第三的西安交通大学虽然高价值专利贡献度与第一梯队的西安电子科技大学和西北工业大学差距不大，但是其专利含金量却差距较大。值得一提的是西安工程大学和中国人民解放军火箭军工程大学，虽然其高价值专利贡献度并未进入全省前十，但因其专利含金量较高而进入高价值专利竞争力 TOP 10 高校之列。反之，西安建筑科技大学和西北农林科技大学虽然高价值专利贡献度在全省前十，但因其专利含金量较低，未能进入高价值专利竞争力 TOP 10 高校之列。

---

① 　选取专利及高价值专利数量均超过陕西省平均值的机构进行评价。

表 5-3　2022 年陕西省高价值专利竞争力 TOP 10 高校

高校名称	高价值专利竞争力指数	排名	高价值专利数量 / 件	高价值专利贡献度 /%	排名	专利含金量 /%	排名
西安电子科技大学	20.00	1	1103	10.16	3	29.84	1
西北工业大学	18.62	2	1158	10.66	1	26.58	2
西安交通大学	14.86	3	1122	10.33	2	19.39	7
陕西师范大学	13.25	4	145	1.34	9	25.17	3
西安理工大学	11.67	5	401	3.69	5	19.65	6
西北大学	11.43	6	139	1.28	10	21.58	4
陕西科技大学	11.00	7	405	3.73	4	18.27	11
长安大学	10.89	8	294	2.71	6	19.07	9
西安工程大学	10.86	9	83	0.76	16	20.96	5
中国人民解放军火箭军工程大学	9.90	10	76	0.70	18	19.10	8

　　陕西高价值专利竞争力 TOP 10 企业中有 8 家在西安（表 5-4），榆林的神华神东煤炭集团有限责任公司和宝鸡石油机械有限责任公司也上榜，说明地市也开始注重专利的高质量创新活动。

表 5-4　2022 年陕西省高价值专利竞争力 TOP 10 企业

企业名称	高价值专利竞争力指数	排名	高价值专利数量 / 件	高价值专利贡献度 /%	排名	专利含金量 /%	排名
西安宏星电子浆料科技股份有限公司	23.24	1	36	0.33	13	46.15	1
陕西中天火箭技术股份有限公司	20.90	2	15	0.14	40	41.67	2
陕西莱特光电材料股份有限公司	19.88	3	60	0.55	6	39.22	3
西安长远电子工程有限责任公司	16.71	4	9	0.08	70	33.33	4
西安爱生技术集团有限公司	16.33	5	24	0.22	25	32.43	5

企业名称	高价值专利竞争力指数	排名	高价值专利数量/件	高价值专利贡献度/%	排名	专利含金量/%	排名
神华神东煤炭集团有限责任公司	16.23	6	11	0.1	55	32.35	6
西安闪光能源科技有限公司	15.76	7	11	0.1	56	31.43	7
西安因诺航空科技有限公司	15.56	8	9	0.08	71	31.03	8
宝鸡石油机械有限责任公司	15.54	9	21	0.19	28	30.88	9
陕西欧卡电子智能科技有限公司	14.75	10	10	0.09	61	29.41	10

3. 陕西各市辖县（市、区）高价值专利竞争力

（1）西安市

2022 年公开的专利中，西安市辖县（区）的高价值专利数量共计 9875 件，各县（区）的高价值专利竞争力如表 5-5 所示。碑林区的高价值专利竞争力指数居西安市第一，雁塔区紧随其后，两者的高价值专利贡献度差距很小，但专利含金量差距较明显。长安区和未央区居第二梯队，与第一梯队的碑林区和雁塔区差距较大，高价值专利数量约为前者的 1/4。

表 5-5　2022 年西安市辖县（区）的高价值专利竞争力

县（区）	高价值专利竞争力指数	排名	高价值专利数量/件	高价值专利贡献度/%	排名	专利含金量/%	排名
碑林区	25.17	1	3344	33.86	1	16.48	1
雁塔区	22.49	2	3323	33.65	2	11.33	2
长安区	9.08	3	894	9.05	4	9.10	4
未央区	8.73	4	911	9.23	3	8.23	6
新城区	6.00	5	487	4.93	5	7.07	10
阎良区	5.61	6	162	1.64	8	9.57	3
灞桥区	4.69	7	226	2.29	6	7.09	9
临潼区	4.64	8	87	0.88	10	8.40	5
莲湖区	4.60	9	198	2.01	7	7.20	8

县（区）	高价值专利竞争力指数	排名	高价值专利数量／件	高价值专利贡献度／%	排名	专利含金量／%	排名
周至县	3.92	10	22	0.22	12	7.61	7
高陵区	3.57	11	125	1.27	9	5.88	12
鄠邑区	3.47	12	86	0.87	11	6.06	11
蓝田县	2.19	13	10	0.10	13	4.27	13

从 2022 年公开的专利来看，西安市辖县（区）拥有高价值专利的机构共约 1500 家，占所有专利申请主体的 12%。高价值专利竞争力 TOP 10 机构中企业表现良好，有 7 家企业，高新技术企业竞争力突出，归功于其在专利含金量的出色表现。例如，西安宏星电子浆料科技股份有限公司居西安市首位，其专利含金量全省最高。除企业外有 2 家高校和 1 家部队机构进入高价值专利竞争力 TOP 10 机构之列（表 5-6）。

表 5-6　2022 年西安市高价值专利竞争力 TOP 10 机构①

机构名称	高价值专利竞争力指数	排名	高价值专利数量／件	高价值专利贡献度／%	排名	专利含金量／%	排名
西安宏星电子浆料科技股份有限公司	23.26	1	36	0.36	35	46.15	1
陕西中天火箭技术股份有限公司	20.91	2	15	0.15	68	41.67	2
西安电子科技大学	20.50	3	1103	11.17	3	29.84	10
陕西莱特光电材料股份有限公司	19.91	4	60	0.61	26	39.22	3
西北工业大学	19.15	5	1158	11.73	1	26.58	18
西安长远电子工程有限责任公司	16.71	6	9	0.09	97	33.33	4
西安爱生技术集团有限公司	16.34	7	24	0.24	50	32.43	5
中国人民解放军 32035 部队	16.12	8	9	0.09	98	32.14	6
西安闪光能源科技有限公司	15.77	9	11	0.11	83	31.43	7
西安因诺航空科技有限公司	15.56	10	9	0.09	99	31.03	8

① 选取专利及高价值专利数量均超过区域平均值的机构进行评价（下同，不再赘述）。

陕西高价值专利竞争力 TOP 10 高校均在西安，不再阐述。

从 2022 年公开的专利来看，西安市辖县（区）拥有高价值专利的企业有 1393 家，占所有专利申请主体的 11%，高价值专利数量占全市的 38%。表 5-7 列出了西安市高价值专利竞争力 TOP 10 企业，多数企业是凭借其专利含金量的出色表现而上榜。例如，西安宏星电子浆料科技股份有限公司因其高专利含金量而稳居高价值专利竞争力榜首。值得一提的是西安热工研究院有限公司，其专利总量为 3062 件，高价值专利数量为 155 件，均位居全市第一，但专利含金量较低，仅为第 64 位，因此未能进入高价值专利竞争力 TOP 10 企业之列。

表 5-7 2022 年西安市高价值专利竞争力 TOP 10 企业

机构名称	高价值专利竞争力指数	排名	高价值专利数量 / 件	高价值专利贡献度 /%	排名	专利含金量 /%	排名
西安宏星电子浆料科技股份有限公司	23.26	1	36	0.36	7	46.15	1
陕西中天火箭技术股份有限公司	20.91	2	15	0.15	29	41.67	2
陕西莱特光电材料股份有限公司	19.91	3	60	0.61	3	39.22	3
西安长远电子工程有限责任公司	16.71	4	9	0.09	51	33.33	4
西安爱生技术集团有限公司	16.34	5	24	0.24	17	32.43	5
西安闪光能源科技有限公司	15.77	6	11	0.11	40	31.43	6
西安因诺航空科技有限公司	15.56	7	9	0.09	52	31.03	7
陕西欧卡电子智能科技有限公司	14.76	8	10	0.10	45	29.41	8
陕西斯瑞新材料股份有限公司	14.70	9	36	0.36	8	29.03	9
西安凯立新材料股份有限公司	13.80	10	17	0.17	25	27.42	10

（2）杨凌示范区

2022 年公开的专利中，杨凌示范区的高价值专利数量共计 164 件，拥有高价值专利的机构共 27 家，占所有专利申请主体的 13%。表 5-8 列出了杨凌示范区的高价值专利竞争力机构，共 6 家机构；其中，西北农林科技大学表现突出，稳居首位，遥遥领先；其余机构高价值专利数量均不超过 4 件，不足西北农林科技大学的 3%。值得一提的是杨凌职业技术学院虽然专利总数量为 73 件，但高价值专利数量仅 1 件，并未进入杨凌示范区高价值专利竞争力机构之列。

表 5-8 2022 年杨凌示范区高价值专利竞争力机构

机构名称	高价值专利竞争力指数	排名	高价值专利数量 / 件	高价值专利贡献度 /%	排名	专利含金量 /%	排名
西北农林科技大学	48.62	1	152	83.98	1	13.26	6
杨凌美畅新材料股份有限公司	13.05	2	2	1.10	3	25.00	1
杨凌萃健生物工程技术有限公司	13.05	2	2	1.10	3	25.00	1
杨凌源海农业有限公司	10.55	4	2	1.10	3	20.00	3
陕西省杂交油菜研究中心	10.55	4	2	1.10	3	20.00	3
陕西海斯夫生物工程有限公司	8.00	6	4	2.21	2	13.79	5

（3）咸阳市

2022 年公开的专利中，咸阳市辖县（市、区）的高价值专利数量为 237 件，各县（市、区）的高价值专利竞争力如表 5-9 所示。秦都区表现最好，对全市的高价值专利贡献度最大，高价值专利竞争力综合排名居首位；兴平市次之，虽然高价值专利数量不足秦都区的 1/2，但专利含金量表现出色。渭城区与兴平市差距较小，同属第二梯队。武功县的专利含金量虽然远高于其余县（市、区），但其高价值专利贡献度不足导致其居于第三梯队。

表 5-9 2022 年咸阳市辖县（市、区）的高价值专利竞争力

县（市、区）	高价值专利竞争力指数	排名	高价值专利数量 / 件	高价值专利贡献度 /%	排名	专利含金量 /%	排名
秦都区	22.92	1	97	40.93	1	4.92	5
兴平市	11.78	2	40	16.88	2	6.69	2
渭城区	10.82	3	39	16.46	3	5.19	3
武功县	8.37	4	20	8.44	4	8.3	1
三原县	6.31	5	18	7.59	5	5.03	4

续表

县（市、区）	高价值专利竞争力指数	排名	高价值专利数量/件	高价值专利贡献度/%	排名	专利含金量/%	排名
泾阳县	3.14	6	7	2.95	6	3.33	6
彬州市	2.58	7	6	2.53	7	2.62	8
长武县	1.75	8	4	1.69	8	1.82	9
永寿县	1.53	9	1	0.42	13	2.63	7
礼泉县	1.26	10	2	0.84	9	1.67	11
淳化县	1.07	11	1	0.42	12	1.72	10
旬邑县	0.82	12	1	0.42	11	1.22	12
乾县	0.60	13	1	0.42	10	0.77	13

从 2022 年公开的专利来看，咸阳市辖县（市、区）拥有高价值专利的机构共 107 家，占所有专利申请主体的 8%。表 5-10 列出了咸阳市高价值专利竞争力 TOP 10 机构。陕昆缆电缆制造（集团）有限公司凭借其远高于其余机构的专利含金量稳居榜首。咸阳彩虹光电科技有限公司位居全市第二，其高价值专利贡献度表现突出。值得一提的是陕西工业职业技术学院，其专利总量为 165 件，位居全市第二，但因其专利含金量较低而未能上榜。

表 5-10　2022 年咸阳市高价值专利竞争力 TOP 10 机构

机构名称	高价值专利竞争力指数	排名	高价值专利数量/件	高价值专利贡献度/%	排名	专利含金量/%	排名
陕昆缆电缆制造（集团）有限公司	34.18	1	4	1.69	10	66.67	1
咸阳彩虹光电科技有限公司	24.28	2	22	9.28	1	39.29	2
陕西隆翔停车设备集团有限公司	19.03	3	4	1.69	10	36.36	3
陕西生益科技有限公司	11.05	4	5	2.11	9	20.00	4
陕西宏远航空锻造有限责任公司	10.23	5	9	3.8	4	16.67	5
西安航空制动科技有限公司（兴平）	8.14	6	8	3.38	7	12.90	6

续表

机构名称	高价值专利竞争力指数	排名	高价值专利数量/件	高价值专利贡献度/%	排名	专利含金量/%	排名
陕西航空电气有限责任公司	7.16	7	10	4.22	3	10.10	7
陕西中医药大学	6.35	8	14	5.91	2	6.80	10
陕西柴油机重工有限公司	5.81	9	8	3.38	7	8.25	8
彩虹显示器件股份有限公司	5.14	10	9	3.80	4	6.47	11

（4）汉中市

2022 年公开的专利中，汉中市辖县（区）的高价值专利数量共计 122 件，各县（区）的高价值专利竞争力如表 5-11 所示。汉台区的高价值专利竞争力指数远高于其余县（区），遥遥领先；排名第二的城固县不论是专利含金量还是高价值专利贡献度与汉台区差距均较大，高价值专利数量约为汉台区的 1/4；其余县（区）的高价值专利数量均未超过 10 件，其中，镇巴县、佛坪县和留坝县 2022 年没有高价值专利，需提升专利活动的质量。

表 5-11 2022 年汉中市辖县（区）的高价值专利竞争力

县（区）	高价值专利竞争力指数	排名	高价值专利数量/件	高价值专利贡献度/%	排名	专利含金量/%	排名
汉台区	34.28	1	74	60.66	1	7.90	1
城固县	9.84	2	18	14.75	2	4.92	4
洋县	7.75	3	10	8.20	3	7.30	2
西乡县	5.56	4	6	4.92	4	6.19	3
南郑区	3.76	5	6	4.92	4	2.59	6
勉县	3.31	6	5	4.10	6	2.51	7
略阳县	2.64	7	2	1.64	7	3.64	5
宁强县	1.52	8	1	0.82	8	2.22	8
镇巴县	0	9	0	0	9	0	9
佛坪县	0	9	0	0	9	0	9
留坝县	0	9	0	0	9	0	9

从 2022 年公开的专利来看，汉中市辖县（区）拥有高价值专利的机构共 35 家，占所有专利申请主体的 6%。表 5-12 列出了汉中市高价值专利竞争力 TOP 10 机构。陕西理工大学

凭借远高于其余机构的高价值专利贡献度位居榜首，中核陕西铀浓缩有限公司因其远高于其余机构的专利含金量而位居第二。值得一提的是陕西飞机工业有限责任公司，虽然其高价值专利贡献度位居全市第二，但因其相对较低的专利含金量导致其高价值专利竞争力指数排名靠后。汉中市部分机构虽然专利数量较多，但是高价值专利数量较少，如陕钢集团汉中钢铁有限责任公司专利数量为 65 件，但仅有 1 件高价值专利，因此未能上榜。

表 5-12　2022 年汉中市高价值专利竞争力 TOP 10 机构

机构名称	高价值专利竞争力指数	排名	高价值专利数量 / 件	高价值专利贡献度 /%	排名	专利含金量 /%	排名
陕西理工大学	29.71	1	57	46.72	1	12.69	6
中核陕西铀浓缩有限公司	25.82	2	2	1.64	6	50.00	1
汉中聚智达远环能科技有限公司	19.98	3	3	2.46	3	37.5	2
陕西汉晶粮油股份有限公司	13.32	4	2	1.64	6	25.00	3
陕西森盛菌业科技有限公司	11.93	5	2	1.64	6	22.22	4
陕西飞机工业（集团）有限公司	11.54	6	18	14.75	2	8.33	9
陕西首铝模架科技有限公司	7.49	7	2	1.64	6	13.33	5
汉中市中心医院	5.92	8	3	2.46	3	9.38	7
陕西华燕航空仪表有限公司	5.37	9	2	1.64	6	9.09	8
中航电测仪器股份有限公司	3.61	10	3	2.46	3	4.76	10

（5）宝鸡市

2022 年公开的专利中，宝鸡市辖县（区）的高价值专利数量共计 130 件，各县（区）的高价值专利竞争力如表 5-13 所示。渭滨区因其高价值专利贡献度的出色表现稳居榜首，但其专利含金量的提升空间较大；排名第二的金台区虽然其专利含金量高于渭滨区，但其高价值专利数量约为渭滨区的 3/5，因此高价值专利竞争力指数与渭滨区仍差距不小。排名前三之后的其余县（区）的高价值专利数量均不足 8 件，其中凤县 2022 年没有高价值专利，需提升专利活动的质量。

表 5-13　2022 年宝鸡市辖县（区）的高价值专利竞争力

县（区）	高价值专利竞争力指数	排名	高价值专利数量 / 件	高价值专利贡献度 /%	排名	专利含金量 /%	排名
渭滨区	23.60	1	57	43.85	1	3.35	6
金台区	16.94	2	35	26.92	2	6.96	2
陈仓区	8.23	3	16	12.31	3	4.16	3
太白县	5.38	4	1	0.77	8	10.00	1
眉县	4.44	5	7	5.38	4	3.50	5
凤翔县	3.61	6	6	4.62	5	2.60	8
麟游县	2.59	7	2	1.54	7	3.64	4
千阳县	1.95	8	1	0.77	8	3.13	7
岐山县	1.78	9	3	2.31	6	1.25	10
陇县	1.14	10	1	0.77	8	1.52	9
扶风县	0.67	11	1	0.77	8	0.56	11
凤县	0	12	0	0	12	0	12

从 2022 年公开的专利来看，宝鸡市辖县（区）拥有高价值专利的机构共 75 家，占所有专利申请主体的 7%。表 5-14 列出了宝鸡市高价值专利竞争力 TOP 10 机构。宝鸡宇喆工业科技有限公司因其远高于其余机构的专利含金量而稳居宝鸡市榜首，宝鸡石油机械有限责任公司虽然高价值专利贡献度最大，但因其专利含金量远低于榜首机构而导致高价值专利竞争力指数居全市第二；中油国家油气钻井装备工程技术研究中心有限公司也因其较低的专利含金量而位居第三。值得一提的是中铁宝桥集团有限公司的专利总量为 174 件，位居全市首位，但因其专利含金量很低未能上榜。渭南市有一批机构虽然专利数量表现不错，但是没有高价值专利产生，如陕汽集团商用车有限公司专利数量为 46 件，但高价值专利数量为零。

表 5-14　2022 年宝鸡市高价值专利竞争力 TOP 10 机构

机构名称	高价值专利竞争力指数	排名	高价值专利数量 / 件	高价值专利贡献度 /%	排名	专利含金量 /%	排名
宝鸡宇喆工业科技有限公司	31.15	1	3	2.31	5	60.00	1
宝鸡石油机械有限责任公司	24.64	2	22	16.92	1	32.35	5
中油国家油气钻井装备工程技术研究中心有限公司	21.68	3	18	13.85	2	29.51	6

续表

机构名称	高价值专利竞争力指数	排名	高价值专利数量/件	高价值专利贡献度/%	排名	专利含金量/%	排名
宝鸡瑞熙钛业有限公司	20.77	4	2	1.54	10	40.00	2
宝鸡鑫诺新金属材料有限公司	19.90	5	3	2.31	5	37.50	3
宝鸡金辉石油机械有限公司	17.44	6	2	1.54	10	33.33	4
宝鸡市中医医院	15.05	7	2	1.54	10	28.57	7
宝鸡斯斯嘉机床零部件有限公司	15.05	8	2	1.54	10	28.57	8
宝鸡文理学院	14.70	9	15	11.54	3	17.86	11
凤翔鼎合包装科技发展有限公司	12.69	10	3	2.31	5	23.08	9

（6）商洛市

2022 年公开的专利中，商洛市辖县（区）的高价值专利数量共计 26 件，整体偏少。商州区的高价值专利竞争力指数远高于其余县（区），位居榜首，主要是商洛学院的贡献；其余县（区）的高价值专利数量均未超过 4 件（表 5-15）。

表 5-15   2022 年商洛市辖县（区）的高价值专利竞争力

县（区）	高价值专利竞争力指数	排名	高价值专利数量/件	高价值专利贡献度/%	排名	专利含金量/%	排名
商州区	26.06	1	12	46.15	1	5.97	2
柞水县	14.14	2	4	15.38	2	12.9	1
商南县	8.40	3	3	11.54	3	5.26	3
镇安县	7.62	4	3	11.54	3	3.70	4
洛南县	5.01	5	2	7.69	5	2.33	5
丹凤县	3.09	6	1	3.85	6	2.33	5
山阳县	2.42	7	1	3.85	6	0.98	7

从 2022 年公开的专利来看，商洛市辖县（区）拥有高价值专利的机构共 12 家，占所有专利申请主体的 5%。表 5-16 列出了商洛市高价值专利竞争力机构，共 2 家；其中商洛学院的高价值专利贡献度全市最高，但专利含金量低于商洛市海蓝科技有限公司，导致其高价值

专利竞争力指数也略低于该公司，位居全市第二。其余机构高价值专利数量均为1件，未能进入高价值专利竞争力机构之列；尤其是洛南环亚源铜业有限公司，虽然专利总量为18件，但高价值专利仅为1件。部分机构虽然专利数量较多，但是没有高价值专利产生，如陕西必康制药集团控股有限公司和陕西森弗天然制品有限公司，虽然专利数量均为18件，但高价值专利数量为零。

表5-16　2022年商洛市高价值专利竞争力机构

机构名称	高价值专利竞争力	排名	高价值专利数量/件	高价值专利贡献度/%	排名	专利含金量/%	排名
商洛市海蓝科技有限公司	28.85	1	2	7.69	2	50.00	1
商洛学院	25.40	2	10	38.46	1	12.35	2

（7）延安市

2022年公开的专利中，延安市辖县（市、区）的高价值专利数量共计58件，各县（市、区）的高价值专利竞争力如表5-17所示。宝塔区的高价值专利竞争力指数远高于其余县（区），遥遥领先，位居榜首，延安大学贡献很大；居于第二梯队的子长市、吴起县和延川县，高价值专利竞争力指数相互之间差距不大，虽然专利含金量甚至略高于宝塔区，但因其高价值专利数量不足宝塔区的1/10，导致其高价值专利竞争力指数与宝塔区差距较大。其余县（区）的高价值专利数量均未超过2件，其中，黄陵县、甘泉县、延长县和黄龙县2022年没有高价值专利产生。

表5-17　2022年延安市辖县（市、区）的高价值专利竞争力

县（市、区）	高价值专利竞争力指数	排名	高价值专利数量/件	高价值专利贡献度/%	排名	专利含金量/%	排名
宝塔区	38.41	1	42	72.41	1	4.41	4
子长市	5.89	2	4	6.90	2	4.88	3
吴起县	5.53	3	3	5.17	3	5.88	1
延川县	5.53	3	3	5.17	3	5.88	1
宜川县	2.95	5	1	1.72	6	4.17	5
安塞区	2.70	6	2	3.45	5	1.96	8
富县	2.25	7	1	1.72	6	2.78	6
洛川县	2.21	8	1	1.72	6	2.70	7

续表

县（市、区）	高价值专利竞争力指数	排名	高价值专利数量/件	高价值专利贡献度/%	排名	专利含金量/%	排名
志丹县	1.45	9	1	1.72	6	1.18	9
黄陵县	0	10	0	0	9	0	9
甘泉县	0	10	0	0	9	0	9
延长县	0	10	0	0	9	0	9
黄龙县	0	10	0	0	9	0	9

从 2022 年公开的专利来看，延安市辖县（市、区）拥有高价值专利的机构共 23 家，占所有专利申请主体的 4%。表 5-18 列出了延安市高价值专利竞争力机构，共 5 家；其余机构高价值专利数量均为 1 件。延安大学的高价值专利竞争力指数居全市榜首，主要归功于其全市最高的高价值专利贡献度。陕西省地方电力（集团）有限公司延安供电分公司虽然高价值专利数量仅 2 件，但其专利含金量却远高于其余机构，因此高价值专利竞争力指数仅次于延安大学，位居第二。延安市部分机构虽然专利数量较多，但是没有高价值专利产生，如延长油田股份有限公司志丹采油厂和天信管业科技集团有限公司，虽然专利数量分别为 34 件和 33 件，但高价值专利数量为零。

表 5-18　2022 年延安市高价值专利竞争力机构

机构名称	高价值专利竞争力指数	排名	高价值专利数量/件	高价值专利贡献度/%	排名	专利含金量/%	排名
延安大学	29.89	1	26	44.83	1	14.94	2
陕西省地方电力（集团）有限公司延安供电分公司	26.72	2	2	3.45	4	50.00	1
陕西延长石油（集团）有限责任公司	10.74	3	8	13.79	2	7.69	4
陕西建工第十三建设集团有限公司	9.70	4	4	6.90	3	12.50	3
延安大学附属医院	2.74	5	2	3.45	4	2.04	5

（8）榆林市

2022 年公开的专利中，榆林市辖县（市、区）的高价值专利数量共计 129 件，各县（市、区）的高价值专利竞争力如表 5-19 所示。榆阳区的高价值专利竞争力指数稳居首位；排名第二的神木市虽然专利含金量与榆阳区差距不大，但两者因高价值专利数量的悬殊而拉开差距。其余县的高价值专利数量均未超过 10 件，子洲县、佳县和清涧县在 2022 年公开的专利中没有高价值专利，需提升专利活动的质量。

表 5-19　2022 年榆林市辖县（市、区）的高价值专利竞争力

县（市、区）	高价值专利竞争力指数	排名	高价值专利数量 / 件	高价值专利贡献度 /%	排名	专利含金量 /%	排名
榆阳区	25.73	1	62	48.06	1	3.39	3
神木市	16.29	2	38	29.46	2	3.11	4
府谷县	5.81	3	10	7.75	3	3.86	1
靖边县	3.67	4	6	4.65	4	2.68	5
横山县	3.22	5	5	3.88	5	2.56	6
绥德县	2.50	6	2	1.55	7	3.45	2
米脂县	1.81	7	2	1.55	7	2.06	7
定边县	1.76	8	3	2.33	6	1.18	9
吴堡县	1.20	9	1	0.78	9	1.61	8
子洲县	0	10	0	0	10	0	10
佳县	0	10	0	0	10	0	10
清涧县	0	10	0	0	10	0	10

从 2022 年公开的专利来看，榆林市辖县（市、区）拥有高价值专利的机构共 67 家，占所有专利申请主体的 4%。表 5-20 列出了榆林市高价值专利竞争力 TOP 10 机构。神华神东煤炭集团有限责任公司的高价值专利竞争力指数居于榜首，不论是高价值专利的数量还是含金量都表现不俗。其余机构和其均有一定差距，值得一提的是榆林学院，其高价值专利数量甚至多于神华神东煤炭集团有限责任公司，但因其专利含金量较低导致其高价值专利竞争力指数不高，位居全市第五。榆林市有一批机构虽然专利数量表现不错，但是没有高价值专利产生，如陕西北元化工集团股份有限公司的专利总量为 77 件，位居全市第二，但其高价值专利数量为零。

表 5-20　2022 年榆林市高价值专利竞争力 TOP 10 机构

机构名称	高价值专利竞争力指数	排名	高价值专利数量 / 件	高价值专利贡献度 /%	排名	专利含金量 /%	排名
神华神东煤炭集团有限责任公司	20.93	1	11	8.53	2	33.33	1
中国神华能源股份有限公司神朔铁路分公司	13.32	2	4	3.10	4	23.53	2
榆林市农业科学研究院	10.78	3	2	1.55	7	20.00	3
陕西煤业化工集团神木天元化工有限公司	8.45	4	4	3.10	4	13.79	6
榆林学院	8.38	5	12	9.30	1	7.45	9
府谷县中联矿业有限公司	7.92	6	2	1.55	7	14.29	4
延长油田股份有限公司靖边采油厂	7.92	7	2	1.55	7	14.29	5
陕西煤业化工集团神木电化发展有限公司	5.85	8	3	2.33	6	9.38	7
陕西建工第九建设集团有限公司	5.73	9	5	3.88	3	7.58	8
榆林市林业科学研究所	3.72	10	2	1.55	7	5.88	10

（9）渭南市

2022 年公开的专利中，渭南市辖县（市、区）的高价值专利数量共计 84 件，各县（市、区）的高价值专利竞争力如表 5-21 所示。临渭区的高价值专利竞争力指数最高，居全市榜首，主要归功于其全市最高的高价值专利贡献度，该区专利含金量的提升空间较大；其余县（市、区）的高价值专利数量均不足临渭区的 1/2，高价值专利竞争力指数差距也不是很大。澄城县 2022 年没有高价值专利，需提升专利活动的质量。

表 5-21　2022 年渭南市辖县（市、区）的高价值专利竞争力

县（市、区）	高价值专利竞争力指数	排名	高价值专利数量 / 件	高价值专利贡献度 /%	排名	专利含金量 /%	排名
临渭区	15.19	1	23	27.38	1	2.99	7
潼关县	9.52	2	11	13.10	2	5.95	2
华州区	8.80	3	8	9.52	5	8.08	1

县（市、区）	高价值专利竞争力指数	排名	高价值专利数量/件	高价值专利贡献度/%	排名	专利含金量/%	排名
蒲城县	7.95	4	11	13.10	2	2.81	8
韩城市	6.41	5	9	10.71	4	2.11	9
富平县	6.40	6	8	9.52	5	3.28	6
合阳县	5.23	7	5	5.95	5	4.50	4
大荔县	4.75	8	5	5.95	5	3.55	5
白水县	4.09	9	3	3.57	9	4.62	3
华阴市	1.28	10	1	1.19	10	1.37	10
澄城县	0	11	0	0	11	0	11

从 2022 年公开的专利来看，渭南市辖县（市、区）拥有高价值专利的机构共 62 家，占所有专利申请主体的 7%，但没有表现特别突出的机构。表 5-22 列出了渭南市高价值专利竞争力 TOP 10 机构。陕西捷特智能科技有限公司位居榜首，其余机构的高价值专利数量与其差距并不大，但是竞争力指数与其均有一定差距，主要是因为其专利含金量全市最高。值得一提的是陕煤韩城矿业有限公司的专利总数为 142 件，但仅有 2 件高价值专利，专利含金量很低，因此未能上榜。渭南市部分机构虽然专利数量较多，但是没有高价值专利产生，如渭南师范学院专利数量为 40 件，但高价值专利数量为零。

表 5-22　2022 年渭南市高价值专利竞争力 TOP 10 机构

机构名称	高价值专利竞争力指数	排名	高价值专利数量/件	高价值专利贡献度/%	排名	专利含金量/%	排名
陕西捷特智能科技有限公司	26.19	1	2	2.38	5	50.00	1
陕西嘉惠矿业技术有限公司	15.48	2	2	2.38	5	28.57	2
派尔森环保科技有限公司	13.39	3	5	5.95	1	20.83	5
北新建材（陕西）有限公司	12.30	4	2	2.38	5	22.22	3
陕西马克医疗科技有限公司	12.30	4	2	2.38	5	22.22	3
陕西麦可罗生物科技有限公司	10.12	6	3	3.57	2	16.67	6
陕西云之地马环保科技有限公司	8.88	7	2	2.38	5	15.38	7

续表

机构名称	高价值专利竞争力指数	排名	高价值专利数量/件	高价值专利贡献度/%	排名	专利含金量/%	排名
陕西聚泰新材料科技有限公司	8.33	8	2	2.38	5	14.29	8
陕西陕富渭南面业有限责任公司	7.34	9	3	3.57	2	11.11	9
陕西蒲白西固煤业有限责任公司	5.95	10	2	2.38	5	9.52	10

（10）安康市

2022 年公开的专利中，安康市辖县（市、区）的高价值专利数量共计 39 件，各县（市、区）的高价值专利竞争力如表 5-23 所示。汉滨区的高价值专利竞争力指数位居榜首，其余县（市、区）的高价值专利数量均不足该区的 1/2，因此高价值专利竞争力指数与其也有一定差距。平利县和宁陕县 2022 年没有高价值专利，需提升专利质量。

表 5-23　2022 年安康市辖县（市、区）的高价值专利竞争力

县（市、区）	高价值专利竞争力指数	排名	高价值专利数量/件	高价值专利贡献度/%	排名	专利含金量/%	排名
汉滨区	25.69	1	19	48.72	1	2.65	6
紫阳县	13.52	2	7	17.95	2	9.09	1
镇坪县	7.18	3	3	7.69	3	6.67	2
汉阴县	6.19	4	3	7.69	3	4.69	3
石泉县	4.89	5	2	5.13	5	4.65	4
白河县	4.32	6	2	5.13	5	3.51	5
旬阳市	3.85	7	2	5.13	5	2.56	8
岚皋县	2.60	8	1	2.56	8	2.63	7
平利县	0	9	0	0	9	0	9
宁陕县	0	9	0	0	9	0	9

从 2022 年公开的专利来看，安康市辖县（市、区）拥有高价值专利的机构共 27 家，占所有专利申请主体的 6%。表 5-24 列出了安康市高价值专利竞争力机构，共 5 家。紫阳国蜂

大健康产业有限公司无论是高价值专利贡献度还是专利含金量均居全市第一，因此其高价值专利竞争力指数位居榜首，说明该企业注重专利高质量创新活动。安康学院虽然从专利数量上说，有一定优势，但其专利含金量提升空间很大。安康市部分机构虽然专利数量较多，但是没有高价值专利产生，如陕西建工第十二建设集团有限公司，虽然专利数量为 44 件，但高价值专利数量为零。

表 5-24　2022 年安康市高价值专利竞争力机构

机构名称	高价值专利竞争力指数	排名	高价值专利数量／件	高价值专利贡献度／%	排名	专利含金量／%	排名
紫阳国蜂大健康产业有限公司	31.41	1	5	12.82	1	50.00	1
安康市翔泽油田材料有限公司	27.56	2	2	5.13	3	50.00	2
陕西景鹏电力科技有限公司	15.06	3	2	5.13	3	25.00	3
安康学院	10.13	4	4	10.26	2	10.00	4
安康市农业科学研究院	5.69	5	2	5.13	3	6.25	5

（11）铜川市

2022 年公开的专利中，铜川市辖县（区）的高价值专利数量共计 24 件，整体偏少。耀州区的高价值专利竞争力指数稳居首位，主要是因为其高价值专利贡献度最大。印台区虽然专利含金量高于耀州区，但因其高价值专利数量约为耀州区的 1/3，导致其高价值专利竞争力指数与耀州区差距较大（表 5-25）。

表 5-25　2022 年铜川市辖县（区）的高价值专利竞争力

县（区）	高价值专利竞争力指数	排名	高价值专利数量／件	高价值专利贡献度／%	排名	专利含金量／%	排名
耀州区	34.94	1	16	66.67	1	3.21	3
印台区	13.75	2	5	20.83	2	6.67	1
宜君县	5.78	3	2	8.33	3	3.23	2
王益区	2.36	4	1	4.17	3	0.55	4

从 2022 年公开的专利来看，铜川市辖县（区）拥有高价值专利的机构共 13 家，占所有专利申请主体的 5%。表 5-26 列出了铜川市高价值专利竞争力机构，共 5 家。陕西大秦铝业

有限责任公司的高价值专利竞争力指数稳居第一，无论是高价值专利数量还是专利含金量均高于其余机构。其余上榜机构的高价值专利数量差距均不大，但因其专利含金量的差距而导致高价值专利竞争力指数也有一定差距。铜川市部分机构虽然专利数量较多，但是没有高价值专利产生，如陕西陕煤铜川矿业有限公司和华能铜川照金煤电有限公司西川煤矿分公司，虽然专利数量分别为 43 件和 39 件，但高价值专利数量为零。

表 5-26　2022 年铜川市高价值专利竞争力机构

机构名称	高价值专利竞争力指数	排名	高价值专利数量 / 件	高价值专利贡献度 /%	排名	专利含金量 /%	排名
陕西大秦铝业有限责任公司	33.33	1	4	16.67	1	50.00	1
冀东水泥铜川有限公司	22.92	2	3	12.50	2	33.33	2
陕西周源光子科技有限公司	18.45	3	2	8.33	3	28.57	3
陕西鹏大实业股份有限公司	15.28	4	2	8.33	3	22.22	4
华能铜川照金煤电有限公司	5.60	5	2	8.33	3	2.86	5

（整理编写：张秀妮）

部分技术领域部分省（自治区、直辖市）的国内发明专利数据

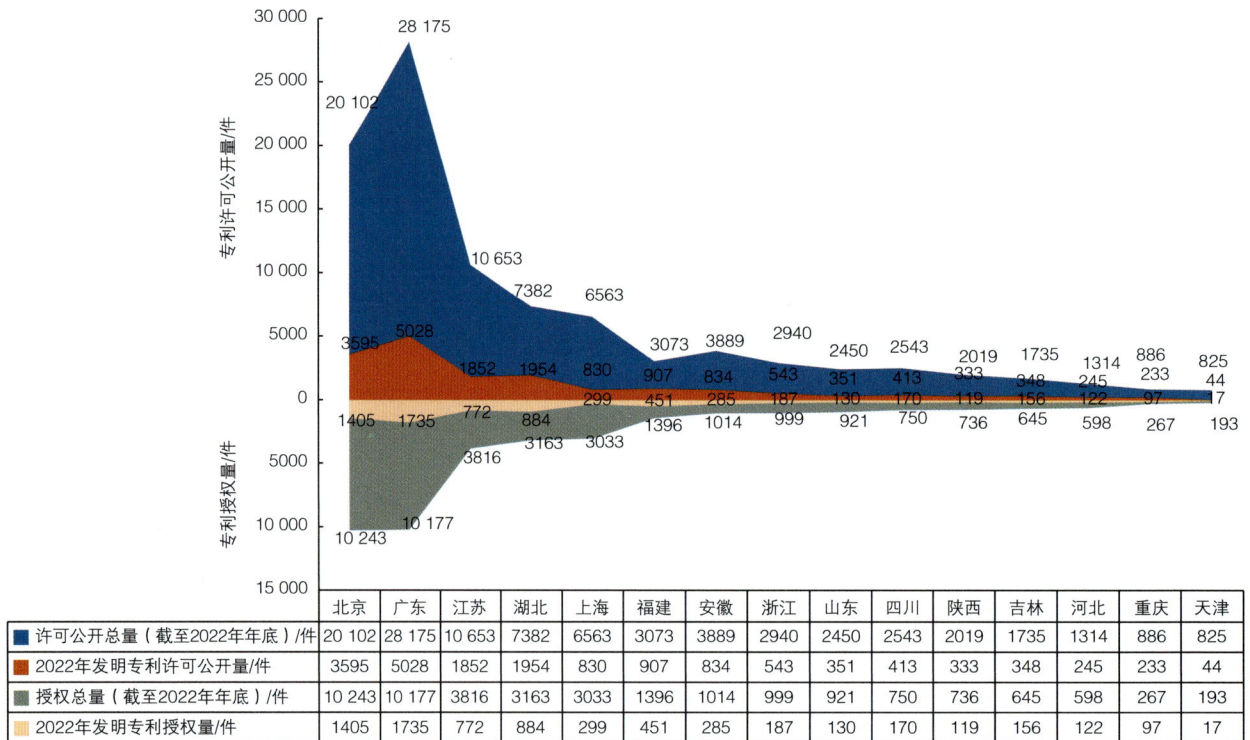

	北京	广东	江苏	湖北	上海	福建	安徽	浙江	山东	四川	陕西	吉林	河北	重庆	天津
■许可公开总量（截至2022年年底）/件	20 102	28 175	10 653	7382	6563	3073	3889	2940	2450	2543	2019	1735	1314	886	825
■2022年发明专利许可公开量/件	3595	5028	1852	1954	830	907	834	543	351	413	333	348	245	233	44
■授权总量（截至2022年年底）/件	10 243	10 177	3816	3163	3033	1396	1014	999	921	750	736	645	598	267	193
□2022年发明专利授权量/件	1405	1735	772	884	299	451	285	187	130	170	119	156	122	97	17

附图 1　新型显示技术领域部分省（自治区、直辖市）的国内发明专利数据

部分技术领域部分省（自治区、直辖市）的国内发明专利数据

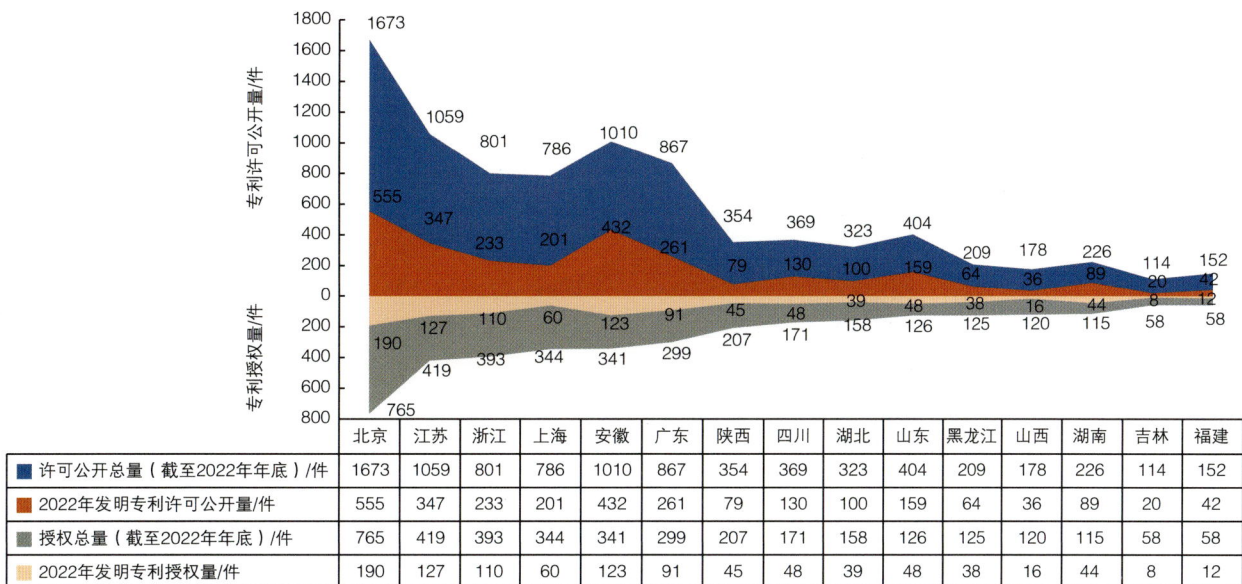

	北京	江苏	浙江	上海	安徽	广东	陕西	四川	湖北	山东	黑龙江	山西	湖南	吉林	福建
许可公开总量（截至2022年年底）/件	1673	1059	801	786	1010	867	354	369	323	404	209	178	226	114	152
2022年发明专利许可公开量/件	555	347	233	201	432	261	79	130	100	159	64	36	89	20	42
授权总量（截至2022年年底）/件	765	419	393	344	341	299	207	171	158	126	125	120	115	58	58
2022年发明专利授权量/件	190	127	110	60	123	91	45	48	39	48	38	16	44	8	12

附图 2　量子信息技术领域部分省（自治区、直辖市）的国内发明专利数据

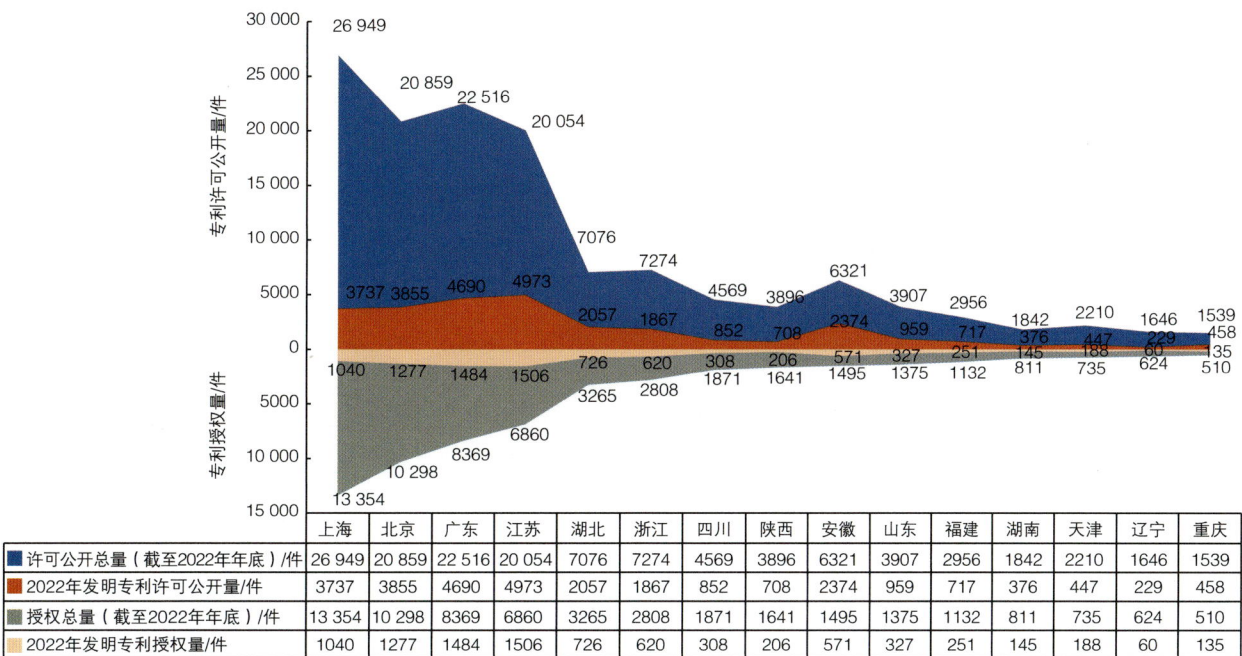

	上海	北京	广东	江苏	湖北	浙江	四川	陕西	安徽	山东	福建	湖南	天津	辽宁	重庆
许可公开总量（截至2022年年底）/件	26 949	20 859	22 516	20 054	7076	7274	4569	3896	6321	3907	2956	1842	2210	1646	1539
2022年发明专利许可公开量/件	3737	3855	4690	4973	2057	1867	852	708	2374	959	717	376	447	229	458
授权总量（截至2022年年底）/件	13 354	10 298	8369	6860	3265	2808	1871	1641	1495	1375	1132	811	735	624	510
2022年发明专利授权量/件	1040	1277	1484	1506	726	620	308	206	571	327	251	145	188	60	135

附图 3　集成电路技术领域部分省（自治区、直辖市）的国内发明专利数据

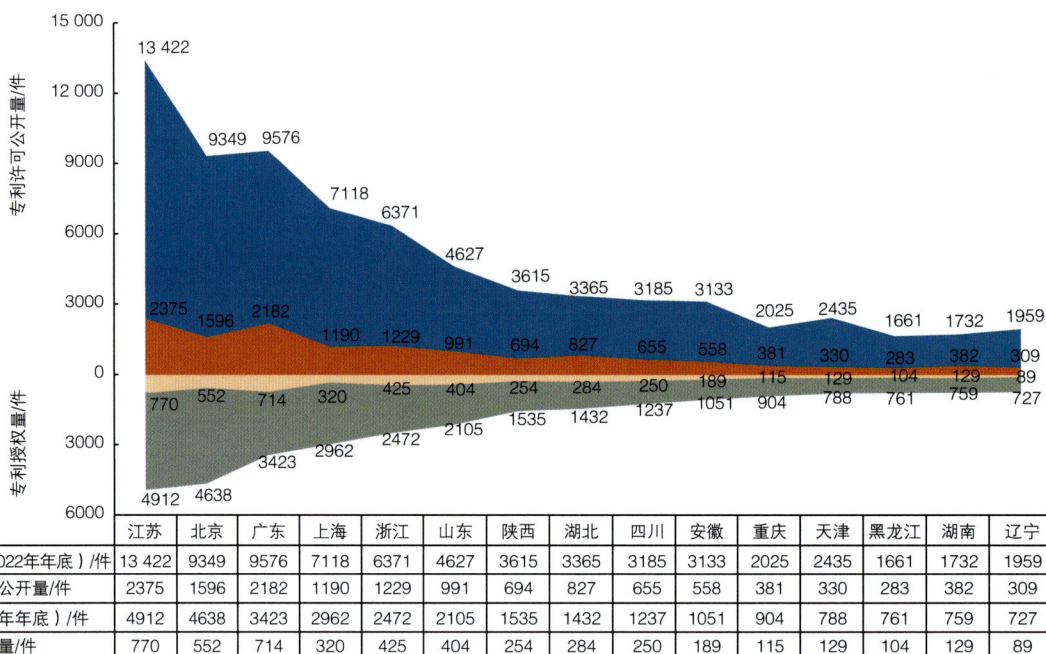

	江苏	北京	广东	上海	浙江	山东	陕西	湖北	四川	安徽	重庆	天津	黑龙江	湖南	辽宁
■ 许可公开总量（截至2022年年底）/件	13 422	9349	9576	7118	6371	4627	3615	3365	3185	3133	2025	2435	1661	1732	1959
■ 2022年发明专利许可公开量/件	2375	1596	2182	1190	1229	991	694	827	655	558	381	330	283	382	309
■ 授权总量（截至2022年年底）/件	4912	4638	3423	2962	2472	2105	1535	1432	1237	1051	904	788	761	759	727
■ 2022年发明专利授权量/件	770	552	714	320	425	404	254	284	250	189	115	129	104	129	89

附图 4 传感器技术领域部分省（自治区、直辖市）的国内发明专利数据

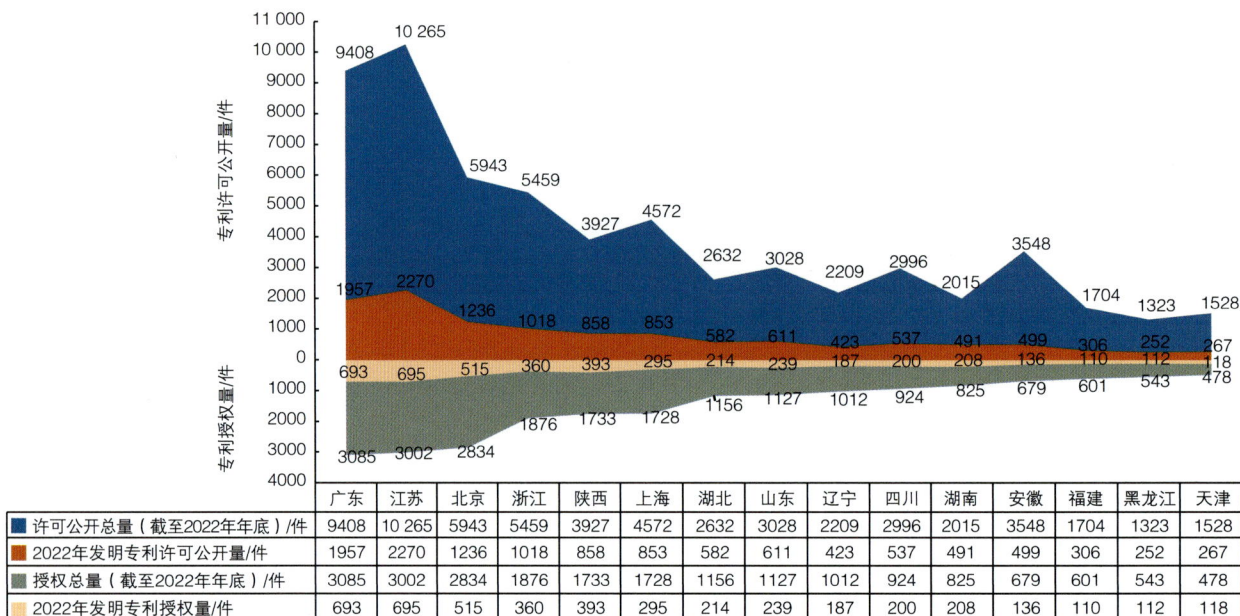

	广东	江苏	北京	浙江	陕西	上海	湖北	山东	辽宁	四川	湖南	安徽	福建	黑龙江	天津
■ 许可公开总量（截至2022年年底）/件	9408	10 265	5943	5459	3927	4572	2632	3028	2209	2996	2015	3548	1704	1323	1528
■ 2022年发明专利许可公开量/件	1957	2270	1236	1018	858	853	582	611	423	537	491	499	306	252	267
■ 授权总量（截至2022年年底）/件	3085	3002	2834	1876	1733	1728	1156	1127	1012	924	825	679	601	543	478
■ 2022年发明专利授权量/件	693	695	515	360	393	295	214	239	187	200	208	136	110	112	118

附图 5 增材制造技术领域部分省（自治区、直辖市）的国内发明专利数据

部分技术领域部分省（自治区、直辖市）的国内发明专利数据

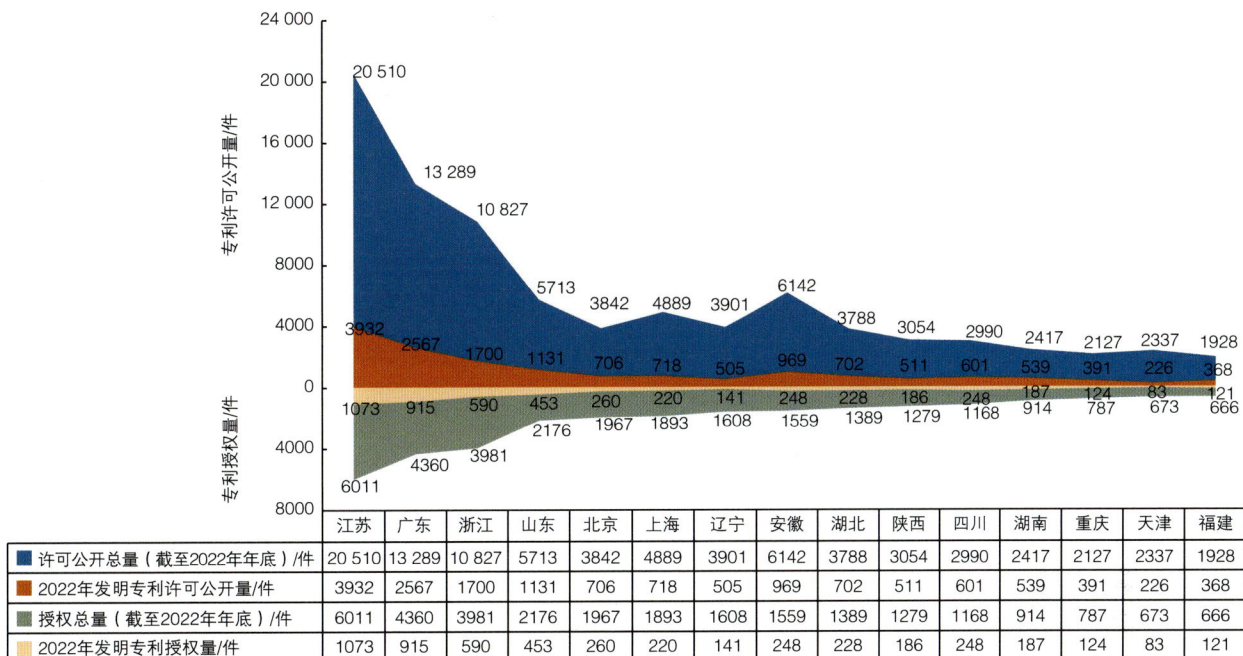

	江苏	广东	浙江	山东	北京	上海	辽宁	安徽	湖北	陕西	四川	湖南	重庆	天津	福建
■ 许可公开总量（截至2022年年底）/件	20 510	13 289	10 827	5713	3842	4889	3901	6142	3788	3054	2990	2417	2127	2337	1928
■ 2022年发明专利许可公开量/件	3932	2567	1700	1131	706	718	505	969	702	511	601	539	391	226	368
■ 授权总量（截至2022年年底）/件	6011	4360	3981	2176	1967	1893	1608	1559	1389	1279	1168	914	787	673	666
▥ 2022年发明专利授权量/件	1073	915	590	453	260	220	141	248	228	186	248	187	124	83	121

附图6 数控机床技术领域部分省（自治区、直辖市）的国内发明专利数据

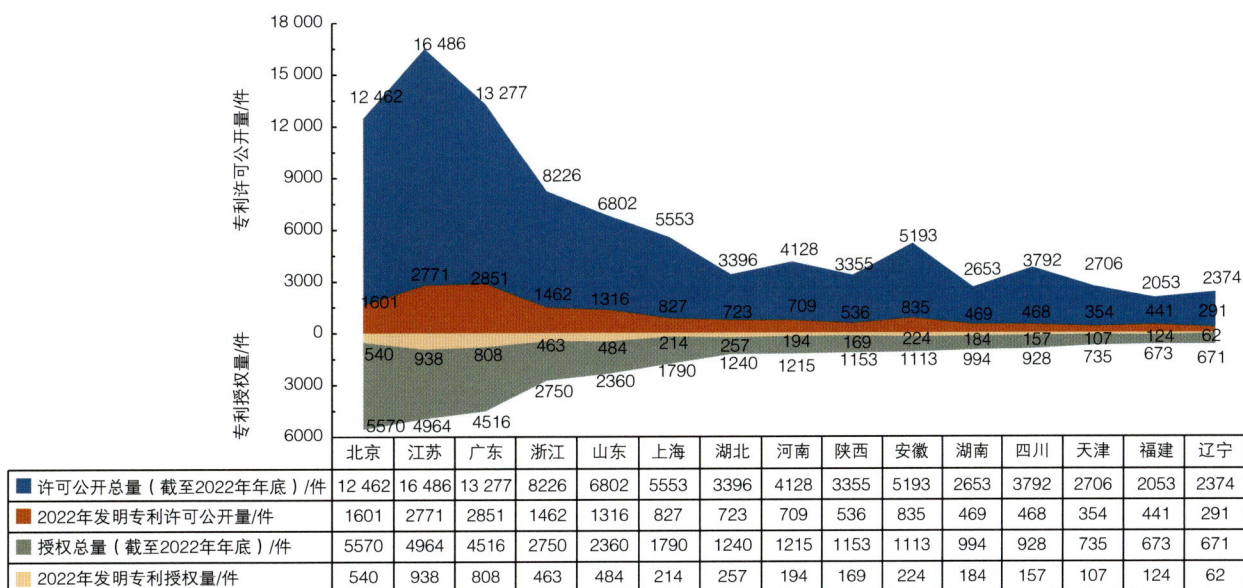

	北京	江苏	广东	浙江	山东	上海	湖北	河南	陕西	安徽	湖南	四川	天津	福建	辽宁
■ 许可公开总量（截至2022年年底）/件	12 462	16 486	13 277	8226	6802	5553	3396	4128	3355	5193	2653	3792	2706	2053	2374
■ 2022年发明专利许可公开量/件	1601	2771	2851	1462	1316	827	723	709	536	835	469	468	354	441	291
■ 授权总量（截至2022年年底）/件	5570	4964	4516	2750	2360	1790	1240	1215	1153	1113	994	928	735	673	671
▥ 2022年发明专利授权量/件	540	938	808	463	484	214	257	194	169	224	184	157	107	124	62

附图7 输变电装备技术领域部分省（自治区、直辖市）的国内发明专利数据

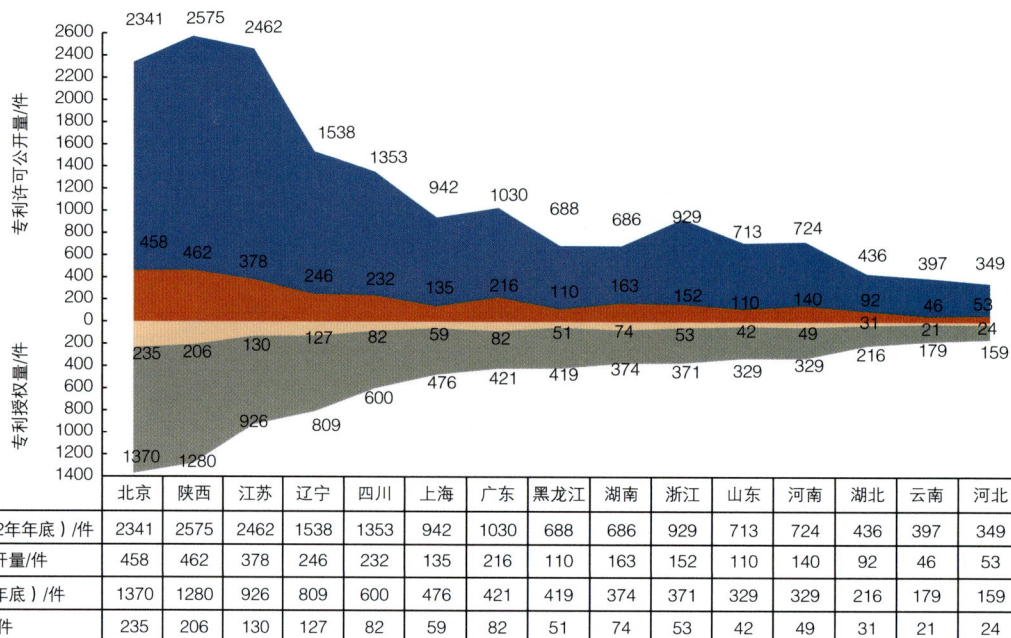

	北京	陕西	江苏	辽宁	四川	上海	广东	黑龙江	湖南	浙江	山东	河南	湖北	云南	河北
许可公开总量（截至2022年年底）/件	2341	2575	2462	1538	1353	942	1030	688	686	929	713	724	436	397	349
2022年发明专利许可公开/件	458	462	378	246	232	135	216	110	163	152	110	140	92	46	53
授权总量（截至2022年年底）/件	1370	1280	926	809	600	476	421	419	374	371	329	329	216	179	159
2022年发明专利授权量/件	235	206	130	127	82	59	82	51	74	53	42	49	31	21	24

附图 8　钛材料领域部分省（自治区、直辖市）的国内发明专利数据

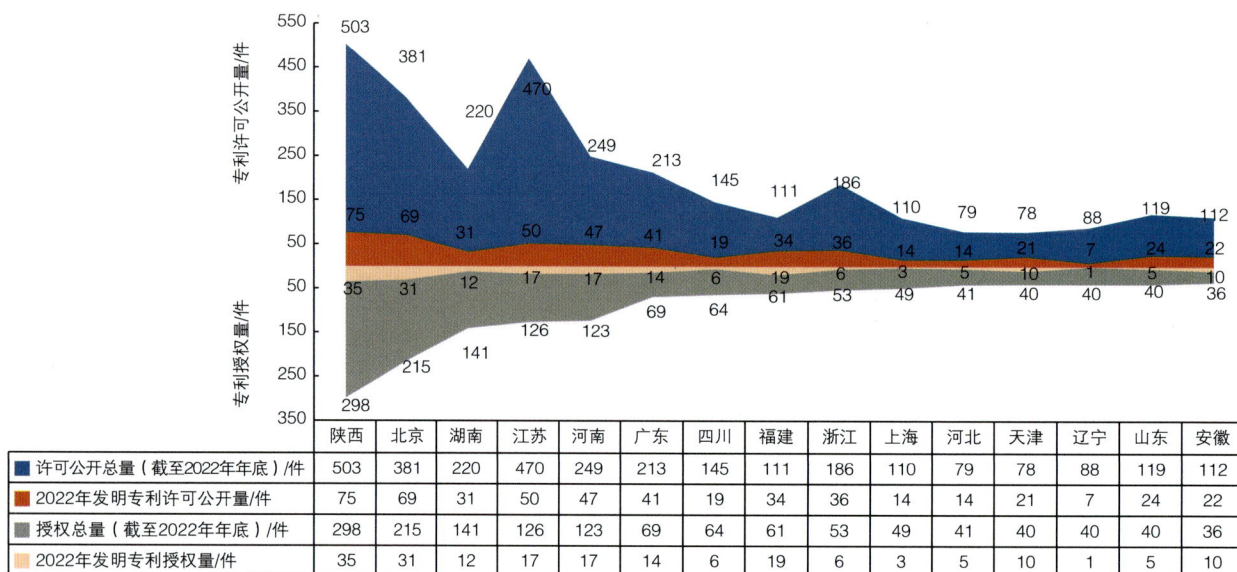

	陕西	北京	湖南	江苏	河南	广东	四川	福建	浙江	上海	河北	天津	辽宁	山东	安徽
许可公开总量（截至2022年年底）/件	503	381	220	470	249	213	145	111	186	110	79	78	88	119	112
2022年发明专利许可公开/件	75	69	31	50	47	41	19	34	36	14	14	21	7	24	22
授权总量（截至2022年年底）/件	298	215	141	126	123	69	64	61	53	49	41	40	40	40	36
2022年发明专利授权量/件	35	31	12	17	17	14	6	19	6	3	5	10	1	5	10

附图 9　钼材料领域部分省（自治区、直辖市）的国内发明专利数据

部分技术领域部分省（自治区、直辖市）的国内发明专利数据

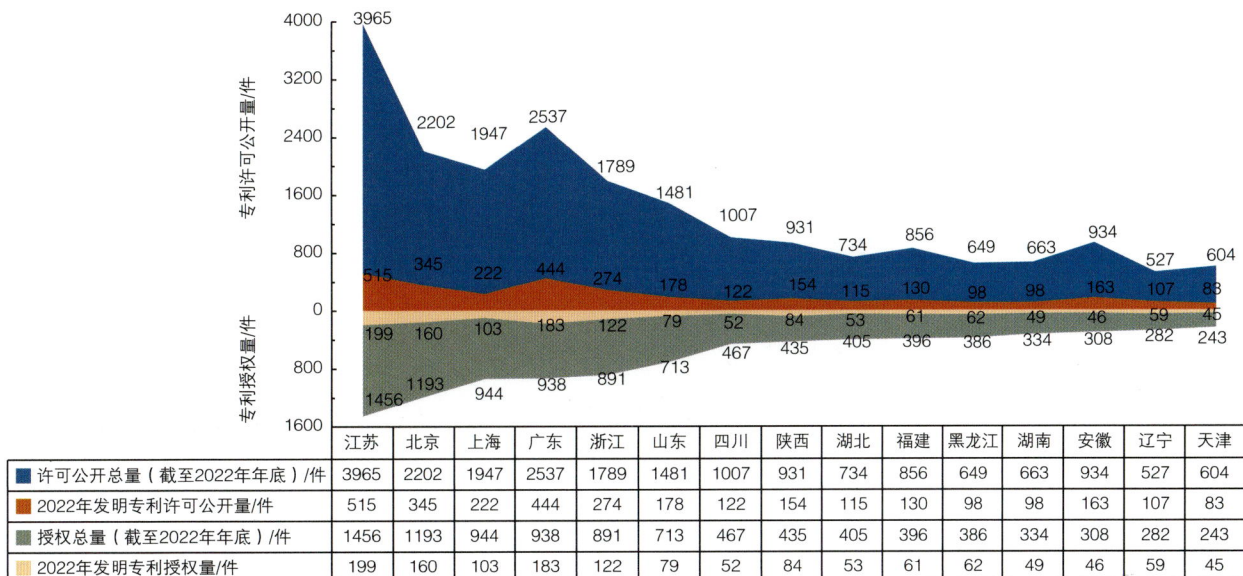

	江苏	北京	上海	广东	浙江	山东	四川	陕西	湖北	福建	黑龙江	湖南	安徽	辽宁	天津
■ 许可公开总量（截至2022年年底）/件	3965	2202	1947	2537	1789	1481	1007	931	734	856	649	663	934	527	604
■ 2022年发明专利许可公开量/件	515	345	222	444	274	178	122	154	115	130	98	98	163	107	83
■ 授权总量（截至2022年年底）/件	1456	1193	944	938	891	713	467	435	405	396	386	334	308	282	243
■ 2022年发明专利授权量/件	199	160	103	183	122	79	52	84	53	61	62	49	46	59	45

附图 10　石墨烯技术部分省（自治区、直辖市）的国内发明专利数据

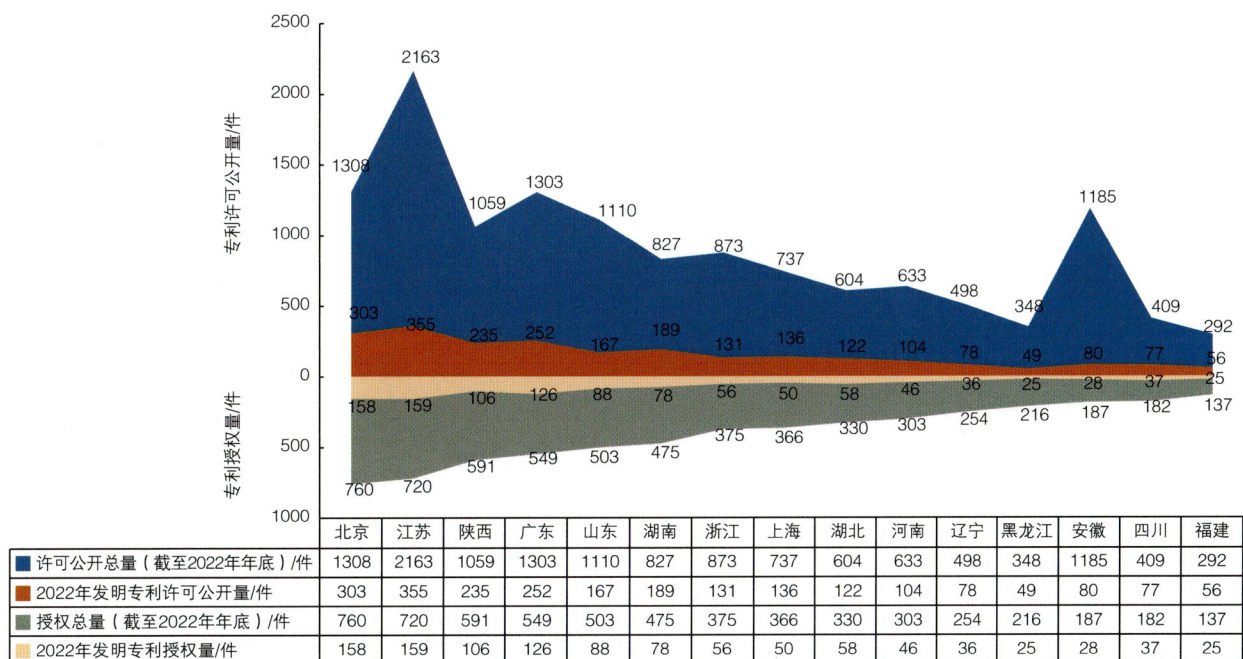

	北京	江苏	陕西	广东	山东	湖南	浙江	上海	湖北	河南	辽宁	黑龙江	安徽	四川	福建
■ 许可公开总量（截至2022年年底）/件	1308	2163	1059	1303	1110	827	873	737	604	633	498	348	1185	409	292
■ 2022年发明专利许可公开量/件	303	355	235	252	167	189	131	136	122	104	78	49	80	77	56
■ 授权总量（截至2022年年底）/件	760	720	591	549	503	475	375	366	330	303	254	216	187	182	137
■ 2022年发明专利授权量/件	158	159	106	126	88	78	56	50	58	46	36	25	28	37	25

附图 11　陶瓷基复合材料技术领域部分省（自治区、直辖市）的国内发明专利数据

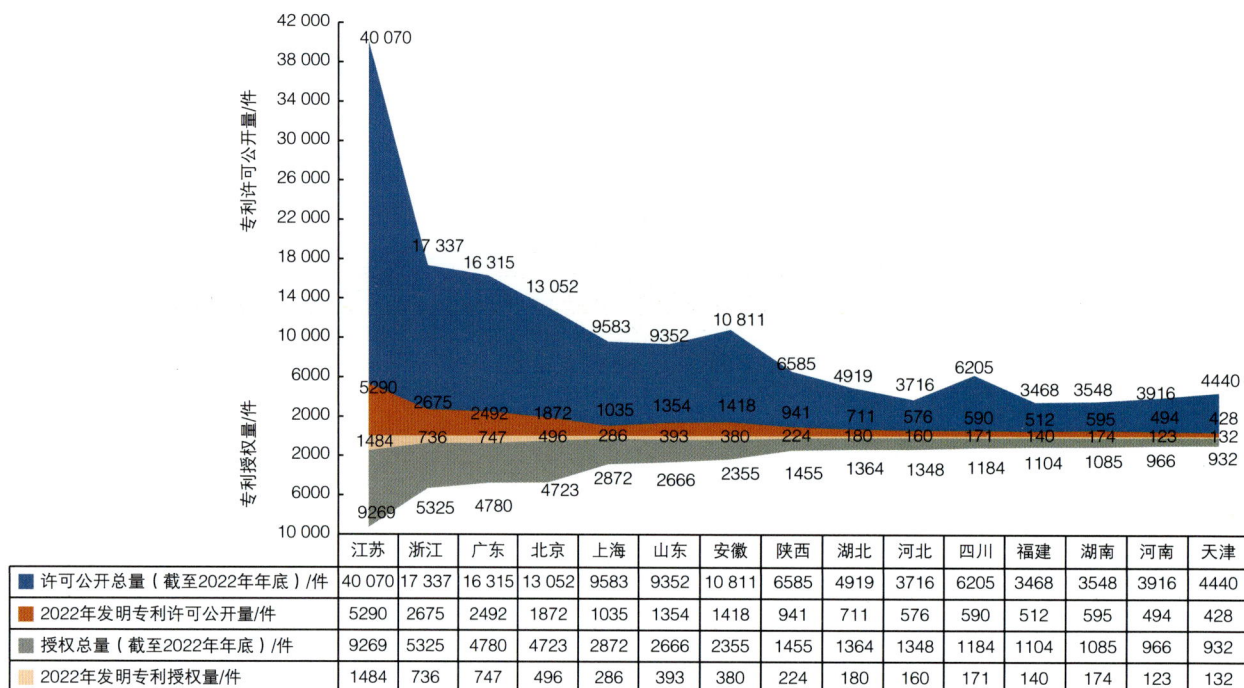

附图 12　太阳能光伏技术领域部分省（自治区、直辖市）的国内发明专利数据

	江苏	浙江	广东	北京	上海	山东	安徽	陕西	湖北	河北	四川	福建	湖南	河南	天津
■ 许可公开总量（截至2022年年底）/件	40 070	17 337	16 315	13 052	9583	9352	10 811	6585	4919	3716	6205	3468	3548	3916	4440
■ 2022年发明专利许可公开量/件	5290	2675	2492	1872	1035	1354	1418	941	711	576	590	512	595	494	428
▨ 授权总量（截至2022年年底）/件	9269	5325	4780	4723	2872	2666	2355	1455	1364	1348	1184	1104	1085	966	932
▨ 2022年发明专利授权量/件	1484	736	747	496	286	393	380	224	180	160	171	140	174	123	132

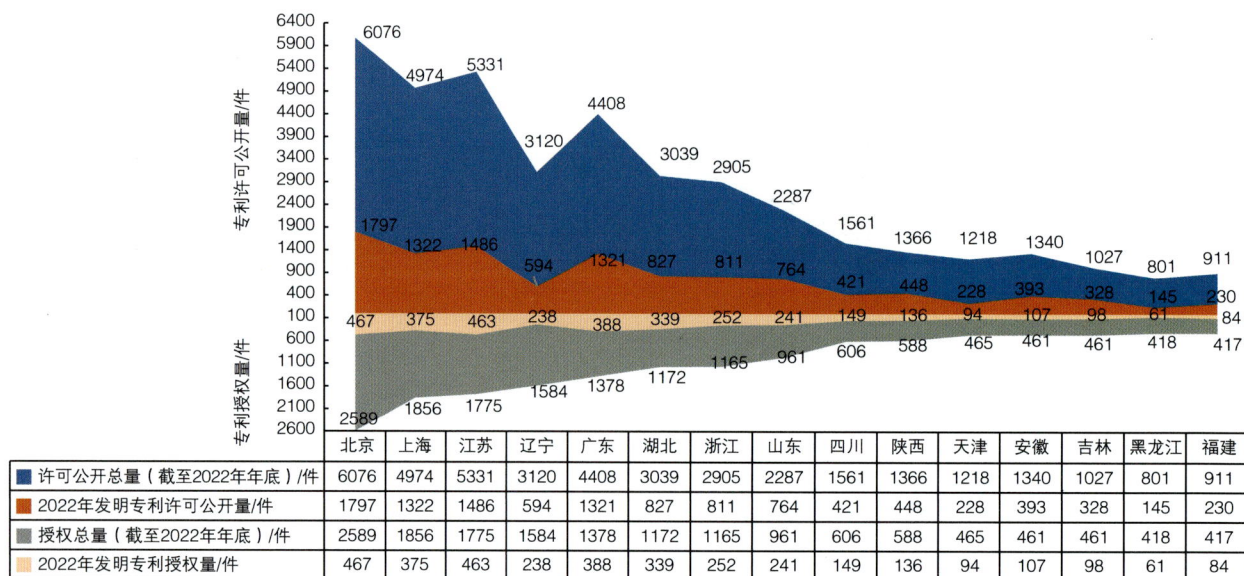

附图 13　氢能技术领域部分省（自治区、直辖市）的国内发明专利数据

	北京	上海	江苏	辽宁	广东	湖北	浙江	山东	四川	陕西	天津	安徽	吉林	黑龙江	福建
■ 许可公开总量（截至2022年年底）/件	6076	4974	5331	3120	4408	3039	2905	2287	1561	1366	1218	1340	1027	801	911
■ 2022年发明专利许可公开量/件	1797	1322	1486	594	1321	827	811	764	421	448	228	393	328	145	230
▨ 授权总量（截至2022年年底）/件	2589	1856	1775	1584	1378	1172	1165	961	606	588	465	461	461	418	417
▨ 2022年发明专利授权量/件	467	375	463	238	388	339	252	241	149	136	94	107	98	61	84

部分技术领域部分省（自治区、直辖市）的国内发明专利数据

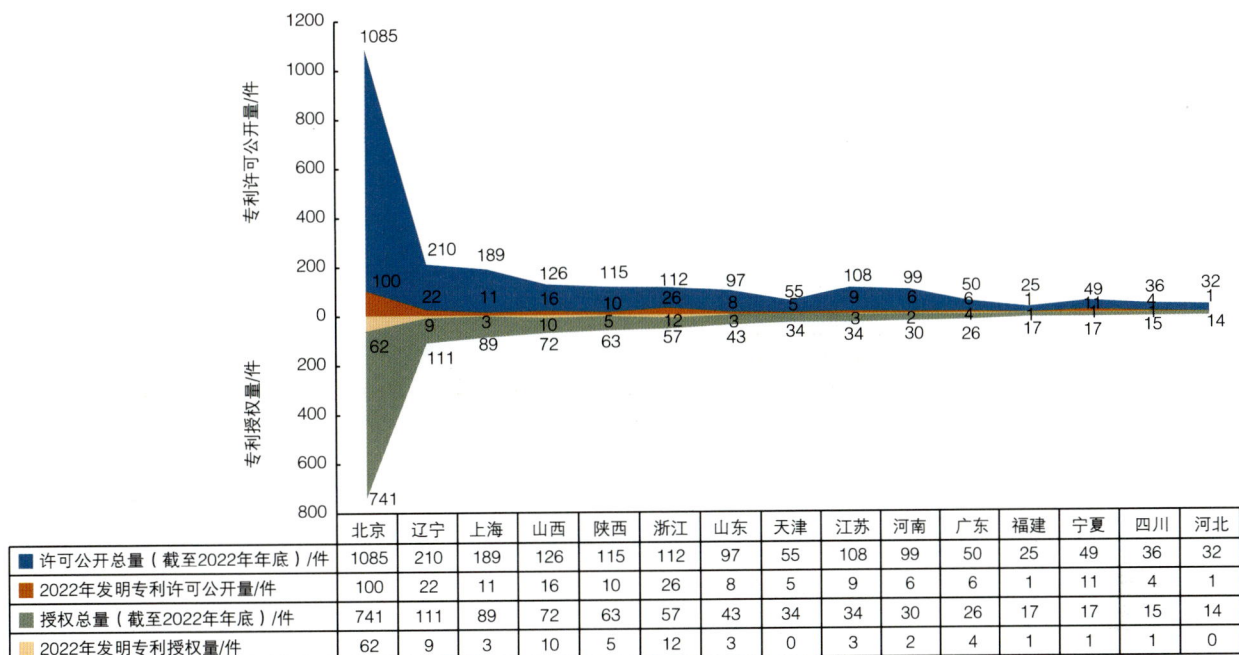

	北京	辽宁	上海	山西	陕西	浙江	山东	天津	江苏	河南	广东	福建	宁夏	四川	河北
■ 许可公开总量（截至2022年年底）/件	1085	210	189	126	115	112	97	55	108	99	50	25	49	36	32
■ 2022年发明专利许可公开量/件	100	22	11	16	10	26	8	5	9	6	6	1	11	4	1
■ 授权总量（截至2022年年底）/件	741	111	89	72	63	57	43	34	34	30	26	17	17	15	14
□ 2022年发明专利授权量/件	62	9	3	10	5	12	3	0	3	2	4	1	1	1	0

附图 14　煤制烯烃（芳烃）深加工技术领域部分省（自治区、直辖市）的国内发明专利数据

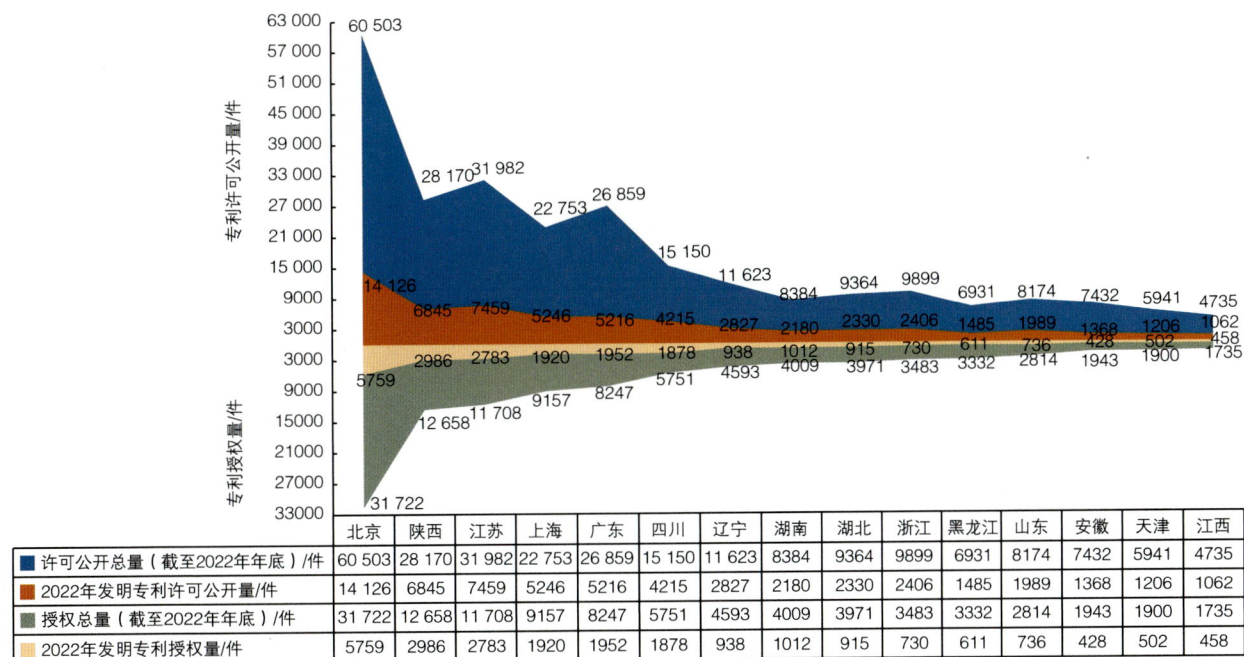

	北京	陕西	江苏	上海	广东	四川	辽宁	湖南	湖北	浙江	黑龙江	山东	安徽	天津	江西
■ 许可公开总量（截至2022年年底）/件	60 503	28 170	31 982	22 753	26 859	15 150	11 623	8384	9364	9899	6931	8174	7432	5941	4735
■ 2022年发明专利许可公开量/件	14 126	6845	7459	5246	5216	4215	2827	2180	2330	2406	1485	1989	1368	1206	1062
■ 授权总量（截至2022年年底）/件	31 722	12 658	11 708	9157	8247	5751	4593	4009	3971	3483	3332	2814	1943	1900	1735
□ 2022年发明专利授权量/件	5759	2986	2783	1920	1952	1878	938	1012	915	730	611	736	428	502	458

附图 15　航空航天技术领域部分省（自治区、直辖市）的国内发明专利数据

附图 16　民用无人机技术领域部分省（自治区、直辖市）的国内发明专利数据

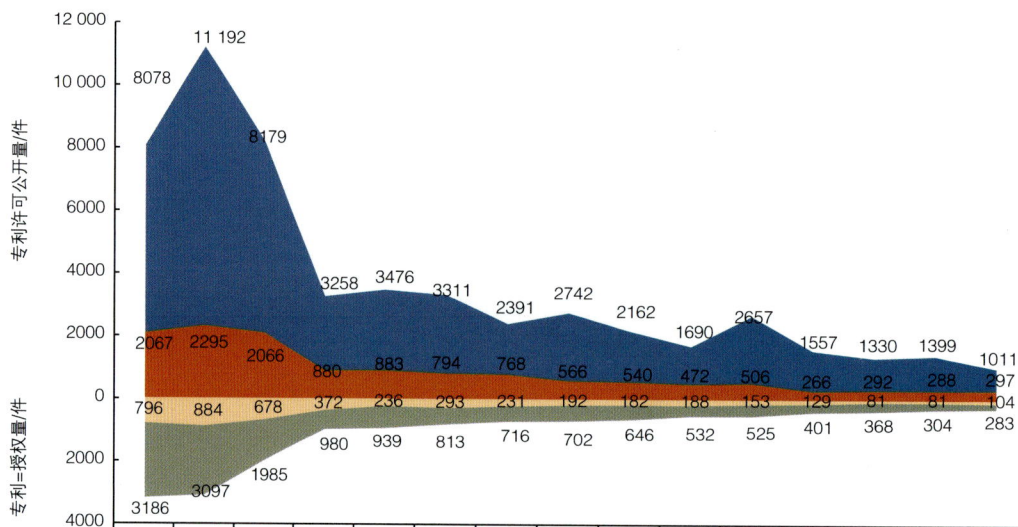

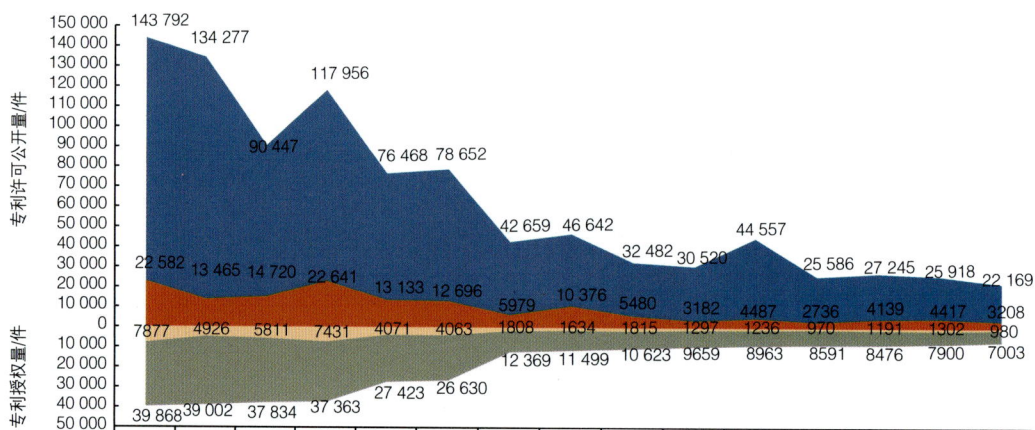

	北京	广东	江苏	陕西	浙江	四川	山东	上海	湖北	湖南	安徽	天津	辽宁	河南	河北
许可公开总量（截至2022年年底）/件	8078	11 192	8179	3258	3476	3311	2391	2742	2162	1690	2657	1557	1330	1399	1011
2022年发明专利许可公开量/件	2067	2295	2066	880	883	794	768	566	540	472	506	266	292	288	297
授权总量（截至2022年年底）/件	3186	3097	1985	980	939	813	716	702	646	532	525	401	368	304	283
2022年发明专利授权量/件	796	884	678	372	236	293	231	192	182	188	153	129	81	81	104

附图 17　生物医药技术领域部分省（自治区、直辖市）的国内发明专利数据

	江苏	山东	北京	广东	上海	浙江	四川	河南	湖北	天津	安徽	辽宁	陕西	湖南	重庆
许可公开总量（截至2022年年底）/件	143 792	134 277	90 447	117 956	76 468	78 652	42 659	46 642	32 482	30 520	44 557	25 586	27 245	25 918	22 169
2022年发明专利许可公开量/件	22 582	13 465	14 720	22 641	13 133	12 696	5979	10 376	5480	3182	4487	2736	4139	4417	3208
授权总量（截至2022年年底）/件	39 868	39 002	37 834	37 363	27 423	26 630	12 369	11 499	10 623	9659	8963	8591	8476	7900	7003
2022年发明专利授权量/件	7877	4926	5811	7431	4071	4063	1808	1634	1815	1297	1236	970	1191	1302	980

指标解释

● 专利公开量/件：指当年许可公开的专利总数，包括发明专利公开量（当年授权的发明专利数量＋当年许可公开但未授权的发明专利数量）、当年实用新型和外观设计授权量。

● 专利授权量/件：当年某地区各类申请人的专利授权数，包括授权发明专利、实用新型和外观设计3类。

● PCT公开量/件：指发明人或发明持有者按世界知识产权组织PCT程序（国际阶段）提交的发明专利公开量。

● 专利技术分类：是指按专利IPC分类号所划分的技术类别。

● 有效发明专利：指发明专利申请被授权后，仍处于有效状态的专利。

● 专利经济效率/（件/百亿元）：指每百亿元GDP专利授权量，等于当年专利授权量/上一年度地区生产总值。

● 专利密度/（件/万人）：指授权专利密度和有效发明专利密度。

● 授权专利密度/（件/万人）：指每万人所拥有的专利授权量和每万人所拥有的发明专利授权量，等于截至当年年末专利授权量和发明专利授权量/上一年度年末常住人口数量。

● 有效发明专利密度/（件/万人）：指每万人口有效发明专利拥有量，等于截至当年年末有效发明专利数量/上一年度年末常住人口数。

● 高价值专利贡献度：指区域高价值专利数量与区域所在上一级区域的整体高价值专利数量和之比。

● 专利含金量：指区域高价值专利数量与该区域总的专利数量之比。

2022 年陕西专利授权量和发明专利授权量机构 TOP 50 情况

附表 3-1　2022 年陕西专利授权量机构 TOP 50

序号	申请主体	专利数量/件
1	西安交通大学	2666
2	西北工业大学	2141
3	西安电子科技大学	1660
4	西安热工研究院有限公司	1295
5	陕西科技大学	1275
6	中国人民解放军空军军医大学	1209
7	长安大学	1006
8	西安理工大学	884
9	西安建筑科技大学	789
10	西北农林科技大学	733
11	西安科技大学	564
12	中国航空工业集团公司西安飞机设计研究所	400
13	陕西法士特汽车传动集团有限责任公司	398
14	西安石油大学	385
15	中交二公局第三工程有限公司	372
16	西京学院	354
17	陕西师范大学	327
18	隆基绿能科技股份有限公司	319

续表

序号	申请主体	专利数量/件
19	中国水利水电第三工程局有限公司	307
20	中铁一局集团有限公司	279
21	西北大学	279
22	中国电建集团西北勘测设计研究院有限公司	273
23	西安工业大学	271
24	西安佳品创意设计有限公司	266
25	西安工程大学	265
26	陕西理工大学	264
27	西安交通大学医学院第一附属医院	264
28	中国飞机强度研究所	256
29	中国人民解放军空军工程大学	253
30	中国建筑西北设计研究院有限公司	241
31	中交第二公路工程局有限公司	238
32	陕西延长石油（集团）有限责任公司	224
33	中国科学院西安光学精密机械研究所	222
34	西安邮电大学	214
35	西安近代化学研究所	207
36	中煤科工集团西安研究院有限公司	202
37	西安佳赢企业管理咨询有限公司	195
38	中交二公局东萌工程有限公司	193
39	中国人民解放军火箭军工程大学	192
40	中铁第一勘察设计院集团有限公司	191
41	陕西重型汽车有限公司	185
42	陕西倩华素姿智能科技有限公司	180
43	中国西电电气股份有限公司	172
44	西安爱创新佳帮手智能科技有限公司	167
45	中交二公局第五工程有限公司	150

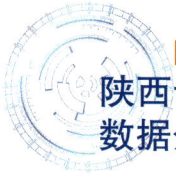

序号	申请主体	专利数量/件
46	陕西省人民医院	150
47	西安外事学院	144
48	西安陕鼓动力股份有限公司	142
49	中建七局第四建筑有限公司	140
50	西安知否否企业管理咨询有限公司	140

附表 3-2　2022 年陕西发明专利授权量机构 TOP 50

序号	申请主体	专利数量/件
1	西安交通大学	2356
2	西北工业大学	1910
3	西安电子科技大学	1623
4	西安理工大学	683
5	陕西科技大学	656
6	长安大学	449
7	西安热工研究院有限公司	368
8	西安建筑科技大学	353
9	西北农林科技大学	276
10	陕西师范大学	269
11	西安石油大学	254
12	中国飞机强度研究所	243
13	西北大学	236
14	中国航空工业集团公司西安飞机设计研究所	211
15	西安近代化学研究所	207
16	西安科技大学	194
17	中国科学院西安光学精密机械研究所	180
18	中国人民解放军空军军医大学	180
19	西安工程大学	167

续表

序号	申请主体	专利数量/件
20	西安工业大学	160
21	中国人民解放军空军工程大学	155
22	西安邮电大学	150
23	西安空间无线电技术研究所	140
24	中国人民解放军火箭军工程大学	129
25	陕西理工大学	127
26	中煤科工集团西安研究院有限公司	116
27	宝鸡石油机械有限责任公司	116
28	西安微电子技术研究所	115
29	中国航空工业集团公司西安航空计算技术研究所	98
30	西安交通大学医学院第一附属医院	96
31	西安航天动力研究所	89
32	西北有色金属研究院	84
33	西安奕斯伟材料科技有限公司	83
34	中国航发动力股份有限公司	80
35	中国电子科技集团公司第二十研究所	79
36	西安艾润物联网技术服务有限责任公司	72
37	西安诺瓦星云科技股份有限公司	71
38	西安宏星电子浆料科技股份有限公司	70
39	中国石油天然气集团有限公司	64
40	宝鸡石油机械有限责任公司	61
41	中铁第一勘察设计院集团有限公司	61
42	西京学院	56
43	陕西斯瑞新材料股份有限公司	53
44	中铁一局集团有限公司	51
45	陕西莱特光电材料股份有限公司	51
46	国网陕西省电力公司电力科学研究院	50

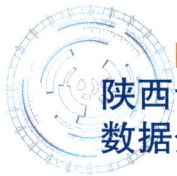

续表

序号	申请主体	专利数量/件
47	西安应用光学研究所	49
48	中国西安卫星测控中心	46
49	中国西电电气股份有限公司	46
50	西安羚控电子科技有限公司	45